国家出版基金项目
NATIONAL PUBLICATION FOUNDATION

"十四五"国家重点出版物出版规划项目

中国国家创新生态系统与创新战略研究（第二辑）

科普社会化协同生态构建的理论与模式研究

郑　斌

徐雁龙　著

汤书昆

Research on

the Theory

and Model of

Ecology of

Science Popularization

Socialized Coordination

中国科学技术大学出版社

内 容 简 介

在营建创新型国家的新时代背景下,中国政府提出大科普理念,强调协同推进和资源共享,构建多元主体协同的科普格局。本书从这一议程的理论阐释出发,探讨当代中国科普社会化协同生态模式与发育机制,旨在形成中国特色科学普及创新实践模式。通过系统性分析各类行动者的科普实践,提炼优秀案例,形成分布式模式与管理机制。同时,以学会为例,设计评估工具,评价科普能力。科普社会化协同生态需适应时代趋势,构建新时代科普生态是时代命题。在总结我国经验的基础上,借鉴国际适用理念与实践案例,深入研究国家与社会化科普的复杂而丰富的关系,探索并提炼中国特色科普创新模式。

图书在版编目(CIP)数据

科普社会化协同生态构建的理论与模式研究/郑斌,徐雁龙,汤书昆著. --合肥:中国科学技术大学出版社,2024.3
(中国国家创新生态系统与创新战略研究. 第二辑)
国家出版基金项目
"十四五"国家重点出版物出版规划项目
ISBN 978-7-312-05953-7

Ⅰ. 科⋯　Ⅱ. ①郑⋯ ②徐⋯ ③汤⋯　Ⅲ. 科学普及—研究—中国　Ⅳ. N4

中国国家版本馆 CIP 数据核字(2024)第 070072 号

科普社会化协同生态构建的理论与模式研究

KEPU SHEHUIHUA XIETONG SHENGTAI GOUJIAN DE LILUN YU MOSHI YANJIU

出版	中国科学技术大学出版社
	安徽省合肥市金寨路 96 号,230026
	http://press. ustc. edu. cn
	https://zgkxjsdxcbs. tmall. com
印刷	合肥华苑印刷包装有限公司
发行	中国科学技术大学出版社
开本	710 mm×1000 mm　1/16
印张	20
字数	305 千
版次	2024 年 3 月第 1 版
印次	2024 年 3 月第 1 次印刷
定价	88.00 元

　　21世纪初,移动网络技术与人工智能技术的迭代式发展,引发了多领域创新要素全球性、大尺度的涌现和流动,在知识创新、技术突破与社会形态跃迁深度融合的情境下,创新生态系统作为创新型社会的一种新理论应运而生。

　　创新生态系统理论从自然生态系统的原理来认识和解析创新,把创新看作一个由创新主体、创新供给、创新机制与创新文化等嵌入式要素协同构成的开放演化系统。这一理论认为,创新主体的多样性、开放性和协同性是生态系统保持旺盛生命力的基础,是创新持续迸发的基本前提。多样性创新主体之间的竞争与合作,为创新系统的发展提供了演化的动力,使系统接近或达到最优目标;开放性的创新文化与制度环境,通过与外界进行信息和物质的交换,实现系统的均衡与可持续发展。这一理论由重点关注创新要素构成的传统创新理论,向关注创新要素之间、系统与环境之间的协同演进转变,体现了对创新活动规律认识的进一步深化,为解析不同国家和地区创新战略及政策的制定提供了全新的角度。

　　进入 21 世纪以来,以欧美国家为代表的国际创新型国家,为持续保持国家创新竞争力,在创新理念与创新模式上引领未来的战略话语权,系统性地加强了创新理论及前瞻实践的研究,并在国家与全球竞争层面推出了系列创新战略报告。例如,2004 年,美国国家竞争力委员会推出《创新美国》战略报告;2012 年,美国商务部发布《美国竞争和创新能力》报告;2020 年,欧盟连续发布了《以知识为基础经济中的创新政策》和《以知识为基础经济中的创新》两篇报告;2021 年,美国国会参议院通过《美国创新与竞争法案》。

　　当前,我国已提出到 2030 年跻身创新型国家前列,2050 年建成世界科技创新强国的明确目标。但近期的国际竞争使得逆全球化趋势日趋凸显,这带来了中国社会创新发展在全球战略新格局中的独立思考,并使得适时提炼中国在创新型国家建设进程中的模式设计与制度经验成为非常有意义的工作。研究团队基于自然与社会生态系统可持续演化的理论范式,通过观照当代中国的系统探索,解析丰富多元创新领域和行业的精彩实践,期望形成一系列、具有中国特色的创新生态系统的理论成果,来助推传统创新模式在中国式现代化道路进入新时期的重大转型。

　　本丛书从建设创新型国家的高度立论,在国际比较视野中阐述具有中国特色的创新生态系统构成体系,围绕国家科学文化与科学传播社会化协同、关键前沿科学领域创新生态构建、重要战略领域产业化与工程化布局三个垂直创新领域,展开对中国创新生态系统构建路径的实证研究。作为提炼和刻画中国国家创新前沿理论应用的专项研究,丛书对于拓展正在进程中的创新生态系统理论的中国实践方案、推进中国国家创新能力高水平建设具有重要参考价值。

2018 年,以中国科学技术大学研究人员为主要成员的研究团队完成并出版了国家出版基金资助的该项目的第一辑,团队在此基础上深入研究,持续优化,完成了国家出版基金资助的该项目的第二辑,于 2024 年陆续出版。

在持续探索的基础上,研究团队希望能越来越清晰地总结出立足人类命运共同体格局的中国国家创新生态系统构建模式,并对一定时期国家创新战略构建的认知提供更扎实的理论基础与分析逻辑。

本人长期关注创新生态系统建设相关工作,2011 年曾提出中国科学院要构筑人才"宜居"型创新生态系统。值此丛书出版之际,谨以此文表示祝贺并以为序。

中国科学院院士,中国科学院原院长

　　当前,科学普及已成为世界各国国家层面的战略性议题,而非单一主体能够完成的任务,需要全社会差异化多元主体的共同努力,即构建科普社会化协同生态系统。因此,对于国内外科普社会化协同理论与实践进行梳理,尝试构建形成中国科普社会化协同的生态理论已经成为十分必要的发展目标。

　　从历史发展的源头考察,科普社会化协同生态系统以科普事业显著的"社会化"属性为出发点。1985 年,英国学者约翰·齐曼在《知识的力量——科学的社会范畴》中最早提出相关概念:公众作为一种社会力量,是产生科普的社会关系基础。科学传播实践也从公众的"缺失模型"(Deficit Model)转向"公众参与模型"(The Public Participation Model),在根本认知层面上使科学传播与科普成为一项全社会共同参与的事业。此后,研究该领域的学者们,从传统知识生产主体关系转变上提出了"三螺旋"创新理论,描述了大学、产业与政府三方在知识生产、传播与应用过程中的复杂关系,超越了以往各自独立的行动模式,将"科普社会化协同"贯穿于展开运行的全流程中。

　　在中国,2016年"两翼理论"的提出,首次将科学普及与科技创新在国家观念上摆在同等重要的位置,科学普及的社会地位已然发生了重大转变,与科技创新共同成为实现国家创新发展的基础支撑。2022年9月中共中央办公厅、国务院办公厅发布的《关于新时代进一步加强科学技术普及工作的意见》,提出要坚持统筹协同,树立大科普理念,推动科普工作融入经济社会发展各领域、各环节,加强协同联动和资源共享,构建政府、社会、市场等协同推进的社会化科普发展格局,明确了科普的六类机构主体和两类个人主体及其责任。这一背景与进一步发展科普社会化协同、生态化构建的诉求相契合,为促进人与自然和谐共生、维系人文及社会生态系统平衡奠定了现实基础。

　　本书以科普社会化协同生态理论的阐释为基础,以当代中国科普社会化协同生态模式、机制的构建为核心,以中国特色科学普及创新实践模式的形成为目标,以创新主体科普能力评价的指标体系建设为落脚点,尝试阐释和刻画"什么是科普社会化协同生态理论""中国当代科普社会化协同生态模式、机制的现状""中国未来科普工作结构化转型应坚持的方向",以及"如何评价中国科普社会化协同"等命题。

　　研究的简明逻辑路线为:

　　第一步,从理论构成的源头考察。科普社会化协同生态以协同理论、创新生态系统理论,以及社会生态学理论作为方法论基础,从微观、中观、宏观三个层面出发,解析了科普社会化协同生态的构成与内涵。在此基础上借鉴自然生态系统的表达方式,从科普社会化协同生态系统角度切入,将科技创新主体在生态系统中的定位分为生产者、分解者、消费者和某类科普主体同时充当多种角色的情况；从内部协同、外部协同、非线性协同等对科普生态作了生动刻画；从政府、社会资本驱动的视角探讨了形成科普生态的动力机制，回答了当代中国的科普实践"应当由谁承担"以及"应当如何承担"等命题。

第二步，从当代中国科普实践的发展阶段考察。本书通过对高校、高新技术企业（高企）、政府、科研院所等各类行动者科普工作实践现状的系统性分析，总结提炼了各领域中科普社会化协同的优秀实践案例，整合形成了具有中国特色的科普社会化协同生态的超越时空向度的分布式模式及管理机制。该模式与机制提炼为分析信息化时代科学知识跨空间传播提供了指导，为我国当前科普事业、产业管理乃至未来构建中国特色科普社会化协同生态提供了理论基础，回答了"中国当代科普社会化协同生态模式、机制的现状"以及"中国未来科普工作结构化转型应坚持的方向"等实践命题。

第三步，在沿袭前文理论逻辑的基础上，我们从微观切入，以学会这一科技创新主体为例，设计了针对具体类别的科技创新主体的调查评估工具。这一部分的研究以"行动者网络理论"为基础理论，分析了中国科普行动者网络中的各类行动者及其转译过程，同时也对学会这一科技创新主体进行了科普行动者网络的建构。通过构建指标体系、分层赋权、数据采集和综合评价测算，对学会的科普基础条件、科普工作、科普产出等三方面的科普能力进行了评价，回答了"如何评价中国科普社会化协同"等命题，并给出了科学的方法论指导。

我们认为，科普社会化协同生态与社会的发展进程和发展阶段紧密

相连,科普工作如何适应时代新趋势,构建社会化协同、数字化传播、规
范化建设、国际化合作的新时代科普生态,是摆在科普工作者以及社会
多元主体面前的命题。要想回答这一重大命题,需要不断总结历史和当
代经验,并在学习和借鉴国际先进理念的基础上,结合我国科学普及的
具体语境,通过对科普复杂关系、机制、问题的深入研究,来把握科普社
会化协同生态系统的基本规律,为探索具有中国特色的科普工作创新模
式提供能够有效落地的路径选择。

目 录

CONTENTS

第7章
中国科普社会化协同生态的当代实践与跃迁展望 …………（157）

第8章
中国科普社会化协同的评价理论 …………………………………（183）

第9章
科普社会化协同评价案例：学会科普能力评价 ··············· (216)

第1章
科普社会化协同生态构建的新时代内涵

　　随着科学技术的建制化和职业化发展,科学研究愈发成为掌握专业知识与技能的人才能从事的职业。科学家与公众之间的知识鸿沟开始出现并逐渐加深,如何做好科学普及成为一项更艰巨、更紧迫的时代课题。科学技术的不断发展,从源头不断给科学普及提供新的生长点,并不断丰富科普的内涵与外延。2002年,为实施科教兴国战略和可持续发展战略,加强科学技术普及工作,提高公民科学文化素质,推动经济发展和社会进步,根据《中华人民共和国宪法》和有关法律,我国制定颁布了世界首部科学普及专门法——《中华人民共和国科学技术普及法》(以下简称《科普法》)。《科普法》明确界定科普是"适用于国家和社会普及科学技术知识、倡导科学方法、传播科学思想、弘扬科学精神的活动。开展科学技术普及,应当采取公众易于理解、接受、参与的方式。科普是公益事业,是社会主义物质文明和精神文明建设的重要内容。发展科普事业是国家的长期任务"(中华人民共和国国务院,2002)。在科技发展和社会需求的双重带动下,科普已经越来越鲜明地融入政府、产业、科学家与科学共同体、媒介与新型传播空间、科学与科普教育系统、公众等多元主体间的互动交流进程中,"网络社会"的科普已经处于一种全时全向动态循环的交互形式之中,社会系统也已被构造成一个高度互联互通的网络。

　　基于这一新形势,2021年国务院颁布的《全民科学素质行动规划纲要(2021—2035年)》(国发〔2021〕9号)提出"打造社会化协同、智慧化传播、规范化建设和国际化合作的科学素质建设生态"的新要求和"坚持协同推进"的新原则,明确了科普社会化协同需要成为新时期科普事业的重点工作。

科普社会化是新时期科普高质量发展的重要指导思想,也是科普工作实际操作中的重点目标之一。进一步提高科普社会化程度,有助于激发全社会参与科普工作的活力和创造力,提高科普事业与产业的发展效率,通过社会合力推动科普供给侧改革效能更高效地释放。

从中国的科普实践角度看,科普社会化协同涉及的主体繁多,如政府、企业、高校、科研院所、科技型学会等。作为推进科普社会化协同最重要的主体,政府、企业、高校、科研院所、科技型学会等科技创新主体承担着将科技创新成果及时高效地普及至社会大众的重要使命。科技创新主体是具有创新能力并实际从事创新活动的人(群)或社会组织,全面推进科技创新主体的科学普及工作,是带动全民科学素质整体水平持续提升的关键,对于国家进步具有不容忽视的意义。发挥好各级政府、企业、高校、科研院所、科技型学会等多元主体的活力,才能构建政府、社会、市场等要素系统协同推进的社会化科普大格局。

目前,科普社会化协同相关研究较少,学界也缺少对科普社会化协同机制的系统性梳理。本书主要围绕以下内容展开研究:梳理科普社会化协同理论的概念与内涵,分析其缘起、时代背景、转型动因、观念演化等;聚焦科普社会化协同语境中的科技创新主体开展系统性梳理,包括科技创新主体的定义、分类以及在科普社会化协同中的个体特征和群体特征。科技创新主体的个体特征(独立组织单元),包括自主探索与专业聚合能力、科学发现与持续创造能力、技术研发与工程实施能力、成果输出与社会转化能力等。探究科技创新主体的群体特征(多组织或群体间),将从协同视角下研究不同主体的能力构成。从科普社会化协同生态系统角度切入,将科技创新主体在生态系统中的定位分为生产者、分解者、消费者等三大类,探索科普社会化协同生态的功能性特征与组织性特征。功能性特征包括社会效益、经济效益、制度收益;组织性特征包括复杂性、开放性、整体性、交互性(生态平衡特征)、自组织性(演化)。最后,结合各主体的典型案例,总结提炼各领域中科普社会化协同的优秀实践案例。

1.1 中国"两翼理论"助推创新型国家建设提速

"两翼理论"是习近平总书记在"科技三会"上对科技创新和科学普及之间关系作出的重要论述。他指出,"科技创新、科学普及是实现创新发展的两翼,要把科学普及放在与科技创新同等重要的位置"。该理论首次将科学普及与科技创新摆在同等重要的位置,将其视为更充分、更全面地实施创新驱动发展战略的必然要求,为解决科技强、科普弱的"两翼"不平衡问题,实现"两翼齐飞"提供了坚实理论支撑。"两翼理论"产生于科普服务国家治理体系和治理能力现代化、服务国家高水平科技自立自强发展的新语境下,是对科技创新和科学普及理论的完善,是与时俱进的新时代创新发展理论,是适应新时代创新发展要求、解决新时代发展问题的方案。

当今世界正经历百年未有之大变局,全球发展面临着诸多挑战,新一轮科技革命和产业革命加速演进,深刻改变着人们的生产生活方式,其中,科技创新是一项重要变量,是提高社会生产力和综合国力的战略支撑。目前,我国发展处于重要的战略机遇期,国内外环境正发生着深刻而复杂的变化,对科技创新发展理念和路径、科学普及工作思路和模式等提出了更高要求。科技创新和科学普及紧密地联系在一起,一个国家的创新水平的提升越来越依赖全体劳动者科学素质的普遍提高。

《全民科学素质行动规划纲要(2021—2035 年)》指出,科学素质建设在当前阶段担当更加重要的使命,这一使命体现在个体全面发展、创新队伍培养、社会治理创新和国际文化交流四个方面。在此,需综合考虑个体发展与国家治理、人才培养与国家建设、成果转化与国家创新生态的重要关系,明确新时代科学普及的发展定位。

科学普及助力国家治理现代化。在新一轮科技革命与产业变革的推动下,经济社会发展进入新阶段,人们的需求和观念发生了深刻变化,人民对美好生活的需求日益增长。公民的科学素质高低不仅影响着个体能否享受科技进步带来的文明成果,提升自身的生活质量;也决定着个体能否运用科学思维和科学方法,参与科学实践和生产,进而提升科技发展自信(谭霞,刘国华,2018)。西方社会作为近现代科学起源地,有着悠久的科学文化传统,公众科学素质发展较早、水平较高。相较之下,中国科普事业具有弘扬科学文化的深层使命,需从普及科技知识迈向促进公众理解和公众参与,并与科技创新相衔接。为满足人民对美好生活的需要,科普作为具有文化特质的社会教育活动,其意义包括丰富公民科学素质的内涵发展,实现公民人文素养、数字素养、健康素养等维度的全面提升,助力公民运用科学思维和科技产品提高生活质量,使个体获得精神和物质层面的发展。同时,公民科学素质水平的提升也有助于推广、延伸和加深公众对科学社会影响的认识,使公众愿意接纳与使用创新技术、科学方法,参与和推动科技创新政策的制定。很多社会治理工作若缺乏公众理解、公众参与就很难完成,如 PX 项目和垃圾焚烧站点等一系列反对技术应用事件中公众表现出的"邻避效应"困境。公民科学素质水平决定着社会文明程度,科学普及助力全民科学素质提升,有助于形成科学、理性、文明的社会环境,有助于树立全社会对科学、科学建制的信任,使公众更加理性地参与公共事务,共同推进国家治理现代化。

　　"两翼理论"明确了国家创新体系的战略构成与内在联系。"两翼理论"以崭新视角,从科学知识的生产创造、传播扩散和应用成效三个方面,对国家创新体系进行体系化解构,即实现创新发展是国家创新体系的发展目标,科技创新是发展动力,科学普及是发展基础,科技创新、科学普及同为构建国家创新体系的重要组成部分。"两翼理论"系统阐述了科技创新与科学普及相互依存、同等重要、互为助力、相辅相成的内在关系,深刻揭示了国家创新发展的驱动要素、实现路径和动力机制。这一理论自然也包括了传统科技创新体系理论关于资源、机构、机制和环境相互关联、相互协调的内涵,是创新体系理论的突破与发展。从创新链、传播链、人才链、产业链共建融合角度,阐明推动科技创新、加强科学普及、提升科学素质、转化科技成果、营造创新氛围、激发创新活力的内在发展逻辑,进而揭示了依托"两翼齐飞",增强知识创新活跃程度,促进创新主体知识交流协同,提升知识传播扩散的系统效率,提升国家创新体系的整体效率和发展质量的内在规律。

"两翼理论"深刻阐明了实现创新发展的基本规律。只有将科技创新的突破性力量与科学普及的支撑性力量协同形成强大合力,才能实现经济社会迈向全面创新驱动发展。这一理论科学地回答了事关我国创新发展的重大问题,为我国实现高水平科技自立自强、加快创新发展指明了前进方向,提供了根本遵循。

科技创新驱动全球社会变革。对于正处于百年未有之大变局的当今世界,科技创新成为影响和改变未来世界发展格局的关键力量。世界主要国家纷纷加大对新兴技术的投资研发和战略布局,大国间科技竞争博弈日趋激烈。主要表现在量子计算机获重大突破,量子信息时代加速到来;人工智能广泛应用,提速智能化时代;区块链技术深入布局,催生全球进入新数字金融时代;太空竞争加剧,大国布局太空竞逐时代;能源新技术酝酿大革新,人类迈向低碳时代;生物科技多点突破,生命科学进入全新时代。可以看到,全球在科技创新的巨大浪潮推动下进入一个崭新的时代,人类社会发展面临深刻变化,如何在深入交流形成共识和规则的基础上把握新一轮科技和产业革命机遇、应对人类面临的挑战、更好地造福各国人民,是全球共同面对的新世纪课题。值此之际,唯有像重视科技创新一样重视科学普及,为创新创造广阔深厚的土壤,才能顺利实现从制造业大国向创新型国家的华丽转型。

1.2 科普社会化协同与生态化构建诉求

自《全民科学素质行动计划纲要(2006—2010—2020 年)》实施以来,公民科学素质水平大幅提升,2020 年我国公民具备科学素质的比例已达到 10.56％;科学教育与培训体系持续完善,科学教育纳入基础教育各阶段;大众传媒科技传播能力大幅提高,科普信息化水平显著提升;科普基础设施迅速发展,现代科技馆体系初步建成;科普人才队伍不断壮大;科学素质国际交流实现新突破;构建国家、省、市、县四级组织实施体系,探索出"党的领导、政府推动、全民参与、社会协同、开放合作"的建设模式,为创新发展营造了良好的社会氛围。在近二十年时间里,我国科学素质建设取得了显著成绩,但存在的问题和不足也依然突出,主要表现在:科学素质总体水平偏低,城乡、区域发展不平衡;科学精神弘扬不够,科学理性的社会氛围不够浓厚;科普有效供给不足、基层基础薄弱;落实"科学普及与科技创新同等重要"的制度安排尚未系统化形成,组织领导、条件保障等有待加强。

2021 年 8 月 19 日,国务院印发的《全民科学素质行动规划纲要(2021—2035 年)》提出了新的目标:到 2025 年,我国公民具备科学素质的比例超过 15％,各地区、各人群科学素质发展不均衡明显改善。科普供给侧改革成效显著,科学素质标准和评估体系不断完善,科学素质建设国际合作取得新进展。"科学普及与科技创新同等重要"的制度安排基本形成,科学精神在全社会广泛弘扬,崇尚创新的社会氛围日益浓厚,社会文明程度实现新提高。到 2035 年的远景目标是:我国公民具备科学素质的比例达到 25％,城乡、区域科学素质发展差距显著缩小,为进入创新型国家前列奠定坚实社会基础。科普公共服务均等化基本实现,科普服务社会治理的体制机制基本完善,科普参与全球治理的能力显著提高。创新生态建设实现新发展,科学文化软实力显著增强,人的全面发展和社会文明程度达到新高度,为基本实现社会主义现代化提供有力支撑。

为了实现上述目标,《全民科学素质行动规划纲要(2021—2035 年)》提出:坚持协同推进,各级政府强化组织领导、政策支持、投入保障,激发高校、科研院所、企业、基层组织、科学共同体、社会团体等多元主体活力,激发全民参与积极性,构建政府、社会、市场等协同推进的社会化科普大格局。扩大开放合作,开展更大范围、更高水平、更加紧密的科学素质国际交流,共筑对话平台,增进开放互信,深化创新合作,推动经验互鉴和资源共享,共同应对全球性挑战,推进全球可持续发展和人类命运共同体建设。深化科普供给侧改革,提高供给效能,着力固根基、扬优势、补短板、强弱项,构建主体多元、手段多样、供给优质、机制有效的全域、全时科学素质建设体系。《全民科学素质行动规划纲要(2021—2035年)》据此提出了在"十四五"时期实施科技资源科普化工程、科普信息化提升工程、科普基础设施工程、基层科普能力提升工程、科学素质国际交流合作工程等五项重点工程。其中,多项工作涉及社会组织、志愿服务等社会力量的参与。

科普能促进公众理解科学、应用科学、增加对科学的需求,推动各国之间的科学对话、交流与合作,实现科技外交,推动科学共同进步,发挥科技的最大价值,为全球发展服务。同时,科普能促进小科学观向大科学观的转变,逐步压缩宗教科学观和小科学观的流行区间,推进大科学观,推动全球共同进入科学变革状态,促进全球的跨越式发展。在大科学时代,科学问题的范围、规模、复杂性不断扩大,具有多学科、多目标、多主体、多要素等特点,其复杂程度、经济成本、实施难度、协同创新的多元性等往往都超出一国之力,但其作用和影响需要通过国际科技合作来实施。在大科学时代的科学研究中,政府的财政投入巨大,研究目标也往往高深而宏远,理解和参与的门槛较高,因而更需要获取广大公众的支持和理解,如此才能更顺利推进,其成果也才能迅速推广转化。同时,科普在信息流动、知识配置、推动协同创新方面有独特作用,能有广度地为大科学的发展提供支撑。

科普通过传递知识、提炼方法、养成思维、培育精神等方式,提升公众科学素质,强化公众对待事与物的认知,影响公众对自然、人文、社会的理解和行为方式。而在对生态系统维系的作用发挥上,科普主要体现为以下两个方面:① 促进人与自然的和谐共生。人与自然的和谐共生是一个长期致力的方向和坚守的原则,然而有意或无意损毁珍稀物种、引发物种入侵以及肆意排放污染物等破坏自然生态的事件常有发生。科普助力提升公民个体、社会团体、国家整体对自然生态系统的理解和认知,有助于个体及整体进一步认识和理解自然规律,提升自然生态保护意识,减少主动和被动的生态破坏行为,从而促进人与自然的和谐共生。② 维系人文及社会生态系统的平衡。当代社会,科技的发展已经不同于以往任何时刻,科技不断向更为精细的微观和更遥远的宇宙空间探索,人类未知领域不断被打开,生命的运行机制不断被认识和利用,宇宙空间也成了各国竞争高地。然而,由于对新兴领域的认知不足和某些利益个体的"失控性尝试",容易造成整体时间与空间生态体系的破坏,科普能够有效帮助人们站在科学发展史的角度去看待未来,在科普培养下,讲科学、爱科学、学科学、用科学的"四科"群体在一定程度上有助于整体生态系统的坚守与维护。

对全社会来说,科普是诉求。如果个体没有较强的科学素养,就无法适应创新大众化的时代,讲科学、爱科学、学科学、用科学应成为每个公民的自觉行动。同时,每个公民、每个社会单元都有义务推进科普,因为科普本质是一种社会教育,具有很强的社会性和群众性,也唯有如此,科普才可持续。对政府来说,科普是职责。需要着力补齐短板,着力抓好重点领域、重点区域、重点人群的科学普及工作;需要着力抓融合,把科学普及和科技创新更好地结合起来,把学校教育、家庭教育和社会教育更好地结合起来;需要着力营造环境,把科技工作者和全社会共同抓科普的积极性更好地激发出来。

改革开放以来,我国全民科学素质有了很大提高,但与实施创新驱动发展战略、建设世界科技强国的要求,以及与世界先进国家相比,还有较大差距。今天的中国正全面进入创新时代,这个时代横跨从现在起到21世纪中叶的三十多年,直接关系到建设世界科技强国的大局。因此,创新大众化是必须适应的发展趋势,科学普及是必须强化的发展要务,迫切需要全社会各主体携起手来、共同努力,构建出科普社会化协同生态。

1.3 新媒介生态助力科普社会化协同系统构建

随着以互联网为主题的新媒体技术的广泛运用,媒体正通过各种新形式渗入生活的各个方面,对人们的价值观、思维逻辑都产生了极大的影响。新媒体利用先进的移动技术、数字技术、网络技术传播,利用"碎片化"的形式融入人们的生活,制造前所未有的视听感受和吸引力,进而渗透并影响到各行各业的发展,并对信息传播产生巨大的推动作用。当前,新媒体所承载的一个重要功能就是"制造内容—创造流量—产生传播",在众多的传播内容中,科学普及作为国家的一项战略决策,已经成为与时代同行的文化符号,掌握科技是推动实现中华民族伟大复兴的重要力量,而科学普及将有助于提升全民的科学素质,发掘更多的科技灵感,实现更多的科技自主创新。随着近些年新媒体的快速成长,新媒体对经济社会发展所产生的影响力也日益凸显。

科技知识在不同主体之间传播并向社会扩散,科技内容从知识的拥有者和发明者传播到广大受众,实现不同主体间的信息共享,从而使科学技术本身得到延续、积累和发展。技术创新往往会颠覆传统的科普传播效率,也促进科普渠道的多样化,为促进科普的转型升级提供了强有力的基础与助力,更多的科技成果可以转化为科学普及的内容,新技术手段也拓展了科普渠道,如微博、微信、动漫、游戏等,形成了科学普及的立体空间。同时,技术创新也改变了科学普及的影响力,特别是"互联网+"、云计算等技术的出现,意味着科普知识的获取和传播方式发生了很大的改变,技术创新推动科普由传统媒体传播向新媒体融合、交互传播的颠覆性。技术创新也促进了科普产业的发展,科技的不断进步催生了新的科普创作形式,以科学纪录片、短视频、微电影、动漫等为代表的科普影视作品逐渐走进公众的视野,并受到公众的广泛欢迎。因此,精准地掌握科普发展资源,特别是在新媒体影响下的科普工作的发展变化,为推动科普工作提供助力,尤其是将其有效地融入科普平台建设的整体规划,是当下科普工作面临的重要任务。

由于新媒体在社会传播过程中扮演着越来越重要的角色,其媒介逻辑的持续运作对依附于新媒体平台发展的科普生态施加了不可忽视的影响。新媒体对科普生态的影响是一种宏观上的影响,主要表现为科普的社会化语境发生了明显的改变。由于新媒体平台中介性机制的存在,科普的话题始终面临与其他社会文化话题相融合的传播环境,科普有效发生的场域也因此从专门的科学议题转移至更广泛的社会文化议题。竞争性机制敦促科普实践与社会实践的深入联系,从中谋求科普对于社会议题更强的话语权和解释力,以便在与文化、娱乐等类别的内容生态竞争中占据更高的位置。导向性机制则为产业化的科普业态开启了出路,无论是科学机构、科普机构还是商业企业、专业人员,均可在此科普生态中找到可持续发展的空间。

不同的科普用户因兴趣偏好各异被打上了众多细分标签,由主流媒体和专业机构主导的公共科学议程可能因平台内容的重排而变得碎片化,导致其内在逻辑和延续性难以在个性化推送中呈现出来。例如,在微信、抖音等平台上,中国航天日、全国科普日这样的专题已经很难像传统网站那样得到整体性的传播。

在传统的科普实践中,科普专业机构和人员主导了科学议题的选择和内容的生产,由此引发的科学传播路径是清晰可见的,从而赋予这些机构和人员显著的权威性。而新媒体平台对于内容的分类、评价、排序有自身的标准,这套秩序最终影响了科普内容生产者因其传播表现而产生差异的生态等级,并且在科普用户的认知中形成了不一样的科普专业等级。

新媒体平台对科普内容生产的影响首先是规模层面的,表现为科普的用户、内容和内容生产者数量全面增长,这主要与平台的中介性机制有关。其次是结构层面的,特定科普领域如健康、博物、天文、地理类的科普内容取得了明显的传播优势,主要与新媒体平台的竞争性机制有关。最后是质量层面的,在新媒体平台对优质科普内容的评价标准中,作品的科学性在与传播性的角力中处于下风,不少热门科普作品与科学的相关度低,甚至存在"标题党"现象(马奎,莫扬,2021)。

在新媒体平台的制度逻辑主导下,能够被纳入平台秩序网格和标签体系的科普内容有更高的概率被大数据算法准确识别并推荐给相关的活跃用户,从而在内容生产者与其用户之间建立稳定的传播结构,这促使越来越多的科普创作者致力于更垂直细分的领域。这一点在今日头条、抖音等新一代平台上体现得最为明显,特别有利于个体科普创作者的成长。

纵观互联网平台对于科普生态的各方面影响,能发现其中不乏积极的因素,也包含消极的因素。从表面上来看,这些积极和消极因素是一体两面的,涉及个性化科普需求与公共性科普需求之间,科学专业性与科普专业性之间,科普生态规模与质量之间,科普内容细分与学科细分之间,科普作品科学性与互动性之间,以及科普受众的客体性活动与主动性参与之间的种种对立和协调,从而给互联网科普生态的发展前景带来了某些不确定性。

在新媒体时代,媒介平台的传播网络呈现出"围观"效应,无论是时事新闻还是社会事件,无论是科技传播还是科普教育,不断增多且无法确定其变量的庞杂信息迅速充斥传播过程。尤其当热点事件发生时,新媒体渠道为受众搭建了传播信息最快速、最广泛的平台,但与科普的求实严谨不同,新媒体平台或追求轰动性效果,或重视与生活的相关性,或强调戏剧化情节,直接影响着科普内容本身的质量。面对林林总总的新媒体平台上不断增加、各抒己见、众说纷纭的科技信息,受众有正向的关注、评价,也有质疑、戏谑、迷茫,这一过程甚至演变成类科普,造成了科普生态的无序化。随着媒介技术的发展,新媒体打破了传统媒介的传播格局,改变了原有的科普流程,科普同样也面临着新媒体的挑战。

新媒体时代的科普生态研究,将生态学作为一种科学的思维方法,从生态学思维中关联性与整体性、动态性与平衡性的视角出发,将生态学从研究生物与生物之间、生物与环境之间相互作用的科学领域,渗透到人文社会科学等其他领域。在科普研究中强调生态学的可持续发展性，正是科普生态研究的本质所在。因为科普在大部分情况下是一种传播实践活动，它集中反映的是传播主体、传播媒介、传播内容之间的关系，也就是将科技信息作为科技传播的主要内容，以媒介为渠道，在社会环境中于主体与受众之间传播，并追求动态平衡的过程。从这个意义上看，科普具有生态性。因此，在比较科普生态系统与自然生态系统的相似性基础上，以生态学的视角分析科普情境的范围和复杂性，揭示科普的本质与规律，可以更好地考察新媒体时代科普生态失衡的新问题，我们可以提出新媒体时代科普的生态观察维度。

科普是一种具有生态学特征的社会活动，结合新媒体时代的媒介特点，我们运用生态视角审视科普中传播主体、受众、媒介与社会之间的关系，运用生态学理论和方法研究科普规律和发展逻辑，运用生态系统特征审视新媒体时代科普生态平衡的原则与失衡的原因，可以促进科普研究持续健康发展，促进新媒体时代的科普生态构建。

科普生态系统是科技传播固有属性和构成要素动态变化的结果，是以其内在本质特征和固有结构属性为深层动因的复杂生态系统。结合新媒体时代媒介环境与媒介生态的理论基础，从生态学角度对科普问题进行研究，探索和构建新媒体时代科普生态的理论体系，深入认识其生态结构、构成要素和生态功能，理解其生态平衡与动态循环，可以拓宽和挖掘科普学术研究在生态学视域的广度和深度，丰富和发展科普理论。

科普是由各个要素构成的，是具有特定功能并可以产生整体综合效应的社会活动。从生态学的角度考虑，科普系统内部的诸要素之间、要素与环境之间相互联系、相互作用，并通过能量和信息的相互联结构成有机整体，即构成了科普生态。从一种单纯的社会活动演变为组织多元、功能完善、能量流动、物质循环的动态生态系统，可以使我们更加充分地认识科普内在结构和运行规律，揭示新媒体时代科普本质及运行规律。

新媒体时代打破了传统媒介的传播格局，极大地改变了原有的科普链条，带来了科普新阶段的紧迫任务。以传播科学文化为己任的科普在新媒体环境下如何更好地发挥其新功能,需要深入探讨;在新媒体冲击下的科普生态失衡的表现多样,需要分析其主体、技术和社会的失衡原因,分析科普生态系统的内在规律和逻辑结构的失衡根源。从而提出并构建新媒体时代科普生态维度。

1.4 科普社会化协同研究缘起与观念演化

"科普社会化"的内涵指向的是多元社会主体共同参与科普工作的开展,让有关社会力量介入科普发展的理解。国外并没有明确提出"科普社会化"这一概念,但是西方国家对"科普"的认识从一开始就带有显著的"社会化"属性,更多地立足于科学传播或公众参与科学视角。齐曼(1985)认为,公众作为社会力量是产生科普的社会关系基础,《知识的力量:科学的社会范畴》一书中最早提出相关概念,认为公众作为一种社会力量,是产生科普的社会关系基础。同年,英国皇家学会在《公众理解科学》(The Public Understanding of Science)报告中强调公众作为社会力量在科普中的作用。随后,科学传播实践也从公众的"缺失模型"(Deficit Model)转向强调对话的公众参与科学(Public Engage in Science)模型(贾鹤鹏,2014)。可以看出,这一时期的科学传播不再将公众视为单一向度的受众,公众在科学传播场域中的身份实现了从传播受众向传播主体的转化,公众的纯粹客体化立场被视为精英主义式的傲慢,其主体性告别主客对立意义上的单一主体,从纯粹客体转向了社会交往中的主体间性(intersubjectivity)(单波,2001)。英国上议院科学技术特别委员会发表了《科学与社会》的报告,强调科技决策和科技发展的公开化,建立良好的社会协商氛围,从根本上使科学传播与科普成为一项全社会共同参与的事业。在上述前提性的奠基工作推动之下,若干学者对社会力量如何参与科普事业这一问题进行了讨论。美国的布鲁斯·莱文斯坦建立"公众参与模型"(Public Participation Model),刻画了作为一种社会力量参与科普事业的机制(Bryant,2003),强调公众参与对公共政策决策的民主化和公开化的促进,以及公众对科学技术和研究的理解(李大光,2003)。Etzkowitz 和 Dzisah(2008)从传统知识生产主体的关系转变上提出了著名的"三螺旋"创新理论,描述了大学、企业与政府三方在知识生产、传播与应用过程中的复杂关系,这超越了以往由大学、产业、政府各自独立的行动模式,具有跨专业、跨学科、跨组织、跨地域的协同创新意味。虽说国外对"科普社会化"的理论研究不甚丰富,但是早已在实践中将"科普社会化协同"贯穿于行。

连公尧在 1995 年将美国的社会化科普工作状况传输至国内,他认为在美国的科普实践中,大众传播媒体发挥了重要作用,专业组织机构、大公司等也承担起了社会科普责任(连公尧,1995)。近年来,美国的科普工作主要在科学、技术、工程、数学(STEM)教育的大框架下开展,形成了政府引导(如国家科学基金会、教育部等),大学和科研院所提供人才和知识支撑,企业作为科普产业的重要保障,民间组织及民间机构成为主要参与力量(如美国科学促进会、美国国家科学院、史密森学会等),科学节、媒体传播和科技展览等科普活动传达的科普协同推进体系(刘克佳,2019)。

法国现行协同科普工作机制也具有其典型性。1984 年,法国政府颁布《萨瓦里法案》(第一个以法律的形式明确科普的地位,并规定科学家、科研团队具有科普责任与义务的法律文件),为法国国内营造良好的科普环境,吸引各类机构(包括高校科研机构、基金组织、地方政府、社区和博物馆等)自觉参与科普工作奠定了法律基础。最终,法国形成了"国家层面制定和颁布科普法律;机构层面接受和培养科普专业人才,督查和考核科普工作;人事层面以科学家为首的科普工作者实施科普活动、提供意见反馈、推动政策完善"的"法律-机构-科学家"三层协同又彼此牵制的工作机制(王欢欣,2021)。

通过系统的文献梳理发现,在中国科普的历史实践语境与现实实践语境下,"科普社会化"这一概念本身经历了由科普对象社会化到科普主体社会化的转变。

1982 年 8 月 31 日至 9 月 5 日,在科学普及对象的社会化阶段,《中国电机工程学会在科普读物、创作学术会议记录》中总结了既往科普工作的经验,其中就包括"积极开展社会化的科普活动";1983 年,江西省召开的全省科协系统先进个人和先进集体表彰大会上,与会代表提倡"科普工作沿着群众化、社会化的方向发展";1984 年,中国煤炭学会工作要点明确提出要面向社会传播科学技术,实现科普工作的群众化与社会化。可以发现,这一时期,中国科普社会化的概念锚定的是科普对象这一群体的大众化、广泛化、普遍化特征。在"前科普对象社会化"阶段,主要普及的内容是基础理论与技术知识,以提升生产建设中的技术水平、工艺水平与生产效率,科普活动成为学校教育的延伸。科普对象泛化的进程之中,科普对象从既往以科技人员(工程师、技术人员及技术主管、管理干部等)为主,逐渐向青少年等普通公众转变,科普实践存在较明显的目标群体扩张的倾向。

科普对象的社会化向科普主体的社会化转变发生在 1983 年。邢天寿(1983)在探讨学会活动及其规律时,针对当时历史语境下一些基本概念的认识问题,率先提出"学术活动、论文、科普、纽带、助手、群众化、社会化等,它们的含义是什么? 范围有多大?"等问题。可见,当时社会上对群众化、社会化的理解存在不同的解释,实践领域与学术研究领域都渴求对基本概念有清晰的界定。1985 年,李光恒(1985)提出要依靠社会力量,发挥广大农村知识青年的主观能动性获取科技知识,这一提法第一次正式将科普主体的范畴扩展到科普对象之上,并与之结合。1987 年,湖南省湘潭市科协的李名山(1987)提出要发挥农村地区能工巧匠、专业户、科技户的社会功能,向农户传播传授技艺与现代科学技术。1989 年,全国社会主义初级阶段科普发展理论研讨会上系统总结了中华人民共和国成立以来科普工作的三阶段,提出我国科普工作跨入了"社会化的战略大科普"格局,形成了农技人员、乡土技术能人与青少年科技辅导员的"三方面军",进一步延伸了科普主体的范畴,真正意义上将科普主体泛化为广大的社会力量(向进青,1989)。

在科普社会化的概念转变之中,对科普对象社会化的认识有可能追溯到更早的时间阶段,本书仅以中国知网为电子文献来源,资料的有限性可能引发科普对象社会化认识向更久远的时间进行溯源的完整性。

"科普对象的社会化"与"科普主体的社会化"在某个时间段内存在认识层面的交叉,主要依据在于:在实践层面,中国煤炭学会于 1983 年便联合中国煤矿地质工会、中国煤炭工人北戴河疗养院开展科普活动,并提出"要进一步团结、动员和依靠广大科技工作者,同社会各方面密切合作,面向广大煤矿职工,面向社会,广泛传播和普及先进的科学技术,积极开展青少年科技活动,为实现科普工作的群众化、社会化服务工作"(中国煤炭学会,1984)。其中包含了科普主体的多元性认识与科普对象的社会化认识双重含义。在理论层面,典型性案例如学者刘茂才(1987)在《试论科学意识和商品意识的一致性》一文中提出,通过艺术呈现、科学教育、科普读物等方式实现"科学的社会化"(即"科普"),说明理论界对于科普社会化的内涵理解仍指向科学普及的客体层面。如前文所述,我们认为科普对象主体化认识向科普主体社会化认识初步转变的时间为 1985 年,其真正意义上的转变发生在 1989 年,而在 1983 年至 1987 年间,理论界与实践界对于科普社会化就已存在多元认知。因此可以将这一时期视为科普社会化认识的转变阶段。

相较于科普主体社会化所强调的多元主体参与,科普社会化协同更侧重于多元主体之间的合作与协同。科普社会化协同的概念与科普主体社会化的提出基本上出现在同一时期,学者们总结现实经验,在发现单一科普主体需要向社会化的多元主体转变时,也意识到多元主体之间的相互促进与协同。尽管"科普社会化协同"这一概念在可考文献中于近几年(2018 年至今)才出现,但从历史文献中可以发现,早在 1989 年就有学者提出要建立横向、纵向与时间维度的"科普社会化服务体系"的构想,设想具有跨部门、跨行业特征的科普服务网络(胡文,1989)。胡文立足于农村农业科技指出:

"在科技成果的消化－应用－推广之间建立一种衔接的链条使三者之间的转化不断得以实现,这种链条就是完备的科普社会化服务体系。"王凤飞(2001)以科协为研究对象,提出"社会化大科普"的概念,并点明"大群团-大协作-大宣传-大科普"的工作基调。这些初始研究均对后续"科普社会化"理论发展具有早期思考的启迪意义。

徐延豪认为,理想的科普模式是营造"社会化科普工作格局",让全社会共同参与科普工作。周立军(2013)更进一步提出较为系统的"社会化科普"概念,他强调法律保障、政策引导和市场配置资源的作用,也突出公民的科普主体地位、各种社会力量参与科普的积极性、完善的科普联动工作机制、公益性科普事业和经营性科普产业等科普资源合理配置的重要性。王旗和戴颖(2018)定义"科普社会化"的发展是"发挥政府与社会组织、社会公众合作协同的力量,使科学传播、科技教育、科普场馆建设等不断向全社会渗透,在满足社会公众贴近生活、多样需求的科普服务中,使科普无所不在、触手可及、随心而动、润物无声,更好地营造具有科学思维、科学态度、科学精神的社会氛围"。

上述学者对"科普社会化"概念的厘清与探讨均显示出学界对科普的重视愈发凸显,对"科普社会化"的认知也随着社会发展而不断扩充完善,这离不开整个社会所形成的"尊重科普、崇尚科普"的现实环境。2002年《科普法》、2006年《国家中长期科学和技术发展规划纲要(2006－2020年)》与《全民科学素质行动计划纲要(2006－2010－2020年)》、2008年《中国科协科普资源共建共享工作方案(2008—2010年)》与《科普基础设施发展规划(2008—2010—2015)》等系列法案及政策文件均强调国家机关、武装力量、社会团体、企事业单位、农村基层组织和其他组织应当开展科普工作;科普工作应当坚持群众性、社会性和经常性,引导、鼓励和支持科普资源开发与共享,搭建全国科普信息资源共享和交流平台,致力于打破科普条块分割、相互封闭、重复分散的格局。以上政策文本为"科普社会化"提供了坚定的现实基础,并指明了发展方向。

德国学者哈肯(1998)的"协同效应"理论为科普社会化提供了扎实的理论支撑。该理论认为,当外来能量的作用或物质的聚集状态达到某种临界值时,子系统之间产生协同作用,促使系统在临界点发生质变。这种开放系统中的大量子系统相互作用,产生整体效应或集体效应,最后集体效应远大于各子系统效应之和。需要注意的是,协同理论所强调的这种"1+1>2"的整体效果并非系统内部子系统或子要素的单纯累加,而是各子系统或子要素内聚耦合、相互协调,形成有序结构(孙常福,2021),才能得以实现。"实现子要素内聚耦合、相互协调"这一前提在科普协同中尤为重要,有学者点明"科普主体众多、目标多元,更加需要强调全国一盘棋式的整体协作与沟通,单打独斗或单兵突进,都将会越来越难以适应科普在当代社会的发展趋势"(朱效民 等,2007)。此外,"投入不同、目标不同、参与方式不同,多主体的社会力量彼此之间缺乏协同"(陶春,2012),也使得我国科普社会化协同没有形成最大效益。

基于以上背景,多主体的"科普社会化协同"相关研究开始发展起来,其中深入研究主体分类及作用成为重要一脉。王奉安(2010)指出"科技工作者是科普社会化的中坚力量,学校和媒体作为主渠道,科协则是主力军"。汤书昆和游江艳(2011)聚焦多主体协同下的社区科普,将参与主体归纳为政府、学校、企业、大众媒体、其他组织和个人五类主体。周立军(2013)明确社会化科普格局中的参与主体"主要可以分为三类:第一类是个人,主要包括各种专业领域的教育、科技人员和志愿者;第二类是社会组织,包括高校、科研院所以及社会各类工商企业、社会团体等;第三类是科普专门机构。在这当中,科协是最主要的力量"。秦溱和杜颖(2015)将科普社会化参与主体指涉为政府部门、党组织、科技与教育事业单位、科协系统、其他群众团体、企业、大众传媒、公众。2021 年,《全民科学素质行动规划纲要(2021—2035年)》提出构建政府、社会、市场等协同推进的社会化科普大格局,强调各级政府强化组织领导、政策支持、投入保障,激发高校、科研院所、企业、基层组织、科学共同体、社会团体等多元主体活力,激发全民参与积极性(国务院,

2021)。

此外，还有若干学者专注于某特定单一科普参与主体，剖析其科普工作状况与成效。以高校为例，学者赵大中（2006）、郎杰斌等（2014）对高校科普工作展开思考；李函锦（2013）、王明等（2018）具体对高校科普服务能力进行研究；高宏斌等（2015）更宏观地研究我国高校科普成效，指出我国高校科普研究的若干问题，并预测未来高校科普研究重点。还有学者研究企业、科研院所、协会、学会等机构的科普形势，在此不做过多表述。应当看到的是，这些子系统各自有其特殊的科普特征与功能，是构建"社会化大科普"进程中不可缺失的角色。

科普社会化协同是一个开放的系统，当下已有不少学者探究其协同运作机制。主要包括以下几点：

（1）科普产业社会化协同。如黄丹斌（2001）提出，加快科普社会化，主要决定于科普的宣传力度、公众认知转化程度和科普产业化程度；李黎（2014）刻画了在政府、企业和大学之上，结合媒体、非政府组织和公众的作用，构建一套全新的科普产业生态系统协同创新机制；赵东平等（2019）分析了科普产业和科普社会化存在的理论薄弱，科普产业"小、散、弱"，科普产业人才缺乏等问题。

（2）产学研用协同。有代表性的如危怀安和蒋栩（2018）分析高校科普资源协作所陷窘境，提出应建立一个政府、企业、高校大协作的科普资源共建共享的生态圈；李卫国和白岫丹（2020）研究基于"政产学研用创"六位一体的新型高等职业教育协同创新模式，促使政府机构、企业集团、高等院校、研究机构、目标用户、双创资源等研究主体协同创新发展；赵杨飏（2021）则更加强调将高等教育的人才培养同社会生产实践和地方经济发展有机结合起来的"产学研用"合作育人新模式。

（3）跨区域、跨行业的科普资源协同。如马健铨和刘萱（2018）对京津冀科普资源共建共享的研究，以及王小明（2018）对长三角地区科普资源一体化的思考等。

20   科普社会化协同生态构建的
理论与模式研究   第 1 章
科普社会化协同生态构建的新时代内涵

综上,国内外理论界均已注意到科普社会化的演化趋势以及多元主体参与的重要意义。值得注意的是,当前有关科普社会化协同的理论研究较少,明确科普社会化协同的具体定义、理论内涵与外延的研究较为缺乏,仍然缺乏对科普社会化及社会化协同理论及应用的系统性研究。

因此,本书拟通过梳理国内外科普社会化协同的理论与实践,尝试构建形成科普社会化协同的系统理论,并立足社会化协同视角对各类科技创新主体开展科普成效试点评估,提出促进各创新主体投身科普社会化协同发展的建议与对策。

第 2 章
科普社会化协同生态构建的理论基础

2.1 协同理论

协同理论作为系统科学的一个重要分支,是一门以研究完全不同学科中共同存在的本质特征为目的的系统理论,因而成为构造各类系统的理论基础和解决复杂性系统问题的方法(白列湖,2007)。将协同论引入科普社会化及其管理中,对于解决科普社会化协同系统中的综合性、复杂性的运行问题具有重要意义。

协同理论主要研究在非平衡状态下的开放性系统在与外界物质、能量、信息的交换过程中,如何通过内部的协同作用,自发地出现时间、空间和功能上的有序结构(白列湖,2007),并指出复杂性系统中各要素之间以及要素与系统之间的各种联系,在协同目标的指导下如何通过协同机制最终实现协同效应。要想把握协同理论的核心,首先需要深入理解协同。

协同是指协调两个或者两个以上的不同资源或者个体,使它们一致地完成某一目标的过程或能力,是一种发挥资源更大效能的方法。协同的范围不仅包括人与人之间的协作,也包括不同应用系统之间、不同数据资源之间、不同终端设备之间、不同应用情景之间、人与机器之间、科技与传统之间等全方位的协同(白列湖,2007)。协同理论的重要内容包括以下三个方面:

（1）协同效应。协同效应是协同作用于系统后产生的结果，即系统从无序走向有序，协同正是这一过程的内在驱动力。从这一视角来看，协同和有序是一对辩证因果关系，协同是有序的原因，有序是协同的结果，结果反馈于原因，促使协同作用愈发和谐并逐渐产生协同效应。

（2）伺服原理。伺服原理指快变量服从慢变量，序参量支配系统的行为。其中，序参量是指在系统发展演化中从无到有的参量，并能揭示出系统新结构的形成，支配和制约着系统的进一步发展演化（李忱，田杨萌，2001）。该原理从系统内部稳定因素和不稳定因素间的相互作用出发，描述了系统自组织过程。其本质就是规定了当系统处于临界点时，系统的发展演化或突现结构是由少数集体变量即序参量决定的，而同时序参量又支配着系统中的其他变量。

（3）自组织原理。自组织即系统在没有外界指令的条件下，可以按照内部的规则自动形成一定的结构或功能。该原理揭示了系统内部具有内生性和自生性的特点，解释了系统内部通过协同作用形成有序结构的机理。

基于协同效应的产生对于协同管理的依赖以及协同管理对协同作用转化程度的影响，科普社会化协同效应的实现离不开协同管理。

协同管理是指通过对若干子系统组成的系统进行时间、空间、功能结构的重组，即利用自组织原理建立"竞争-合作-协调"协同运行机制，把系统中价值链形成过程的各要素组成一个紧密的"自组织"体系，也就是一个效应远远大于各子系统之和的新的时间、空间、功能结构，最终实现系统的共同目标，是系统利益最大化的一种管理体系（杜栋，2008）。从性质上来说，协同管理就是将协同理论更好地应用于复杂系统中的一种手段和方式。可以从以下几个方面来理解协同管理的概念：协同管理以系统为研究对象；协同学是协同管理的重要理论武器；协同管理价值链的形成过程是指将价值低的原材料转换成价值高的产品的一系列活动；它不是一些独立生产经营活动的简单集合，而是一些通过协同而进行的相互依赖的活动。由于组成系统的各子系统具有不同的目标，属于地理位置上分散、组织上独立、性质上相异，只是为了实现共同任务而组成的临时系统，因此，协同管理必须通过建立自组织协同运行机制,协调各子系统的行为,从而实现系统整体目标。协同管理的目标是合理利用系统中各子系统的各种优势,高效、灵活地满足目标群体的要求,最终实现系统整体利益的最大化。

协同管理的实现需要复杂系统具备能够成为一个有序的新的时间、空间、功能结构的基础和条件,包括必要条件、充分条件以及稳定条件(白列湖,2007)。协同管理的必要条件包括开放性、非线性相干性和随机涨落性。开放性表现为在一定的空间范围内,需要不断与外界进行物质、能量与信息的交流,才能维持系统的发展。在协同作用中,开放性提供了系统有序化自组织的能量和信息,以抵消系统内部的无序化倾向。非线性相干性则对应环形的复杂因果关系,而非机械因果性,在非线性相干的作用机制下的组织系统中,只要发生一个外部微小扰动,系统就能通过自身反馈调节机制的相互作用促使系统发生结构性变化(刘艳芹,高栋,2008),非线性相干性为外部能量信息的输入提供中介,造成系统随机状态的波动。涨落是系统同一发展演化过程中的差异,也就是系统的不平衡性,它催化着自组织的形成和发育。协同管理的充分条件包括功能倍增和成本最小化。其中,功能倍增强调系统在协同作用下整体功能效应大于要素之和;成本最小化强调协同作用下产生的成本需最小化,协同成本会影响协同管理的成本,从而影响到协同管理的质量。协同管理的稳定条件包括协同关联度和利益分配,协同关联度指系统内各要素之间以及各要素与系统之间的协同程度,合理的利益分配对协同管理的实现起到重要作用。

协同管理应用于复杂系统的一般步骤包括系统目标的分析、系统边界的界定、系统管理者和被管理者的确定、协同管理机制的设计,以及协同管理的制度化(余力,左美云,2006)。系统协同的基础是系统内部各主体拥有共同的追求目标,只有在确定了系统演化方向的宏观把控下,才能基于此实现系统协同。系统边界的界定是系统能够区别于其他系统的关键一步,从而掌握系统的整体性特征。确定系统的管理者和被管理者,从系统成员结构出发设计协同管理机制是实现系统协同的重要方式。在以上前提下,实现协同管理的核心环节在于设计协同管理机制,需要管理者从全局角度出发,认识系统并通过良好的机制设计实现系统协同效应。协同管理制度化是协同管理的最终环节,实现管理可操作化、可执行化是协同管理思想得以运用的关键。

近年来,创新理念在内外环境综合作用下演进发展,针对创新系统转型的研究开始受到关注,创新模式从早期简单线性模式到非线性的系统集成的网络化模式,先后经历了五代创新模式。五代创新模式的演进既反映了不同环境下创新活动的复杂性的增强,也表明了人们在动态发展的过程中对创新认识的不断超越并不断接近其根本要义。随着创新理念的转变,传统线性的和孤立的创新行为研究已难以解决现实的创新问题。在科技创新进程中,各类创新主体内部构成要素之间、创新主体之间、创新子系统与外部环境之间发生着连续、多重互动,并已经形成具有自组织特征的复杂适应系统(李金海 等,2013)。

对比来看,协同创新已成为国内重点研究方向,可以被理解为一种新型网络创新模式。该模式以大学、企业、研究机构为核心要素,以政府、金融机构、中介组织、创新平台、非营利性组织等为辅助要素,在多元主体间协同互动,以实现系统非线性效用,进而达到更高层次的价值创造。

首先,协同创新是对开放式创新理论的深化与发展。根据耗散结构理论,当外界条件变化到一定阈值时,非平衡态系统内部要素之间相互作用,从而出现自组织现象,使系统由无序态转变为具有稳定结构的有序态,而系统本身的开放性是实现该过程的前提。从生态学角度看,生态系统内部包含不同生命个体、种群和群落,不同生命单元间竞合共生需要外部能量支持;相应地,创新生态系统中不同创新主体通过开放共享,使信息、知识、资金、人才等创新要素循环交互。其次,与单创新主体相比,基于创新生态的协同创新侧重于多种创新主体间整体协作,即开放式创新以单个企业或产业战略管理为目标指向,而协同创新或宏观层面创新则趋向于制定区域、国家层面发展规划。因此,相比于单利益主体的开放式创新,协同创新从整体利益出发,更关注不同创新主体间诉求的协调共议。这也与创新生态需要有目的、有导向性的构建相契合,无论是宏观层面上的国家、区域、产业,还是微观层面上的企业,生态系统构建皆需从整体视角进行政策指引。再次,虽然不同创新理论范式间呈现交融态势,但创新生态系统作为第三代创新范式,相比已有的创新理论,更突出共生演化、自组织的动态特征,开放式、协同创新仅从静态截面视角研究创新主体间的深度合作,而创新生态系统理论则更加强调各个要素相互依存、共生演化的动态特性。这种自组织、可持续性特征需要研究者对系统进行纵向审查。

协同创新就是各创新主体要素进行系统优化、合作创新的过程,资源共享和优势互补是各主体协同创新的基本前提,并将力图在与各自需求相适应的合作期望上达成一致。例如,在产业技术创新的过程中,大学及科研机构为技术的供给方,企业为技术的需求方,其协同创新的核心主要包括知识产权归属、知识转移及过程管理等方面。而协同创新的理论框架可以从整合和互动两个维度来分析:在整合维度上,主要包括经济、技术和知识等资源的整合,而互动的维度主要是指各个创新主体之间的互惠知识分享、资源优化配置、主体要素行动的最优同步和运行系统的匹配度等(Dubberly,2008)。根据协同创新两个维度上的不同位置,可以说科普产业的协同创新同样是各主体间沟通、协调、合作,再到协同的过程。三螺旋创新理论是协同创新理论范畴中比较前沿的理论模式,而三螺旋理论最初被运用在生物学领域,主要用于建立基因、生物体、环境之间的相互作用的关系的一个模型。该理论认为,生物体在发育过程中基因、生物体和环境三者之间存在着一种辩证的作用关系,生物体不仅仅受到自身基因的控制,同时还受到其所处的环境的影响;且这三种因素是相互影响、互为因果关系的,其中任何一种因素出现了变化,都会导致其他两种因素发生变化,三者就像螺旋体一样绑在一起。荷兰经济学者 Leydesdorff 将生物学中有关三螺旋的原理应用到产学研合作模式中,用以解释大学、企业和政府在知识经济时代的关系。为了适应经济发展的需要,三者联合起来,形成三种力量交叉相互影响、紧密团结而又螺旋上升的"三螺旋"新关系。三螺旋提供了一种更为灵活的新型组织创新结构,大学、产业和政府间的封闭边界已经被打破,在保留着自己的基础作用和独特身份的同时表现出其他主体的一些能力(边伟军,罗公利,2009)。

　　科普事业发展离不开多元主体协同创新生态系统的支撑。在协同创新中不强调谁是创新主体,政府、产业、大学三方都可以是创新的组织者、主体和参与者。无论以哪一方为主,最终都要形成动态的三螺旋。三螺旋结构模式综合了创新过程中知识、市场和政策等多元因素,在三者互动过程中形成了一个公共界面(邹波,于渤,2010),它把创新所需要的知识流、信息流、人才流、政策流聚集于同一结构框架之内,在减少创新障碍的同时提高了创新绩效。政府、产业、大学作为科普产业的三大主体,在面向社会公众提供科普服务的过程中相互影响、协同合作。埃茨科维兹认为,三螺旋主体之间并没有先后次序,而是三位一体的螺旋状发展。在科普产业的三螺旋系统里,政府的职能从目前以直接组织创新活动为主,转向以宏观调控、创造良好环境和条件、提供政策指导和服务、促进各组成部分间的交流与合作为主;企业的动力来源于其不断产生和获取超额利润的能力,它的使命主要集中在技术创新、知识创新、技术转移和知识应用方面;而大学具有教学、科研和人才培养三重使命,可以为科普产业提供源源不断的新知识、新技术、新思想、高素质人才。当前,科学文化已是社会发展的主导文化,作为弘扬科学文化的科普产业,对优化第三产业结构、拓宽就业领域、建设创新型国家和实现智慧中国理念等方面都有着十分重要的意义。作为国家创新体系子系统,科普产业的发展同样可以借鉴三螺旋创新理论,深入分析政府、企业和大学在科普产业发展中的重要功能,通过优化资源配置促进科普产业的协同创新发展。

2.2　创新生态系统理论

　　随着科技竞争的不断加剧,创新过程中所面对的问题也越来越复杂,不同创新主体间资源分布的不对称使得资源共享成为协同创新生态环境的客观要求。大到一个国家,小到一个企业(产业)都越来越强调创新生态系统的重要性。因此,美国竞争力委员会于 2004 年 7 月发布的《创新美国在挑战和变化世界中保持繁荣》报告中提出"创新生态系统"。美国国家科学基金会的黛博拉·杰克逊在《什么是创新生态系统?》中提出:"一个创新生态系统不是能量动力学,而是复杂关系的经济动力学,这种复杂关系是在经济关系中的行动者或者实体之间形成的,旨在促进技术(或产业)创新。"

21 世纪以来,高新技术产业迅速崛起,产品迭代速度持续加快,个性化需求增加了创新的难度,组织资源与能力有限性阻滞了组织的创新活力,价值创造逐步转向多元群体协作模式(Moore,1999),创新范式正由机械式创新系统向有机式创新生态系统转变。构建切实有效的创新生态系统,对创新范式发展和国家创新能力建设具有重要理论与实践意义。2004 年,美国总统科学技术顾问委员会发布《维护国家的创新生态体系、信息技术制造和竞争力》和《维护国家的创新生态系统:保持美国科学和工程能力之实力》两份报告,明确表示美国的繁荣与领先得益于一个精心设计的创新生态系统。日本、欧盟也分别于 2006 年和 2010 年陆续出台相关政策,强调构建创新生态系统的重要性。在创新驱动发展战略指导下,我国也在加速推进和布局符合国家战略需求的创新生态体系。在理论层面,学界多将创新生态系统视作第三代创新范式,其演进可回溯至 20 世纪初的线性创新(刘雪芹,张贵,2016)。随着研究的不断深入、复杂科学的兴起和市场供需关系的改变,创新过程的复杂本质日渐显现,创新系统理论取代线性创新范式,研究范围拓展至国家、区域、企业等多层次视角。另外,也有突破区位限制的产业、技术创新系统研究,改变了以企业为单核心的研究模式,转向以用户、顾客为导向的开放式创新。同时,社会系统中各要素愈发相互依赖,不同行动者间的交互作用不断增强,使得系统呈现出动态演化的结构性特征,生态思想被引入创新研究。部分学者基于生态视角探究创新理论发展本质,Tansley(1935)首次提出生态系统概念,随后,Hannan 和 Freeman(1984)所著的《组织生态学》一书将组织研究转向种群层次,以整体视角揭示组织及社会变革规律。

19 世纪末,凡勃伦发现制度具有历史传递的生态特征,演化经济学开拓者纳尔逊和温特皆以达尔文主义为其隐喻类比的基础(黄阳华,2020)。在整体上,无论是理论视角迁移,还是学科方法借鉴,皆表明生态化转向已逐步成为创新范式研究的主流趋势。

创新生态系统可被理解为在全球化背景下,创新范式不断更替演进,生态隐喻思想与哲学观点相互交织,从而聚合形成的一种新型创新研究范式。已有研究大致可分为三类:一是对先前文献进行回顾与分类评述,在探讨理论演进与知识本源的基础上,对创新生态系统概念、主体、功能、治理等进行理论阐释与完善。如曾国屏等(2013)在回顾创新范式演进历程后,认为创新生态系统内涵与边界暂无统一界定。随后,针对曾国屏指出的层次多样性,陈健等(2016)从多重视角进行整合,把微观、中观、宏观各层面要素纳入一个"重心-外围"分析框架。二是立足于创新生态理论,结合具体案例进行分析。如 Adner 和 Kapoor(2010)以半导体光刻行业为背景,阐述核心企业在生态系统中面临的风险挑战。三是部分学者基于创新生态理论,实施多层面测度检验。如柳卸林等(2016)基于创新生态背景,探讨不同生态战略对创新绩效的影响;刘兰剑等(2020)从创新政策视角对高技术产业创新生态发展实施综合测度。虽然已有研究成果颇丰,但鲜见对创新生态系统理论进行系统性国内外对比分析。国内外发展模式不同,创新演进模式势必存在一定差异,且对不同生态系统类型的理解与核心概念界定存在若干模糊不清之处。

国外研究集中于开放式创新。起初,研究侧重于企业层面,信息、知识等创新要素也仅局限于流入或流出的单向模式。此后,随着理论延伸至非商业领域,核心主体扩展至高校、政府和非营利组织。与开放式创新类似,虽然创新生态系统发展过程存在明显的宏观指引,但国外研究较多集中在产业、企业战略等层面(Boudreau,Lakhani,2009),创新生态系统与企业、区域、国家创新系统并列,被视作开放式创新理论的延伸(West et al.,2014),

从而聚合形成开放式创新生态系统理论。国内研究则强调国家创新生态系统建构,即基于生态逻辑,将开放性视为创新生态系统的特征之一,物种与环境要素的改变推动主体之间与外界环境协同交互,进而实现生态系统动态演变。相较于传统创新生态系统,开放式创新生态系统面临着更加复杂的外部环境,主体间的紧密关联推动创新效率提升,共享技术模式与用户创新,价值共创理念持续深化,研发专业化与市场规模化程度提高。总之,创新生态系统理论强调研究、开发和应用三大群落均衡协同,而开放式创新更注重创新主体、要素、环境间的开放特征。在一定程度上,营造有利于创新的文化氛围,鼓励不同创新主体协同共享,是创新生态建设与开放式创新理论发展的共同目标。

国外创新生态系统研究多分布于开放式创新主题领域,且对破坏式创新、服务创新,以及社会创新、用户创新、负责任创新等主题也有所涉及。

破坏式创新与渐进式创新作为双元对立的创新范式,虽然在创新程度方面有质的不同,但皆遵循创新过程持续性。破坏式创新侧重于破坏性技术对现有市场的改变,强调技术建立在不同的原理之上。后发企业利用客户低端产品服务需求及成本优势,给主导企业带来挑战。使用破坏性技术的企业进入市场并建立新生态系统后,将面临来自该生态系统内部(同质性技术原理)与其他生态系统(异质性技术原理)的竞合,加速生态系统萌发、成长与消亡。揭示两种创新范式在创新生态系统中的发生机制,可为认识生态系统发展全过程提供新视角。传统破坏式创新多集中于有形技术领域,数字经济时代凸显了无形创新的重要性,不同于以往将创新与服务创新进行差异化划分,认为产品只是提供服务的媒介工具(Lusch,Nambisan,2015)。一方面,这种逻辑弥合了消费者与生产者间对立的角色定位鸿沟,所有参与者都是其他参与者网络中的资源集成者,每个个体都是潜在的创新者和价值创造者。一般来说,单一用户很难实现完整的服务价值创造,因此用户创新常寻求其他个体,甚至通过组建团体、俱乐部等形式,讨论设计解决方案;或者企业通过提供工具或众包等方式,挖掘潜在创意,并在专家、管理层及创意提供方之间开展研讨,在实施层面进行磋商。另一方面,当服务主导逻辑导向从私人领域转向社会治理时,服务创新则延伸至致力于解决贫穷、饥饿、公平等问题的社会创新,基于生态理念的社会创新体现为一个相互作用的行为者网络,拥有不受地理或行业边界限制的动态结构,旨在支持技术、过程、组织运作等形式发展与创新,从而解决社会问题。然而,这些问题由政治、经济、文化和环境等相互关联的众多复杂因素构成,不同利益主体拥有不同的需求指向,因此部门间需要相互协同,在有限资源约束下遵循共识价值观念。负责任创新则提供了一个界定框架。

同时,对这种复杂关系的调和急需出台一套新制度和法律加以规范。

国内研究除侧重于协同创新主题外,对自主创新与知识创新等领域也有所涉及。创新生态系统背景下的自主创新更加强调基于开放式协同的自主创新。自主创新是指创新主体通过主动努力获得主导性创新产权,并获取主要创新收益,从而能形成长期竞争优势的创新活动(宋河发 等,2006)。其具有鲜明的主动性、主导性特征,通过已有的创新效益,将政治、经济价值反馈于创新主体,基于自主价值需求,持续推动主体间创新要素投入与共享。自主创新绝非"闭门造车",随着创新链全球化的持续推进,即使原有系统内部最封闭的原始创新发生在区域高校、研究机构及企业间的交互合作中,其知识产生、转移和应用也在同步推进,而合作绩效取决于知识增值效率高低。作为基础环节,知识创新发挥着至关重要的作用,有助于推动不同主体之间开展更深层次的协同创新。

国内外关于国家创新体系的理论研究成果丰硕,但在科普产业研究领域,多数研究都致力于具体科普产品的创新问题,从整体上构建创新体系从而提升科普产业创新能力的研究水平还比较困难。我国当前科普产业创新发展的主要瓶颈之一是经费投入与社会参与不足问题,主要表现在争取社会资金渠道不畅、社会力量整合不力等方面。科普产业组织系统包括上、中、下游科普产业组织群落及其最终产品的市场;科普产业生态系统的环境系统主要包括资源(技术、人才、信息)、政治经济文化(与科普产业相关的政策法规、政治经济体制、工业化基础、教育状况、相关产业发展状况、文化等)和支持性组织(非营利性组织等)(赵宗更 等,2004)。上游企业群落研究的科普产业技术成果被中游企业群落吸收、消化后转变为产业,下游企业群落又将中游企业群落的成果吸收、消化、完成规模化形成最终产品,这样上、中、下游企业群落就组成了简单的"食物链"。"食物链"的最终产品,再由市场进行分解形成利润,就完成了一个生态循环。上游科普产业生态群落包括高等院校、科研院所、科普产业的研发部门等,它们为科普产业生态系统提供使其能够正常运转的各种科普产品的设计研制方法以及开展各种科技场馆的思想理念,是科普产业生态系统中的第一营养级,是最重要、最核心的初级生产者(江兵 等,2009)。

2.3 社会生态学理论

在人与环境的交互过程中,人与社会环境的交互作用扮演着重要的角色。近年兴起的社会生态学(Social Ecology)是一种探讨人的行为与社会环境交互作用的研究取向,是研究动物和人类的社会组织及社会行为与生态环境之间关系的学科,其最初思想于 20 世纪 20 年代初由美国学者帕克等人提出,在 60 年代其研究发生革命性变化,由注重自然生态转变为侧重社会生态,逐渐形成独立学科。主要研究方向有三个:① 从社会生物学的角度,研究生物的社会行为,研究方向偏向行为科学。研究表明,动物的社会组织,包括群体的大小、雌雄的性配比、婚配的方式,以及各种社会交往的形式、保卫领地和防御捕猎者等,都是适应生态环境压力的结果。② 从社会学的角度,研究社会文化与生态环境的关系,着重研究土地利用、土地利用模式变化和空间组合。③ 从人类生态学(即人与自然关系)的角度,研究社会与自然界的相互作用。研究内容主要有人口与环境、资源开发和利用、社会生态系统、城市生态系统、社会生态系统、社会生态理论等。该理论的基本研究方法有描述法、分析法、计量法和数模法等(林崇德 等,2003)。

社会生态,即人类社会的生态与其环境所组成的生态关系或生态,是集自然、社会和经济三重属性为一体的客观现实存在。社会生态的自然性是人类赖以生存和社会得以发展的自然环境特性,包括无机环境和有机环境两方面的属性。社会生态的社会性,是生态对于社会诸领域如人类的思维方式、思想意识、哲学观念、文学艺术、伦理道德,以及文化、法律、政治、社会等各方面进行渗透与影响,由此产生了诸如生态思维、生态意识、生态哲学、生态美学、生态伦理(环境道德)、生态文化、生态法学、生态政治学、生态社会学等的社会性状和表现,以及社会生态学等新的边缘交叉学科概念(叶峻,1998a)。社会生态的经济性,是生态对人类经济领域各方面进行渗透与影响,从而产生了生态经济学的新分支以及生态生产力、生态生产关系、生态经济基础、生态经济效率、生态经济价值、生态经济流通、生态经济需求、生态经济资源配置等新的经济学概念与范畴。正是因为社会生态,无论是区域生态(城市、乡村、城乡复合体等)还是全球生态(生物圈或生态圈),都有其自然性、经济性和社会性,所以我国著名生态学家马世骏教授将区域生态和全球生态,统称为“社会-经济-自然复合生态系统”(SENC)。

社会生态系统,即人类社会子系统以及环境子系统的有机结合,是人类智慧圈的基本功能单元,而人类智慧圈则是社会生态系统的最高层次。社会生态系统一般具有空间形态、时间系列、新陈代谢和自动调控等基本的生命运动特征。社会生态系统的结构成分包括社会要素和环境要素两大基本结构要素:社会要素即人类社会,分为社会生产群体、社会管理群体和社会败坏群体三个部分;环境要素即生存环境,分为无机环境、有机环境和社会环境三个部分。社会生态系统的结构类别,按其职能和形态来划分,有实业生态系统、载人生态系统、文化生态系统、民居生态系统、军兵生态系统、管控生态系统等几种基本类型;按其对外交流的性质和程度来划分,有开环社会生态系统和闭环社会生态系统两种大类型;按其空间布局来划分,可以分为平面构型、层次构型、复合构型等几种主要类型。社会生态系统的功能作用,包括四大基本的系统功能,如社会生产(植物性即初级生产、动物性即次级生产、人体性即高级生产、人脑性即精神生产等)功能、能量流动(太阳能流、矿物能流、电力能流和智力能流等)功能、物质循环(营养元素的大、中、小循环和生产原材料循环等)功能、信息传递(自然、语言、文字和电磁信息传递等)功能(叶峻,1998b)。

美国心理学家布朗芬布伦纳(Bronfenbrenner)提出的社会生态系统理论(Theory of Social Ecosystems)认为,个人的行为不仅受社会环境中的生活事件的直接影响,而且也受发生在更大范围的社区、国家、世界中的事件的间接影响。因此,要研究个体的发展就必须考察个体不同社会生态系统的特征。布朗芬布伦纳把个体的社会生态系统划分为五个子系统:① 微系统,指与个体直接的、面对面水平上的交流系统,如直接作用于儿童的各种行为的复杂模式、角色,以及家庭、学校、同伴群体、工作场所、游戏场所中的个人的交互作用关系。家庭、学校、同伴群体中的个人都是社会生态系统中的微系统的组成部分。个体微系统中的每个人都以面对面、直接交流的方式与个体交互作用。② 中系统,指几个微系统之间的交互作用关系。布朗芬布伦纳所讲的中系统,其实就是个体的微系统之间的交互作用关系。③ 外系统,指两个或更多的环境之间的连接与关系,其中一个环境中不包含这个个体。例如,儿童生活在家庭里,但家庭不是与外界隔离的,父母对待儿童的方式会受到学校、教师的影响,也会受到教会、雇主和朋友的影响。个人的家庭微系统与其他系统的成员之间有种交互作用的关系。④ 大系统,指与个人有关的所有微系统、中系统及外系统的交互作用关系。这是一个有文化特色的系统。可以依据信念、价值观、做事情的传统方式、可预期的行为、社会角色、社会地位、生活方式、宗教等内容来描述大系统。大系统的特色则反映在不同系统之间的交互作用之中。用布朗芬布伦纳的话来说,大系统是特殊文化、亚文化或其他更广阔的社会环境的社会蓝图。⑤ 长期系统,指在个体发展过程中所有的社会生态系统随着时间的变化而发生的变化。随着时间的推移,个体的微系统可能发生很多重要的变化。有时候,大系统也会发生变化。布朗芬布伦纳的社会生态系统理论有助于我们理解社会环境对个体心理与行为的制约作用。首先,从空间上来看,人的行为不仅受直接的、面对面水平上的微系统的社会因素的影响,而且还受微系统与微系统的交互作用关系,微系统与中系统、外系统、大系统(特殊文化和亚文化)交互作用关系的影响。其次,从时间上来看,人的行为不仅受传统文化的制约,而且受时代变迁的制约。但是,社会生态系统理论也有缺点,主要的缺点为较难进行实证研究。例如,如何分析并观测高度复杂的交互作用关系,及个体与其微系统、中系统、外系统之间的交互作用关系等。

社会生态论,即关于人类社会生态问题的各种理论。它是理论社会生态学的重要内容之一,也是社会生态学学科的技术科学层次,所以能够为社会生态工程提供理论指导。有关社会生态的理论与学说,目前比较系统、可靠的理论形态仅有社会生态三重性质论。社会生态复合系统论,马世骏(1991)将其称为"社会-经济-自然复合生态系统"(SENC),它由生态核(人类社会子系统)、生态基(中间介质子系统)和生态库(基础支持子系统)组成,并具有调节控制、生产生活与吸收还原等基本的系统功能。社会生态系统的结构包括结构要素、结构类别、结构类型等,功能包括社会生产、能量流动、物质循环、信息传递等。

社会生态学,即人类社会的生态科学,是关于社会生态研究的基础理论,也是社会生态学学科体系的基础科学层次,所以其能够为社会生态论和社会生态工程提供理论指导。社会生态学和自然生态学是现代生态科学的两大组成部分,社会生态学是研究人类社会及其环境(包括自然环境和社会环境)相互关系与作用规律的科学。社会生态学的认识主体即研究者;社会生态学的对象客体即研究对象,是社会生态系统,即"社会-经济-自然复合生态系统"或"自然生态-社会经济系统";社会生态学的研究内容,是人类与环境的关系及其规律性、各类资源的开发利用、社会生态系统、城市生态系统、社会生态学的基础理论及分支学科、社会生态学的哲学及方法论等;社会生态学的研究任务,是促进全球人口、资源、能源、环境和社会的协同发展,以确保社会生态系统结构与功能的最优化。

社会生态循环,即社会生态系统中的物质沿着"环境-社会-环境"这一特定途径的循环往复。它与能量流动和信息传递一起,维持与推动着社会生态系统的动态平衡和持续演化。

社会生态系统具有生态平衡的状态特征和动态规律:在一定时期,一个社会生态系统的物质、能量和信息的输入与输出大体保持均衡状态,由此而维持该系统结构与功能的相对稳定和动态平衡,这个社会生态系统也就达到了生态平衡的状态,即社会生态平衡。然而,当物质、能量和信息的供应所制造的生产品,超过了社会生态系统的需求时,该系统就会进入投资过旺状态;而当物质、能量和信息的供应所制造的生产品满足不了社会生态系统的需求时,该系统便进入投资不足状态,由此便出现了社会生态系统非平衡的两种基本状态。社会生态平衡与非平衡的状态特征和动态规律,不仅存在于社会经济领域,同样也存在于人类社会的政治、军事、科学、教育、文化、意识形态等各个领域之中。事实上,任何一个社会要素(如生产者、管理者或败坏者群体),或者任何一个环境要素(如无机、有机或社会环境),都会引发社会生态系统的变异,由此影响、破坏社会生态系统的平衡状态。所以,为了保持社会生态平衡的总体目标,人类必须约束自己的行为,节制自己的欲望,并严格遵从社会生态规律办事,才能够凭借社会生态系统负反馈控制机制和系统自调节功能的共同作用,由此不断校正与维持该社会生态系统在其生态阈限范围内的平衡状态,或者经过较长时期的调控之后进入到一种新的系统平衡状态。

社会生态优化,即社会生态系统目的或目标的最优实现或最佳体现。显然,一个最优化的农业生态系统,必然是投入最小、消耗最低、产出最高、系统状态最佳的良性循环社会生态系统。相反,一个非优化的农业生态系统,必然是投入大、消耗高、产出低、系统状态不佳的非良性循环社会生态系统。不言而喻,只有保持社会生态系统各要素之间、社会生态局部(子系统)

与整体(系统)之间的协同发展,才能实现社会生态系统目的的最优化,即社会生态优化。社会生态系统的最优化,完全遵从整体最优、多级优化、兼顾各方等系统优化的原则。例如,由管理者群体、生产者群体等所组成的管控式金字塔,是底宽、中窄、顶尖的社会生态金字塔系统。这种系统结构,遵从生态学的"林德曼效率",一切机构臃肿、人浮于事、效率低下的行政事业单位,因背离了生态金字塔结构和"林德曼效率"的客观规律,就成了非优化的社会生态系统,注定终将走向衰败。

第3章
科普社会化协同生态系统的构成

3.1 科普社会化协同生态的内涵与外延

3.1.1 科普社会化协同的基本内涵

科普社会化的本质是科普工作的多元主体共同参与。在协同理论指导下,科普社会化协同生态在狭义上具备传统生态的平衡与线性特征,在广义上具有复杂系统的开放非平衡特征。因此,科普社会化协同的内涵既涵盖了科普社会化主体的协同,又涵盖了科普社会化协同生态内部与外部的协同,主要有以下三层含义。

一是社会化主体内部的协同性,主要指某一主体的组织体系建设与组织体系协同。《科普法》规定中国科学技术协会为我国科普事业发展的主要力量。2022年5月中国科学技术协会官网数据显示,中国科协形成了"省级—副省级—地市级—县级—乡镇—街道科协"的完整组织体系。近年来,中国科协的组织延伸也体现出社会化协同的明显趋势,所属单位还涉及全国学会、农村专业技术协会、高校科协、地方科协与企业科协等。作为联系科技工作者、推动国家科学技术发展的国家一级协会,中国科协的组织体系建设与组织内的协同已发展到较高水平。尽管不同社会化主体之间存在异质性,但同一性质的主体在组织目标上具有高度一致性,具体到科学普及领域,即将普及科学技术知识、倡导科学方法、传播科学思想、弘扬科学精神为工作指引,为组织目标的实现而共同发力,因此组织系统内部具有高度协同性。但这种协同仍然具有较为明显的局限性,典型表征为组织体系的建设与影响具有突出的行政色彩与线性约束特征。

二是社会化主体间的协同性,主要表现为差异化主体之间在某一目标上的协同。尽管不同社会化主体由于历史沿革与现实境遇的差异,其主管单位、组织性质、行为规制与组织功能千差万别,但只要存在某一共同目标,差异化主体之间便存在协作的可能性。在科普实践的语境之下,多元主体之间的通力协作,不仅有助于促进以公民科学素养提升为基本的共同目标的高效、高质量达成,实现公民科学素养的量变与质变,还将进一步激发公众对于科学的理解,建立起宏大的高素质创新大军,实现科技成果的快速转化,推动科学技术的深层次发展。社会化主体间的协同,还暗含着构建以多赢与利益共享为核心的协同机制的需要,具备深度融合、开放合作、互利共赢的科普格局,对于激发多元主体的科普活力、实现科普事业的长足发展具有关键作用。

三是科普社会化协同生态系统外部的协同性。系统内部只有通过与外界不断地进行物质、信息和能量交流,才能使协同效应的产生沿着系统有序化的方向进行。仅仅依靠单一主体的组织体系建设与多元主体的联系合作,无法实现科普成效的快速提升,尤其在当下社会与技术环境均处于快速发展变化的时代,科普社会化协同生态需要构建科普与艺术、科普与金融、科普与技术等多维度的资源协作与体系共建。

3.1.2　科普社会化协同生态的基本内涵

科普社会化协同生态与一定时期内社会的发展进程和发展阶段有关,

它形成于一定的社会历史实践,并作用于社会历史发展,有其产生发展的时代需要、基本遵循、目标与原则。

科普社会化协同生态的构建,是中国科普实践发展在新时代经济社会发展下的时代需要。党的十九届五中全会(2020年10月)立足中华民族伟大复兴战略全局和世界百年未有之大变局,第一次把科普工作列入国民经济发展五年规划,充分彰显了新时期科普工作的重要性。会议通过的《中共中央关于制定国民经济和社会发展第十四个五年规划和二○三五年远景目标的建议》(以下简称《建议》),在创新发展、科学素质、乡村振兴、文化发展、卫生健康、环境保护、公共安全(郑念,王唯滢,2021)等领域均对新时代科普发展提出了新使命。科普社会化协同生态的发展,需要与时代呼应,基于党的十九届五中全会精神,科普社会化协同应当具有以下实践内涵。

科普社会化协同立足于公民科学文化素养的提升以及人的全面发展。时代的进步与科普实践的发展,使得科普这一概念的内涵从科学知识、方法逐渐拓展为包括科学思想和科学精神,甚至延拓至科学道德和科技意识(高宏斌 等,2021),科普的目的也从公民科学素养的提升转向公民科学文化素养的提高。我们认为,在更为广泛的意义上,科普应当从营造有利于形成创新创造的良好社会氛围向服务于人的全面发展转变。尽管科学素质常常与文化素质形成对立面,如在各省级行政单位出台的社会科学普及条例中,广泛将传统文化、生活理念与生活方式等纳入社会科学普及的范畴中。从手段上看,身心健康理念、文明理念、科学理念的传播均属于信息收受的过程;从目的上看,不论是何种素养,其最终所指向的是人的全面发展。从宏观层面进行考察,无论是科学知识的习得、科学文化素养的提升,还是创新生态的培育、经济与文化社会的发展,服务的最终指向都是人民的生活福祉。

科普社会化协同的原则是坚持协同推进。以中国科普实践的实施主体为中国科普发展阶段划分的尺度,可以将中国科普实践分为单一主体阶段与多元主体阶段。单一主体阶段主要采取的是以政府为主导的科普事业推进模式。早在20世纪末,中国科普实践工作者就提出要通过社会力量的发展共同推动科普事业,由此发展为多元主体阶段。近年来,国家在各类科普行动的规划与意见中,也越发鼓励多元主体的介入。国务院发布的《全民科学素质行动规划纲要(2021—2035 年)》中,明确要激发高校、科研院所、企业、基层组织、科学共同体、社会团体等多元主体活力,激发全民参与积极性,构建政府、社会、市场等协同推进的社会化科普大格局。

　　科普社会化协同的目标是建立高质量的科普体系。尽管当下科普社会化协同生态的重点还只是强调参与主体的多元性与广泛性,从服务于人的全面发展而言,主体的多元性与人的发展之间仅存在单一的促进关系,而具备科普内容高级化、科普手段智慧化、科普资源高效调用、科普产品和服务有效供给,以及人民群众需求精准满足的高质量科普体系(郑念 等,2021)的构建,才更能够从多维层面协同推动,共同服务于人的全面发展和中国经济社会的高质量发展。

3.1.3　理解科普社会化协同生态的三重维度

　　在政府力量强、市场力量弱的现实环境下,强调社会化主体的主动参与介入,促进多元主体间协同关系的形成、协同效应的产生,对于驱动社会发展与转型提供了方向性指引。科普社会化协同生态的提出,为实施科教兴国战略、人才强国战略和创新驱动发展战略提供了认识论、方法论和价值论基础。

　　在认识论层面,科普社会化协同生态要求个体将科学普及观念内化到自身的知识结构之中,并调节知识建构和知识获取过程。科普社会化协同是当代科普发展的必然要求,围绕着当代中国的科普实践"应当由谁承担"以及"应当如何承担"的问题而展开。对于科普主体而言,在科普社会化协同生态中,社会主体应当意识到科学普及的重要价值,并形成自我的科普社会责任感。例如,在科学家群体中,科学普及不应当被视为附属于科技创新过程中的知识社会化过程,而应当被视为促进科技应用、调节科学与社会关系的重要手段。科普不再是传统语境下的公益性事业,政府在科普事业发展中不计投入与产出的模式需要有所转变,基于社会各方的多样化诉求在科普事业社会化参与模式之下应当得到有效重视,并纳入社会化工作之中。在个体与组织的内在驱动中,个人主体基于理性"善"目标下的自发科普行为应当得到承认,各政府职能部门中个人的科普工作计量应当得到上级的认可与认定。在个体与组织的外在驱动中,企业主体基于经营性科普行为的盈利性合理诉求应当被尊重,甚至被鼓励。

对于科普对象而言,个体应意识到科学普及工作对于个体自我发展与自我社会化、组织社会化的意义,科学普及是全社会的职责,包括公众在内的任何群体与个人都拥有平等地成为科学普及主体与对象的权利。

科普社会化协同打破了既有的"政府单一主体"的狭隘认知,将全社会多样化、差异化主体均视为开展科普工作的能动性主体。

在方法论层面,科普社会化协同对既往科普事业政府单极推进模式予以重新审视与批判。对于科普主体而言,首先,它强调全社会的参与,突出社会化科普主体在公民科学素养提升中的重要作用。其次,它强调科普工作发展要从无序化向有序化迈进,社会化科普主体在科普实践中要有规划、有组织、有合作,在实践中逐渐形成多中心、共驱动的科普协同促进方式。对于科普对象而言,科普社会化协同生态的构建为其打造了场景化科普供给,使其可以在科普需要产生的时刻通过多元渠道与多种手段,满足自身需求。

在价值论层面,科普社会化协同生态的主要价值体现在对个人主体意义的认可。科普社会化协同生态摒弃了科学家为主体的知识传播模型,赋予社会多元主体与科学家同等的科普主体地位。在人的价值维度上,科普社会化协同打破了精英主义的知识传播垄断权,将普通公众包含在内的社会单元,都视为通过各异的科普方式与手段能够满足科普客体需要的能动主体。在这一价值转变过程中,内含了自上而下与自下而上的双重价值驱动。在自上而下的转向中,精英阶层将伦理与道德作为调节人与人之间的行为规范,开始思考人与人的价值关系,对以公众为代表的社会多元主体价

值予以充分尊重。在当代科学传播语境中,典型代表为缺失模型到公众参
与模型的转变。在自下而上的转向中,政府逐渐意识到单极驱动模式的弊
端,大投入、缓见效、窄范围的科普缺陷既无法与社会的快速发展相适应,也
无法满足公民越发丰富的生活需要,因此急需多极力量的介入。

3.2 微观物种:科普主体

3.2.1 生产者:科普内容萃取与创作

在自然生态系统之中,生产者指的是绿色植物,范畴划定为一切能够进
行光合作用的高等植物、藻类、地衣等。在生物化学领域,生产者能够借助
可见光,经过光反应和碳反应,利用光合色素,将二氧化碳(或硫化氢)和水
转化为有机物,并释放出氧气(或氢气)。在将太阳能转化为化学能、无机物
转化为有机物的过程中,生产者不仅为自身提供发育、生长的能量,也为其
他生物提供物质与能量。生产者、消费者与分解者形成了一个食物链,构成
生命体机体分子的因素,总在周而复始地循环(美国科学促进协会,2001),
存在不断循环往复的态势。因此,所有行动者均可以作为能量传递的起点
与终点,但作为生态系统的基础生产者仍处于自然生态系统的某种“起点”,
并具有重要地位。

若从本质属性层面进行考察,自然生态系统的本质是物质或能量的传
递,生产者指向这种传递网络的时序逻辑起点。在科普社会化协同生态中,
各行动者接受与传递行为所形成的并非物质流,而是信息流,因此科普社会
化协同生态的生产者应当指向具有科普信息生产职能的单位。

科普信息生产的最终成果是科普知识,狭义上的科普知识指的是简化

的科学知识,主要指自然科学相关的基础科学知识,广义上的科普知识是社会化、人文化,甚至时尚化了的科学知识(高秋芳,曾国屏,2013)。此时科普不再以传播科学知识为目标,而是希望提升人们的生产与生活能力,将科学内化为人们的生活方式,建立公众与科学的良好互动关系,提高公众的生活质量,满足公众对美好生活的需要。

科普信息生产的行为主体可以分为组织主体与个人主体。

3.2.1.1 组织主体

组织主体首先包括具有高度集中科技资源的科技创新主体。从现象层面来看,科技创新主体是以从事科技创新活动的人为基本组成部分的创新群体(赵明,2014)。在宏观创新系统中,科技创新关乎国家的科技进步与国家的根本利益,因此广义上的科技创新主体指的是以国家为单位(冯梦黎,2018)、为实现科技目的的行为主体。在组织层面,狭义的科技创新主体包括企业、科研机构、高校、中介和政府(黄鲁成,2004)。

本书将科技创新主体界定为具有科技创新能力、聚集前沿科学技术资源的创新群体,科技创新主体在科学普及领域的主要社会功能是承担科技资源的科普化职能。

在"两翼理论"的背景下,科学普及上升至与科技创新同等重要的战略地位,科技创新主体将自有或公有的科技资源科普化为新时期背景下的题中之义。《科普法》第十四条规定,"各类学校及其他教育机构,应当把科普作为素质教育的重要内容,组织学生开展多种形式的科普活动";第十五条规定,高等院校等团体机构"应当组织和支持科学技术工作者和教师开展科普活动,鼓励其结合本职工作进行科普宣传"。《全民科学素质行动规划纲要(2021—2035年)》中对科技资源科普化的主体进行了描述,"增强科技创新主体科普责任意识……支持和指导高校、科研机构、企业、科学共同体等利用科技资源开展科普工作,开发科普资源,加强与传媒、专业科普组织合作,及时普及重大科技成果"。其中,明确提及高校、科研机构、企业与科学共同体。

综上可知,我国政府在法律法规上,界定了高校、科研机构、企业与科学共同体等单位开展科普工作的责任。具体到具备科技创新属性的主体上,结合既往我国科学普及实践与经验总结,本书将进行科学普及知识生产的科技创新组织主体界定为高等院校、科研院所与高新技术企业(张豪,张向前,2015)。

若以法律界定作为科技创新主体参与科普事业、开展科普活动的外部规定性,那么科技创新主体至少在以下层面存在开展科普工作的必要性。

(1)科技创新主体的内在属性规定了知识的新颖性与前沿性。科学普及的内容需要与时俱进,前沿知识与先进技术作为最新的科普内容,要求科技创新主体及时对新近的科技资源科普化。

(2)科技创新主体群体集聚了社会上大量的科技资源。科技资源作为国家发展和社会进步的高端、稀缺资源,聚集在少数主体之上,这就规定了少数主体需要实现科技资源的普惠性与均衡性。因此,科技资源的稀缺与聚敛从社会责任层面要求科技创新主体开展科普工作。

(3)科技创新与科学普及之间存在互动关系。习近平总书记在"科技三会"上提出科技创新与科学普及是实现创新发展的两翼,其理论基础植根于马克思和恩格斯所确立的辩证唯物主义及唯物辩证法(王挺,2022)。在辩证唯物主义指导下,科技创新所产生的科技知识为科普知识的产生奠定了坚实的根基,科学技术的发展与创新催生了在全社会进行科学普及和公众理解科学的广泛需求,带动了全民科学素质的提高。反观之,全民科学素质的提高和公众广泛参与科普,又进一步推动了创新驱动发展战略和国家综合实力的提升(王挺,2022)。

以高等院校为例,在外部规定性层面,不论是国内还是国外,均认为高等院校应当开展科普工作。在国外,将科学普及列为高校的基本任务这一点已达成共识。英国期刊《公众理解科学》指出,"科学进步日新月异,中小学的教育连同大学教育已经不能满足人们的终生需要"(英国皇家学会,

2004)。从 20 世纪七八十年代开始,瑞典、比利时等欧洲国家已把科学普及列为大学在教学、科研之外的第三任务,奥地利也通过"大学,远离象牙塔"的口号,强调科学普及是大学的重要任务(费尔特 等,2006)。在国内,除了《科普法》对高校科普工作的相关规定之外,《中华人民共和国高等教育法》(1998 年 8 月 29 日全国人民代表大会常委会通过)也把"发展科学技术文化"列为高等教育的任务,从法律层面明确了高等院校开展科普工作的责任与使命。在实际层面,高校具备科技智力储备、科技人才后备人群、科普基础设施等集成优势(陈登航 等,2021),高校科普工作已经成为大学通识教育的重要组成部分,成为提高大学生综合素质以及培养创新型人才的重要途径(郎杰斌 等,2014)。在内在规定性层面,高等院校集中了大量的科技人员以及富有学术创新能力的青年科技人才。近年来,我国高校发表高水平科技论文、申请专利的数量呈现明显的递增趋势,知识的前沿性以及人才与知识储备的大量集中,都要求高校响应时代号召参与科普事业。

其次,科普社会化协同生态生产者的组织主体还包括科技社团,主要以全国与地方性的科技类学会、协会为典型代表。科技社团为承接政府职能转移的重要主体,科学普及工作是其承担的重要职能之一,主要通过科普讲座、科普展览、科普宣传、青少年学科竞赛、科技夏令营、科技下乡等活动,促进科技知识的传播和普及。

由于组织一般是为了实现一定的行动目标而成立的,或在成立后被指派某种组织目标,因此组织主体的科普知识生产活动具有明显的计划性与目的性,组织主体或主动或被动地将科普活动视为其组织任务的一部分,也因此其科普知识的生产活动有一定的计划行为特征。例如,在当前的科普实践中,国家级学会通常下设专门的科普职能部门,部分高等院校与高新技术企业在组织机构中建立了学校科协与企业科协,一般会在常态化科普活动的开展过程中,有目的地进行科普知识的生产,常用方式包括科技人员将科技资源科普化,科普专职人员将科技资源科普化,大学生通过科普竞赛进行科普知识创造等。

3.2.1.2　个人主体

个人主体一般散落在异质性的组织主体中,进行无组织化、非建制化的科学知识生产。个人主体与组织主体的明显区别主要在以下几个方面:首先是计划性与持续性的欠缺。个人主体一般出于对科学普及的兴趣或热爱而从事科普知识生产。例如,科学家、非科普职能部门的科技人员利用工作之余的闲暇时间进行自发的科普文字、图片、音视频创作等活动。在自媒体时代,除少数具有盈利诉求、进行持续的科普知识生产之外,通常情况下个人主体的科普创作没有明显的规划,科普创作的频率受到实际工作量与工作节奏的影响,因而科普产出的数量与周期性较为不稳定。其次是个体与组织之间协同性的缺乏。由于个人主体不面临来自上级单位或所属部门对于科普的工作职责或绩效考核压力,组织也较少将个体的科普活动按工作量认定,因此个人主体与组织主体之间在目标达成上存在偏差。科普创作一般被视为个人的自发行为,若有一定成效有可能受到单位的认可或表扬,但倘若产出成果一般,且影响到日常工作,则有可能受到批评。

3.2.1.3　组织与个人的统合体

组织与个人的统合体一般出现在市场化的科普创作之中,它的出现受到结构性背景的影响与刺激。首先,随着教育发展水平的不断提高,社会上涌现了大量具有专业素养的公民作为科普知识的生产者,这些生产者一般散落在社会各处,等待被有组织地协调与调配。其次,商业性的科普企业在周期性、高频次的科普知识生产中逐渐式微,急需大量具备知识储备的个体作为科普知识生产的后备军。最后,信息技术的发展与新媒体环境的迭代,为组织主体与个人主体的合作、知识生产与传播创造了可能。

根据主体承担功能的差异,组织与个人的统合体分为两类。第一类中,组织主体与个人主体均介入实际科普知识的生产过程,形成了职业知识生产内容(Occupationally Generated Content)与个人生产内容(User Generated

Content)的协作,在一定程度上实现优势互补。第二类中,由组织主体提供传播平台,由个人主体进行内容生产。组织主体的主要功能集中在商业机制的构建中,将分散的个人主体资源有效利用起来,并以平台自身为传播主体信度保证。以抖音平台中的"知乎"为例,其在当前的中国科普实践中聚集了大量的个人作者(知乎称其为"答主"),并邀请视频答主参与科普视频创作,平台提供传播渠道并对科普视频的内容与形式进行美化。

3.2.2　分解者:科普服务与转化支撑

自然生态系统主要通过高能分子的元素经食物链循环传送,最后由腐生生物(分解者)再循环分解成矿质营养物,为植物(生产者)所吸收(美国科学促进协会,2001)。科普社会化协同生态中的分解者有别于自然生态系统的分解者。首先,在科普社会化协同生态中,分解者的生态位不在消费者后端,而处于生产者之后;其次,分解者不进行元素的传递,而是将大量的、分散的科普知识面向全社会进行输送。

科普社会化协同生态的分解者包括组织主体与个人主体,涉及科协、高校、高企、科研院所、学会、政府、社会媒体组织、科普工作者,以及其他组织与其他个人。

科普社会化协同生态中的分解者的角色功能应当围绕为实际科普工作的进行与科普成效的产生提供一切服务展开,主要包括以下三个层面:一是科学技术知识的传播与普及,即科普实践;二是科普理论研究,为科普实践提供指导;三是科普实践服务支撑,涉及科普人才培养、科普工作管理、科普基础设施建设等。

对于分解者而言,其首要功能是将大量的、分散的科学知识、科学方法、科学精神和科学思想等内容面向社会进行广泛传播,这是其核心社会作用,也是科普社会化协同生态的共同目标。由前沿科学技术知识转化而来的科普知识,依赖于经合适的传播者、以公众易于接受的方式进行传播与普及。

　　科学普及目标的实现引出了科普社会化协同生态系统中分解者的第二大功能,即为了科普知识的传播与普及而提供服务的一切事项,从而完成对实际科普工作进行分解、细化与实操化,主要包括科普工作管理、科普人才培养、科普组织建设、科普场所建设、科普渠道搭建、科普方式优化与推广。随着国家科普工作的总体推进,以及对各社会单位科普服务的硬性规定与软性要求,社会中多元主体均可以承担部分的科普服务工作,并融入科普社会化体系之中,实现一部分的科普服务职能。众多分解者角色中较为突出的当属中国科协。1958 年 9 月,"中华全国科学技术普及协会"和"中华全国自然科学专门学会联合会"合并为全国性的、统一的科学技术团体——"中华人民共和国科学技术协会"。从此,以政府单位为主、群团组织为辅的科普社会化协同格局开始向以群团组织为主、政府单位为辅的协同模式转变,中国科学技术协会正式成为推动我国科普事业发展的主力军。由于中国科协承担一部分的政府职能,因此它的成立也奠定了以政府为主导、以中国科协为主体的中国科普实践基调(刘新芳,2010)。

　　在中国的科普实践中,中国科协承担了大量的科普规划、实施与管理工作。例如,在实际科普工作中,需要大量的科普基础设施与科普技术手段作为支撑。其中,富有中国特色的是我国科技馆体系的建设。科技馆作为以展览教育为主、以参与互动为辅进行科学知识普及、科学思想、科学方法和科学精神传播的实体场馆,承担了重要的科普功能。科技馆既作为传播科学知识、科学历史的实体场馆,又涉及了科普展教品、科普影院、科学课程、科普讲座、科普报告等多元科普方式,因此也可作为科普手段集合的主要场所。我国科技馆事业起步于 20 世纪 80 年代,时至今日,为了提高公众的科学素养,提升科普效果,我国现有的多数科技馆仍然完全免费开放,由国家财政对科技馆运营管理提供支持。

　　以科技馆为代表的科普基础设施建设,为科普信息的传播提供了坚实的物质基础,以中国科协为主,社会力量多方介入的科普社会化协同生态分解者参与了量大、面广的科普基础设施建设工作。根据《中国科普基础设施发展状况评估报告》(2009)与《中国科普基础设施发展状况评估报告》

(2010),我国科普基础设施主要涵盖四大类(李朝晖 等,2010)。

① 科技类博物馆,主要指以面向社会公众开展科普教育为主要功能,主要展示自然科学和工程技术科学以及农业科学、医药科学等内容的博物馆,包括科学中心(科技馆)、自然类博物馆(自然博物馆、天文馆、地质博物馆等)、工程技术(专业)科技博物馆等。② 基层科普设施,主要指在我国县(市、区)及乡镇(街道)和村(社区)等范围内进行科普展示、开展科普活动的科普场馆(所)和设施,包括科普活动站(活动中心或活动室)、社区科普学校、科普园区、科普宣传栏(科普画廊)、科普大篷车等。③ 科普传媒设施,主要指运用现代传媒技术,以媒体为平台向公众开展科普教育与宣传活动的报刊、电视台(电台)栏目、网站等,可以分为传统科普媒体和新兴科普媒体两大类。传统科普媒体包括科普期刊、科普(技)类报纸等平面媒体和电视台科普(技)栏目、电台科普(技)栏目等;新兴科普媒体主要指以个人数码产品(电脑、手机)为传播终端的科普网站、移动电视平台、移动通信平台等。④ 其他科普设施,主要指依托教学、科研、生产和服务等机构,面向社会和公众开放,具有特定科学技术教育、传播与普及功能的场馆、设施或场所,包括科普教育基地。

科普基础设施作为一种基础性的科普资源,为科普活动的开展提供了重要的支撑和保障。在科普社会化协同生态之中,科普基础设施作为国家公共服务体系的重要部分,其发展状况在相当程度上反映了国家科普能力建设的情况,体现了科普社会化协同生态的科普动能。

在我国科技馆体系的建设过程之中,涌现了一批科普企业,它们提供了大量的科普中介服务。科普企业为科普分解者的作用发挥提供了强有力的社会力量,实现了科普服务在市场维度的发展。企业的科普中介服务主要涉及三个方面。一是实体科技馆的建设运营,包括场馆设计建设、展品研发、展品维护、场馆数字化与一体化运营、流动科技馆、科普大篷车等实体教育基地、实体教具的开发维护运营。二是以 STEM 为主的科学教育服务。当前,科学教育行业已意识到中小学生科技教育处于市场风口,各类科学实验课、科学体验课层出不穷。三是数字科技馆建设与数字展品开发。"十三五"期间,我国数字科技馆资源量和影响力显著提升,线上服务能力大幅提升,以中国科学技术馆网站为代表的数字科技馆总量达 15.8 TB,日均页面浏览量达 363 万。以内容建设为中心的数字资源库、交互型学习体验中心、虚拟现实项目共建共享平台等为科技馆体系的建设提供了有效的技术和资源支撑(赵洋 等,2021)。

科学普及工作的外部支撑有助于科普社会化协同生态的稳定运转与循环。其中,较为典型的支持系统就包括科普人才的培养,科普人才的培养与科学普及队伍的建设同样具有作为分解者的重要角色功能。科普人才作为从事科普知识传播的实际工作者,常常活跃在各类以科技馆为代表的科普基础设施实体场所以及网络传播平台中;科普人才作为科普知识的传播主体,对科普实践与科普社会化协同生态的发展具有至关重要的作用。作为具备一定科学素质和科普专业技能、从事科普实践并进行创造性劳动、作出积极贡献的劳动者(任福君,张义忠,2011),科普人才的培养与科普队伍的建设在新的历史时期,对于我国科普能力提升、科普事业发展以及实施新一轮全民科学素质行动具有重要支撑意义。

在既往的科普人才培养实践中,我国主要以两种模式建设科普人才队伍。

(一)学历教育模式。2012 年 8 月,教育部办公厅、中国科协办公厅联合印发了《推进培养高层次科普专门人才试点工作方案》,拟定在清华大学、北京航空航天大学、北京师范大学、华东师范大学、浙江大学、华中科技大学 6 所高校开展高层次科普人才培养试点,并纳入在职研究生和全日制硕士研究生的招生计划,同时拟定中国科技馆、上海科技馆、山东科技馆、浙江科技馆、湖北科技馆、武汉科技馆和广东科学中心 7 家科技场馆作为试点场馆(全民科学素质纲要实施工作办公室,中国科普研究所,2014),配合科普人才培养的实践探索。该模式主要以系统性的理论知识学习与实践进行思维与能力训练,形成了以学历教育为主的培养模式。

(二)非学历教育模式。主要以多层次、多形式的短期培训、合作交流等方式进行相关知识更新、补充、拓展和提高(袁梦飞,周建中,2021),该模式主要以工作、任务为导向,并作为当前中国科普人才培养实践的主流方式,对于科普人才队伍建设具有重要作用。

分解者在科普社会化协同生态中的生态定位,决定了其需要为实际科普工作提供形而下的服务与支撑。在形而上层面,实际科普工作的开展、管理、规划需要科普理论研究作为指引与支持。

有学者指出,科普理念产生于19世纪初至第二次世界大战前夕科学的系统化与建制化发展,传统科普组织进行科学传播的自发性、科普内容实用主义的狭隘性、科普方式的机械性,引发了贝尔纳"创新科普理念,建立新科普形式"的呼吁(刘霁堂,2006)。从这一视角考量,可以认为科普理论实际上产生于早期科普实践对于科普理念与形式的急迫需要。

在科普实践过程中,绕不开的代表性人物是美国学者米勒。基于健康的社会民主制度需要大量有科学素养的公民的基本认识。1979年,米勒发起了一系列全国性调查,尝试对美国具有科学素养的公众比例建立一种经验性评估,并由此提出公民科学素养与公民科学素养指标体系的三维指标雏形(Miller,1992)。其基于公民科学素养概念和指标模型,创立了系统的测量方法,大大促进了科普的理论研究与科普的公民科学素养的实际测量。

科普社会化协同是中国一线科普实践工作者经验的总结提炼,科普社会化协同生态是对于科普实践的理论化探索与建构。在这一生态构建之中,科普理论作为科普工作的基础与科普实践的指南,涉及科普基本原理、科普创作原理、公民科学素质、与科普相关的伦理问题的识别与研究,甚至科技体制问题等众多研究主题,对于科普社会化协同生态的长效运行与模式转变同样具有重要意义。

3.2.3　消费者:科普知识吸收与社群交互

科普社会化协同生态的消费者一般指向科普知识的吸收,即科普知识传递的末端。

　　广义上的科普消费者应当包括区域内的所有公民。从科普社会化协同
生态的最终目标来看,人的全面发展涵盖所有具备基本权利的合法公民;从
权利关系来看,所有公民均可平等地接受国家科普体系建设下的科普服务。

　　此外,科普信息的生产者与传播者在某种程度上也可以被视为消费者。
在职业划分愈发精细化且越来越强调专业化的时代背景之下,科学普及者
需要掌握科普的理论知识、科普对象的群体特征、信息化呈现的技能,以及
关键的科普技能。因此,科普社会化协同生态中尽管存在异质性的行动者,
但在不同条件下,各行动者的社会功能存在重叠,各行动者的生态位也可以
互换。

　　科普事业、科普产业的发展与公民科学素养的提升是一个社会历史过
程,因此,在不同历史时期中,狭义上的科普消费者有所差异。在我国社会
建设的"十一五"期间,国务院发布的《全民科学素质行动计划纲要(2006—
2010—2020 年)》中,将未成年人、农民、城镇劳动人口、领导干部和公务员
列为科普重点人群,作为当时特定历史时期的科普消费者(见表 3.1)。

表 3.1　不同历史时期我国科普主要行动与重点人群一览表

文　件	实施时期	主要行动与重点人群	覆 盖 对 象/重 点 对 象
《全民科学素质行动计划纲要(2006—2010—2020 年)》(国务院,2005)	2006—2010 年	未成年人科学素质行动	农村未成年人,母亲
		农民科学素质行动	农村富余劳动力,农村妇女、西部欠发达地区、民族地区、贫困地区、革命老区农民
		城镇劳动人口科学素质行动	城镇职工、失业人员、农民工、企业事业单位从业人员
		领导干部和公务员科学素质行动	公务员和事业单位、国有企业负责人,各级行政院校和干部学院学员

文　件	实施时期	主要行动与重点人群	覆 盖 对 象/重 点 对 象
《全民科学素质行动计划纲要实施方案（2016—2020 年)》（国务院办公厅,2016)	2016—2020 年	实施青少年科学素质行动	中小学生、大学生、农村学生、家长（特别是母亲)
		实施农民科学素质行动	各类新型职业农民和农村实用人才,农村青年,女性科技致富带头人,农村留守儿童、留守妇女和留守老人,农村妇女
		实施城镇劳动者科学素质行动	专业技术人才、高技能人才、进城务工人员、失业人员
		实施领导干部和公务员科学素质行动	市县党政领导干部,各级各部门科技行政管理干部,科研机构负责人和国有企业、高新技术企业技术负责人
《全民科学素质行动规划纲要（2021—2035 年)》（国务院,2021)	2021—2035 年	青少年科学素质提升行动	青少年、农村中小学生、大学生
		农民科学素质提升行动	农民,农村创业创新带头人,农村妇女,农村电商技能人才,小农户,革命老区、民族地区、边疆地区、脱贫地区农民
		产业工人科学素质提升行动	女性工人、农民工、进城务工人员、快递员、网约工、互联网营销师
		老年人科学素质提升行动	老年人
		领导干部和公务员科学素质提升行动	基层领导干部和公务员,革命老区、民族地区、边疆地区、脱贫地区干部

注:表中信息由不同时期的全民科学素质行动计划纲要整理而成。

当前和今后一个时期,我国的发展仍然处于重要战略机遇期,面向世界科技强国和社会主义现代化强国建设,需要科学素质建设承担更加重要的使命。为了培育一大批具备科学家潜质的青少年群体,为加快建设科技强国,夯实人才基础;为提高农民文明生活、科学生产、科学经营能力,造就一支适应农业农村现代化发展要求的高素质农民队伍,加快推进乡村全面振兴;为提高产业工人职业技能和创新能力,打造一支有理想守信念、懂技术会创新、敢担当讲奉献的高素质产业工人队伍,更好地服务制造强国、质量强国和现代化经济体系建设;为提高老年人适应社会发展能力,增强获得感、幸福感、安全感,实现老有所乐、老有所学、老有所为;为进一步强化领导干部和公务员对科教兴国、创新驱动发展等战略的认识,提高科学决策能力,树立科学执政理念,增强推进国家治理体系和治理能力现代化的本领,更好地服务党和国家事业发展。在"十四五"期间,我国将青少年、农民、产业工人、老年人,以及领导干部和公务员作为当前和未来一段时期的重点科普人群。

科普消费者作为一段历史时期内的社会历史产物,既服务于不同的社会发展目标,也是服务型政府在不同社会发展阶段下的重点科普服务对象。其客体属性依据社会发展阶段的不同既有所不同,又有不变之处。

从我国科普人群界定的历时性考察可知,青少年作为国家科技人才的后备军,始终是不同历史阶段的重点人群。从政府层面来看,公务员科学素质的提高、学习型政府组织的建设、学习型公务员团队的建设、以现代科技为基础的电子政务的发展、政府决策的科学化等都使得政府对科普产品、科普服务产生了全方位、多层次、宽领域的需求(任福君 等,2013)。农民作为关乎国民粮食生产与粮食安全的保障力量,在以"农业大国"著称的中国也一直被视为重点科普对象,尤其是当外部环境存在结构性变化与潜在变化可能的条件时。例如,以新型冠状病毒感染为代表的全球性突发公共卫生事件,以及以"俄乌冲突"为典型的非和平状态,保障农业生产与促进农业增产的意义尤为显著。青少年、公务员与领导干部、农民在多个历史时期都被视为重点科普对象,并有可能在很长一段社会发展进程中,占据科普对象的主要地位。

在不同历史时期的重点人群划分上,我国的关键科普对象另有侧重。在不同时期的农村科学素质行动计划中,农村妇女与西部欠发达地区、民族地区、贫困地区、革命老区的农民均被视为特殊科普对象,体现了我国公平、普惠的科普理念。与此同时,随着经济社会的发展,新型经营主体、具有一定农业创新创业能力的人才也随之被纳入关键科普消费者网络之中。

尽管科普消费者一般被视为科普的客体,但其消费者的特殊地位,仍为其赋予了科普社会化协同生态中的特殊职能。首先,消费者在一定条件下可以向知识生产者转化,尤其在地方性特征较为突出的语境之中。例如,在广大的农村地区,科技特派员、专家等群体对地方农业产业的熟悉程度与特性积累不够,需要地方农民为其进行"科普"。其次,消费者作为终端存在,可以为生产者和分解者提供信息收受的反馈,在协同互动的关系之下,不断促进科普效果的提升。

不同消费者可以基于现实环境因素,自发形成基于地理、工作、兴趣等的不同社群。在媒介技术被普通民众不断赋权的信息革命时代,消费者打破了传统纯粹被动、原子化、分散的群体属性,技术的发展使得具有一定社会关系的消费者集结为消费者群体或消费者社群。交互社群的产生进一步改变了消费者的受众地位与消费者群体特征,消费者之间信息的多级传播与信息确认成为可能,消费者群体画像的研究为科普事业的展开提供了便利与支撑。

3.2.4 多元角色的交叠

与自然生态系统不同的是,科普社会化协同生态系统中的不同主体,既可以实现角色之间的相互转换,也可以形成角色之间的交叠。一方面,生产者、分解者与消费者之间不存在绝对的界限区隔,在合适的条件下,他们之

间的角色可以完成互换。例如,生产科普知识的科技工作者可以在适当平
台发表科普创作内容,承担科普服务的主体功能,可以在实践中形成科普工
作经验,并向生产者科普如何进行科普,完成角色转换。此外,任一生产者
与分解者在总体社会背景下,都可以转变为科普消费者,成为科普服务的对
象。另一方面,一个主体往往兼具两种甚至三种角色属性。例如,中国科协
的领导干部往往由自然科学家担任,作为科普讲座主讲人的他们承担着生
产者的功能,作为从事科普管理工作人员的他们承担着分解者的功能,作为
领导干部的他们又扮演着科普社会化协同生态的科普消费者的角色。需要
说明的是,科普社会化协同生态中的多元角色的流动与交叠,需要在一定的
历史时期才能实现,在科普实践发展的不同阶段,不同角色的变化与流动将
存在差异性(见图 3.1)。

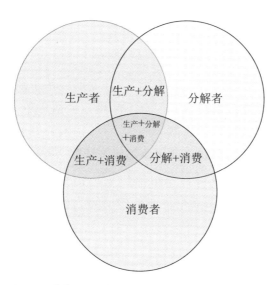

图 3.1　科普社会化协同生态角色的多元交叠

3.3　中观群落：科普协同网络

3.3.1　基于科普工作主体内部的组织协同网络

不同科普工作主体的网络协同关系体现的是科普社会化协同生态系统中差异化主体内部的组织协同性。

《科普法》规定，国家机关、武装力量、人民团体、企事业单位、农村基层组织及其他组织都在各自职能范围内开展科普工作。具体到实际的科普工作中，哪些单位开展了哪些科普工作，在统计的完备性上存在很大的困难。科普统计作为全国性的调查，能有效监测国家科普工作质量，反映现阶段科普工作现状，具有非常好的代表性与公信力。因此，科普工作的多元主体界定划分参照《2019 年度全国科普统计调查方案》（中华人民共和国科学技术部，2020），按层级与归属单位进行分类，分为国家机关体系、群团组织体系、科研院所体系与社会化体系。其中，因社会化体系统计分类信息尚且不足，本节不再对其进行讨论。

3.3.1.1　国家机关体系

一般认为，科普的主体是政府部门。英国是最早开启科普活动的国家，于 1993 发布了《实现我们的潜力》科技白皮书，首次将科普纳入政府工作任务之中（王雪，2020）。国内学者普遍认为，我国的科普工作主体是以政府主导为主要组成单元的职能部门（金太元，2015），并对科普活动起领导与组织作用（刘霁堂，2004）。提高公民科学素养、推进科普工作成为政策最高决策机构的基本共识，在科层制的制度设计下，各政府单位积极响应、落实上级

部门的相关精神与指示。当前,在中国政府体系之中,各式各样的政府职能
部门在主要工作之余,都积极推进科学技术的大众化。国家机关是其中层
级最高、影响力最大的一支。

　　现阶段以国家机关为代表的政府科普主体形成了严密、完整的组织体
系(见表 3.2)。

表 3.2　我国科普的国家机关体系

编号	中 央 单 位	省 级 单 位	市 级 单 位	县 级 单 位
1	中央宣传部 (含国家新闻出版署)	省委宣传部 (含新闻出版局)	市委宣传部 (含新闻出版局)	县委宣传部 (含新闻出版局)
2	发展改革委	发展改革委	发展改革委	发展改革委
3	教育部	教育厅	教育局	教育局
4	科技部	科技厅	科技局	科技局
5	国家民委	民委	民委	民委
6	工业和信息 化部	工业和信息 化厅(委)	工业和信息 化局(委)	工业和信息 化局(委)
7	公安部	公安厅	公安局	公安局
8	民政部	民政厅	民政局	民政局
9	人力资源和社会 保障部	人力资源和社会 保障厅	人力资源和社会 保障局	人力资源和社会 保障局
10	自然资源部 (含林草局)	自然资源厅 (含林草局)	自然资源局 (含林草局)	自然资源局 (含林草局)
11	生态环境部	生态环境厅	生态环境局	生态环境局
12	住房城乡建设部	住房城乡建设厅	住房城乡建设局	住房城乡建设局
13	交通运输部 (含民航局、铁路局、 邮政局)	交通运输厅	交通运输局	交通运输局

编号	中央单位	省级单位	市级单位	县级单位
14	水利部	水利厅	水利局	水利局
15	农业农村部	农业农村厅	农业农村局	农业农村局
16	文化和旅游部	文化和旅游厅	文化和旅游局	文化和旅游局
17	卫生健康委	卫生健康委	卫生健康委	卫生健康委
18	应急部（含地震局、矿山安监局）	应急厅（含地震局、矿山安监局）	应急局（含地震局、矿山安监局）	应急局（含地震局、矿山安监局）
19	人民银行	—	—	—
20	国资委	国资委	国资委	国资委
21	市场监管总局（含药监局、知识产权局）	市场监管局（含药监局、知识产权局）	市场监管局（含药监局、知识产权局）	市场监管局（含药监局、知识产权局）
22	广电总局	广电局	广电局	广电局
23	体育总局	体育局	体育局	体育局
24	气象局	气象局	气象局	气象局
25	粮食和物资储备局	粮食和物资储备局	粮食和物资储备局	粮食和物资储备局
26	国防科工局	科工局（办）	—	—

国家机关体系开展的科普工作至少有三点优势。第一，国家机关作为党和政府的组织机构，以国家机关为主体开展的科普工作以高度的政府公信力为背书，政府公信力移植为科普主体的传播者信度，对科普效果的产生与提升有直接的促进作用。第二，国家机关在国家意识形态传播与科学普及在本质上存在某种一致性，因此开展科普工作有其便利条件。第三，国家机关的组织程度高、体系性强、目标协同性高，其开展科普工作具有组织化、规模大、范围广的特点。

在实际的科普工作中,国家机关体系并非专业的科普职能机构,科普工作并不在其主要的职能范畴之内,在实际情况中科普工作易被边缘化。此外,由于不同国家机关在工作性质上的差异,其开展科普工作的条件与成效也千差万别。在一些极端情况下,政府公信力还容易陷入"塔西陀陷阱",对科普效果的产生形成阻碍。

3.3.1.2　群团组织体系

群团组织包括人民团体和群众团体,作为党和政府联系广大群众的桥梁和纽带,群团组织的本质规定了其科普职能。中组部、人事部(2008 年改为人力资源和社会保障部)联合印发《工会、共青团、妇联等人民团体和群众团体机关参照〈中华人民共和国公务员法〉管理的意见》,详细明确了中央层面的人民团体和群众团体名单,包括中华全国总工会、中国共产主义青年团中央委员会、中华全国妇女联合会、中国文学艺术界联合会等 21 家单位。21 家单位中承担科普职能的群团组织有:中国共产主义青年团中央委员会(以下简称"共青团中央")、中华全国总工会(以下简称"全国总工会")、中华全国妇女联合会(以下简称"全国妇联")与中国科学技术协会(以下简称"中国科协")。

在上述群团组织中,不同群团组织均在全国范围内建立了完善的组织体系,构建了良好科普工作主体协同关系。由于中国科协作为法定层面的科普工作的主要社会力量,在我国科普事业发展、公民科学素养提升上发挥着至关重要的作用,因此,本书仅就中国科协的组织内部协同性进行详细阐述。

广义上的中国科协组织建设包括思想建设、组织建设、作风建设、制度建设与文化建设。组织建设作为与其他基本方面相对的狭义概念,在组织建设的纵向维度涉及全国科协及其所属学会组织建设、地方科协(包括省、市、县科协)及其所属学会组织建设、基层科协组织建设,在工作内容维度包括组织设置与组织指导(李森,2015)。也因此,中国科协体系之中,产生了两大子体系,分别为科协及其所属学会子体系与基层科协子体系。

(1) 科协及其所属学会体系。当前中国科协建立起了完备的组织建设体系,形成了以"中国科协—省级科协组织(省科协、自治区科协、直辖市科协)—市级科协组织(地市级科协、地区科协、自治州科协、盟科协)—县级科协组织(县科协、自治县科协、旗科协、县级市科协、市辖区科协)"为体系的系统性组织架构,对于科普规划、政策的执行、落地提供了强力支撑。《中国科学技术协会章程》中对学会的性质进行了界定:全国学会是按自然科学、技术科学、工程技术及其相关学科组建或以促进科学技术发展和普及为宗旨的学术性、科普性社会团体(李森,2015),规定了全国学会学术与科普共同驱动的内在本质。全国学会构成了以"国家级学会—省级学会—市级学会—县级学会"为基本架构的组织框架,全国学会、地方学会属于同级科协的团体会员,并接受同级科协的领导。中国科协公布的最新统计公报显示,截至 2020 年底,中国科学技术协会所属全国协会 209 个,省级科协所属省级学会 3599 个,各级科协所属学会共计 23123 个。在学会的机构设置上,尽管划分各异,但总体而言,学会秘书处一般均设有专门的科普职能部门,工作职责主要包括以下一项或多项:制定学会科学普及工作规划,指导专科分会和地方学会开展科普工作;承接政府委托的科普任务;联系社会各界,组织广大会员,开展各类科普公益活动;负责科普项目的组织实施及协调管理;实施科普创作,编辑出版科普作品。部分学会在专业委员会与工作委员会中,还设有与科普相关的专业委员会与工作委员会,由于不同学会在机构设置上存在较大差异,此处不予赘述。

(2) 基层科协体系。《中国共产党章程》明确规定:"企业、农村、机关、学校、科研院所、街道社区、社会组织、人民解放军连队和其他基层单位,凡是有正式党员三人以上的,都应当成立党的基层组织。"党的基层组织是中国共产党设立在基层单位的一种基层组织,科协基层组织是中国科协设立在基层单位的一种基层组织,在类型上涉及四大类(李森,2015)[383-384]。因此,基层科协组织体系也内含四大子体系:一是农村科协体系,包括乡镇科协(科普协会)、村科协小组(科普小组),乡镇、行政村、村民小组等专业技术协会。二是城市社区科协体系,包括街道科协(科普协会)、社区科协小组(科普小组)。三是企业科协体系,由各级科协批复并由企业成立的科协基层组织,包括国有企业科协、非公有制企业科协、单个独立法人企业科协、由若干独立法人企业构成的企业集团科协。四是高等院校科协体系,高校科协是由各级科协批复并由高等院校成立的科协基层组织,包括国民教育高等院校科协、民办高等院校科协;普通高等院校科协、高等职业技术学院;高等院校科协所属的老教师科协、教师科协、研究生科协、大学生科协等。尽管层级、组成与形态各异,但基层科协组织的主要社会职能一般都聚焦在科学普及,少数企业科协、高校科协还兼有学术交流、决策咨询等工作任务。

据《中国科学技术协会年鉴(2019)》的统计,截至 2018 年底,全国有科协基层组织 134374 个。其中,企业科协 20312 个,高校科协 1374 个,街道科协(社区科协)12184 个,乡镇科协 22012 个,农技协 78482 个,其他 10 个。这些基层科协组织承担了量大且面广的科普服务,为青少年、农民、老年人、产业工人等多元科普对象的科学素养提升作出了重要贡献。

科协组织设置与组织指导。在机构设置上,中国科协设有科学技术普及部,承担着推动《全民科学素质行动计划纲要(2021—2035 年)》的历史使命,并承担各类科普对象的科学素质提升行动,承担科普基础设施、科普信息化建设等工作,并组织实施相关科普政策与规划,协调、推动相关事业单位、全国学会落实完成科普工作等任务。

3.3.1.3　科研院所体系

我国科研院所体系主要分为两大分支体系,分别为中国科学院体系与中国社会科学院体系。中国科学院主要推进自然科学的相关普及工作,由于其开展了较为丰富的科普工作,此处仅就中国科学院科普组织协同关系进行阐述。

作为国家最高层次的自然科学研究机构,中国科学院在全国设有 11 个分院,124 个科研院所。在战略高度上,中国科学院和科学技术部联合发布的《关于加强中国科学院科普工作的若干意见》中提及，未来中国科学院要建设科普工作国家队，引领我国科普工作发展，因此其各分院与科研单位均对科普工作给予重视。在院内机关设置上，中国科学院设有科学传播局，负责制定中国科学院科学技术普及工作规划、政策并组织实施和推进。科学传播局下设中国科学院科学传播研究中心，从事科普理论研究并服务于中国科学院科学传播工作。在科普基础设施上，中国科学院的全国各科研院所基于自身学科研究领域，建立起了丰富、多样化的科普场馆体系。截至2022年5月，中国科学院各科研院所累计建立了32个科普场馆与教育基地。

中国科学院在科普理论研究、科普基础设施、科普工作组织实施层面建立了相关实体单位，并服务于全院科普工作，不同组织机构不仅在纵向上具有协同性，在横向上，多元组织的合作共进也具有协同关系。

需要说明的是，科技部每年进行的科普统计，仅针对中央和国家有关单位，省级、市级、县级人民政府及其直属事业单位、社会团体的机构与组织，其背后体现的是以政府及其相关组织单位为科普主体的科普统计取向，而大量的非政府单位的科普组织，如大众媒体、个人与其他组织未计入统计范畴。与此同时，非政府单位为主体的组织，尽管对于我国科普事业发展、公民科普素养提升作出了一定贡献，但其组织内部协同性可能稍逊于政府主体。各级政府部门和人民团体仍然是当前乃至未来一段时间内我国开展科普工作的重要主体，也因此科普社会化协同生态中不同科普工作主体的协同关系仍以政府主体为主。

基于某一科普工作主体而产生的协同关系具备以下两大特征。

（1）组织性、同一性与线性协同。组织性是由某一职能单位本身的组织关系决定的，组织目标的实现要求个体共同参与协作；同一性产生于某一主体自身属性之于科普工作产生的作用，其组织职能、归属，以及对科普工作的认识、重视程度决定了某一主体所能发挥的科普成效；线性协同主要表现在同一主体的科普作用发挥，在组织体系内部的协同效应得到最大体现，这是由其组织结构的等级制规定的。

（2）差异性。由于不同政府单位及相关组织的行政能力、单位性质的差异，以及对科普工作的重视程度不同，各部门的科普能力建设水平之间也存在一定差别。

3.3.2　基于科普工作主体外部的协同网络

科普工作主体的线性协同体现的是基于政府主导背景下的科普社会化协同生态中的内外部协同。根据不同科普工作主体在科普实践中实现协同的方式，可以将现有的科普协同模式划分为无中介性质的直接协作模式与由第三方主导联结并开展合作的中介模式。

3.3.2.1　直接协作模式

直接协作模式指的是某两个同质性主体或异质性主体，如高校与企业或高校与高校之间建立起的科普协作关系。在这种协同关系下，双方既可能处于较为平等的地位，在科普实际作用的发挥程度方面没有明显的差异，也有可能由某一方主导关系的建立，并在实际科普成效中发挥主要地位，其主导者可能是企业、高校，甚至学会（或协会）。然而，不论此种关系是否存在"主从"关系，主导者是哪一方，其最大的特点在于关系的建立和协作的产生是去中介化的，由协作双方自发形成协作关系。

从理论上看，两两主体之间只要形成合意，便产生协作的可能性。当前中国的科普实践中，直接协作模式较为多见。以下以重庆科技馆馆校结合作为非主导模式下的代表，以中国航空学会全国航空特色学校作为主导模式的代表，分别进行简要介绍与分析。

（1）直接协作模式下的重庆科技馆馆校结合方案。重庆科技馆是重庆市内唯一的省级科技馆，占地面积 37 亩（约 2.47 万平方米），建筑面积 4.83 万平方米，布展面积 2.99 万平方米，于 2009 年 9 月 9 日建成开馆，2015 年

5月16日面向全社会免费开放。场馆整体设计以"生活·社会·创新"为展示主题,设有生活科技、防灾科技、交通科技、国防科技、宇航科技和基础科学6个主题展厅,儿童科学乐园和工业之光2个专题展厅。另设有临时展厅、青少年科学梦工场,以及IMAX巨幕影厅、4D动感影厅和XD互动影厅。重庆科技馆是具有代表性的馆校结合机制的科普社会化协同案例。其基本做法主要如下:一是免费开放,强化自身资源供给与价值优势。科技馆免费开放资金为重庆科技馆的馆校结合工作提供了有力支撑,在这一支持下,重庆科技馆自主培养认证了一批科学教师。科学教师的培养不仅需要一定的资金支持,同时还占用馆内一定的基础岗位额度与人力成本。除此之外,重庆科技馆充分利用展厅展品资源,并结合学校学科体系自主编制了《重庆科技馆馆校结合综合实践活动指南》,用于指导馆校结合工作的开展。由于重庆科技馆在前期的资源打造与探索上,强化了自身的品牌价值,因此广受重庆市学生、家长与学校的欢迎。据不完全统计,2015年至2019年间,全市累计186所学校,24万人次学生参与馆校结合综合实践活动。二是馆校结合的标准化机制构建。在前期馆校结合工作的探索基础上,重庆科技馆形成了强大的科普资源供给,包括科普场馆、科普展教品与科普课程体系。为进一步推动馆校合作的体系化与标准化,重庆市科技馆与各中小学签订《重庆科技馆馆校结合综合实践活动合作协议书》,并明确双方合作内容、形式、地点、目的与时间。例如,以班级为单位、以课时的方式、以展品为依托组织学生开展探究式学习,将学校行课期间每周二至周五(节假日除外)作为馆校结合活动时间,以《重庆科技馆馆校结合综合实践活动指南》为基准,在重庆科技馆内实现"做中学、玩中学与情景教学",将馆校结合工作向体系化推进。在重庆科技馆馆校结合方案中,科技馆与中小学达成一致协议,双方明确了责任与义务。一方面,将科普资源向公众免费开放,并不断扩大科技馆的服务覆盖面与服务质量是科技馆的使命;另一方面,以更为灵活、有趣的方式,让中小学生学习科技知识、享受科技成果是基础教育工作的育人职责。基于双方诉求的合理达成与合意形成,重庆科技馆馆校结合体现了直接协作模式下双方的平衡地位,以及科普主体双方的有效协作。

（2）直接协作模式下的中国航空学会全国航空特色学校方案。中国航空学会成立于 1964 年 2 月，由武光、王俊奎等科学家发起成立，现有个人会员 11 万余名，专业分会 47 个，工作委员会 14 个，代表中国航空科技界加入国际航空科学理事会、国际喷气模型委员会等国际科技组织。中国航空学会在学校协作方面主要连接的是中小学，其主要举措分述如下：首先，中国航空学会与中小学合作设立航空特色学校。全国航空特色学校成立的初衷是系统性地面向青少年普及航空科技知识，并培养热爱航空及国防事业的后备人才。航空特色学校的建立以合格与自愿为标准，在热衷航空素质教育并符合一定条件的全国中、小学校中，在自愿基础上经相关手续，授予其"全国航空特色学校"牌匾和称号，以此为依托，开展普及航空科技知识工作。1990 年至今，中国航空学会已建成超过 500 所航空特色学校（中国科学技术协会，2022）。其次，调配自身资源，在全国范围内设立符合条件的航空教育基地，引导航空特色学校学生前往参观学习，构建学校与基地的科普网络。再次，组织编撰航空科普校本课程与教材，包括青少年无人机课程、青少年模拟飞行课程等，以激发学生学习兴趣，提高学生综合科技素质，有针对性地培养青少年航空后备人才。2021 年 11 月，中国航空学会对《航空特色学校评定要求》和《航空特色课程评定要求》2 项团体标准进行立项（中国航空学会，2021），进一步推进与中小学协作的规范化与标准化。

在中国航空学会全国航空特色学校的推进过程中，形成了以中国航空学会为主导方的协作模式，各地的中小学均以能够进入特色学校的认定为荣，以此建立学校的品牌特色，并推动学校进一步建设与发展。

3.3.2.2　中介模式

在上述协同模式中，主要是由多方科普工作主体在科普实践中，基于现实境遇与合作诉求自发形成的直接性的协同关系。这种关系能够基于组织领导者意愿以及单一诉求快速建立协作关系，但其存在的缺陷也较为明显。一方面，自发形成的关系在形成中受随机性与偶然性的因素影响较大，领导者一经更换、领导者意愿一经改变就容易对脆弱的协作关系产生致命性影响。另一方面,自发模式下的协作关系只能在一定范围内产生效应,难以形成大规模的协作网络。目前来看,由于科普工作成效追问机制的缺失,我国的多元主体建立协作关系的总体意愿有待提高,科普社会化的协同效应在一定程度上受到限制。

中介模式的典型特征在于机制的创新形成了多元主体协同。由于中介方在多元诉求与多元利益的平衡中能够发挥有效连接作用,因此由此形成的协作关系一般比较稳定、长期、可持续,能够在较大范围内形成协同效应。以中国汽车工程学会为典型带动力量形成的中国汽车工程学会大学生方程式系列赛事,是中介模式下的代表性案例,以下就该案例进行简要介绍与分析。

中介模式下的中国汽车工程学会大学生方程式比赛方案。中国汽车工程学会(China Society of Automotive Engineers)成立于 1963 年,是中国汽车产业唯一的科技社团。经过多年积累与发展,中国汽车工程学会成为国际汽车工程学会联合会(Fédération Internationale des Sociétés des Techniques de I'Automobile,FISITA)常务理事、亚太汽车工程年会(Asia Pacific Automotive Engineering Conference,APAC)发起国之一,并与美国汽车工程师学会(Society of Automotive Engineers)、日本汽车工程师学会(The Society of Automotive Engineers of Japan,JSAE)并称为世界三大汽车科技社团。在科普实践方面,中国汽车工程学会在下一代人才培养方面形成了较有影响力的科技人才培养品牌活动,相继举办中国大学生方程式汽车大赛、中汽学会巴哈大赛、中国大学生电动方程式大赛、中国大学生无人驾驶方程式大赛等一系列赛事。中国汽车工程学会经过汽车知识竞赛(于 2007 年停止)、太阳能汽车大赛(于 2004 年启动,目前处于暂停状态)、中国汽车造型设计大赛(于 2005 年启动,目前处于暂停状态)等系列项目的持续探索,在中国大学生方程式汽车大赛(2006—2009 年)的基础之上,形成了集科普、文化、教育、竞技于一体的中国大学生方程式系列赛事方案。中国大学生方程式系列赛事(Formula Student China)从 2006 年发展至今,由起初单一的赛事变为如今的四大赛事,从 21 支参赛车队发展到 263 支参赛车队。中国大学生方程式系列赛事通过全方位考核、培养、训练学生们在设计、制造、成本控制、商业营销、沟通与协调等五大方面的综合能力,以比赛、考核、竞争为基本机制,促进汽车专业学生的综合素质的提升。通过国内优秀汽车人才的培养和选拔搭建公共平台,为中国汽车产业的发展设计了长期的人才积蓄池。

方程式系列赛是由高等院校汽车工程或汽车相关专业在校学生组队参加的汽车设计与制造比赛,作为顶级的国际赛事,其含金量与社会认可度极高,一般高校都非常鼓励教师带队、学生参与,甚至为学校车队提供一定的资金。随着方程式系列赛事知名度与品牌影响力的提升,社会各界对赛事的关注越来越高,一些本土企业开始为地方高校车队提供专业试验场地,汽车服务企业提供免费维修保养支持,乃至赞助合作。易车、西门子、汽车之友、中国一汽、上汽集团等众多汽车相关企业与方程式系列赛事建立了冠名与合作关系。由于赛事受到普遍关注,高校与众多媒体积极报道。以 2019 年赛事为例,CCTV、政府网及十余家汽车主流媒体进行完整报道,18 家平台进行网络直播,网络点击量高达 5100 万。至今,已有 196 所高校参与中国大学生方程式系列赛事,注册车队达 263 支,参与企业四十余家,累计向企业及社会输送人才三万名(数据源于中国汽车工程学会内部材料)。中国汽车工程学会大学生方程式系列比赛中,形成了以中国汽车工程学会为中介,带动广泛的高校、企业与媒体介入并形成协同机制的科普协作模式。在这一模式下,中国汽车工程学会以国家级学会为背书,以机制创新为载体,链接了政府资源(中国汽车工程学会)、资金资源(企业赞助)、科技人才资源(高校)、科技培训资源(高校指导教师)、媒体传播资源等,产生了强大的品牌效应与科普协同效应。

3.3.3 基于科普工作分层的非线性协同网络

以科普工作为分层维度考察差异化主体间的协同关系,体现的是科普社会化协同生态中的主体间协同。科普工作的总体发展大致可以分为以下维度:科普理论研究、科普法律法规发布与出台、科普规划制定、科普组织实施、科普统计、科普成效评估、科普人才培养、实际科普工作推进等。

从理论上看,任意两个及以上工作分层均可产生交叉协作的可能性。基于协作结果的作用范围,基于科普工作分层的协同关系可分为微观与宏观两个层面。

(1)微观层面。多元主体所聚焦的是某一具体科普目标的达成或实现,从而构建协同关系,这一目标既可能围绕科普理论的研究,也可能聚焦科普人才的培养。以科普人才的学历培养为例,科普专业硕士需要进行理论知识的学习,因此需要高校的介入;专业硕士毕业需要国家学位管理单位的认定,因此需要教育部的介入;专业硕士培养的特征是面向实践,与社会的实际需求对轨,因此实践基地(科技馆)的支撑需要中国科协的介入。

明确而统一的工作目标是合作有效达成的基础与前提,因此微观层面的协作目标聚焦度高,所介入主体的责任清晰、明确,不同主体的多元诉求易于统一。在上述科普人才培养的案例中,教育部门与高校均致力于培养国家与社会需要的人才,中国科协与实践基地渴求高层次科普人才的诞生,以便为实际科普工作及公民科学素养的提升提供强力支撑。也因此,尽管不同主体所发挥的功能不一,但其目标的一致性,促使这一学历教育模式下的科普人才培养已存续多年,并为科技场馆、科普企业、科普事业单位、中小学与教育机构等用人单位输送了一批人才。微观层面协同关系的高聚焦度,除带来合作机制易形成的优异性之外,也存在其局限性。例如,微观协同关系往往在某一节点上产生作用,难以在科普社会化协同生态中产生系统性影响,所发挥的作用有一定限制。

（2）宏观层面。不同主体所针对的并非某一具体目标，而是各尽其能以求促进科普社会化协同生态的高效运转与科学普及的最终指向。宏观层面的协同关系最大的特征为非线性，表现为某两个主体或多个主体之间所发挥的作用存在非对称性。在非线性特征下，宏观协同关系有其突出之处，同时也存在弊端。首先，宏观协同关系所产生的效果，往往作用在科普社会化协同中的不同层面，某一合作机制的形成易在协同生态内外产生节点效应，推动科普社会化协同生态的高效运转与生态内外的有效互动。其次，宏观协同关系在多元主体参与上更为开放，主体更为丰富。伴随主体丰富性而来的是主体间的异质性，异质性协同关系中的多元利益较难统一，对协同机制的形成易产生较大阻碍。

总体而言，基于科普工作分层的协同关系在社会网络中具有良好的适应性、可复制性与推广应用价值，对于科普社会化协同生态的良性发展与科普实践具有积极意义。

3.4　宏观环境：科普动力系统

上述章节讨论了参与科普实践的多元组织主体与个人主体及其协同关系、协同网络等内容，从微观、中观层面作了分析。在宏观层面，由于个人主体的异质性与原子化特征所造成的限制，因此个体主体对科普社会化协同生态系统的驱动力有限，为科普社会化协同生态系统提供驱动力的应当是具备一定资源与影响力的组织主体。在上述讨论的组织主体中，凡组织目标未高度聚焦"科普"的组织主体都不构成系统的驱动性主体，一些组织性主体尽管长期以来开展了大量的科普工作，但由于其组织性质决定了其主要职责并非科普，缺乏推动科普工作的内在驱动力，因此排除高校、科研院所等主体。

世界银行社会资本协会(The World Bank's Social Capital Initiative)将广义的社会资本界定为政府和市民社会为了一个组织的相互利益而采取的集体行动。该组织小至一个家庭,大至一个国家。在分类上,罗伯特·科利尔(Robert Collier)将其分为政府社会资本(Government Social Capital)和民间社会资本(Civil Social Capital)。前者是指影响人们互利合作能力的政府制度,即契约的实施、法治和政府允许的公民自由范围;而后者包括共同价值、规范、非正式沟通网络、社团型成员资格等方面(曹荣湘,2003)。在科普社会化协同的动力系统之下,政府社会资本采用罗伯特·科利尔所认为的影响人们互利合作能力的政府制度,包括法律法规的出台、行政化手段的监管等。本章中对于社会资本概念的理解,有别于社会资本理论视角中,以结构洞为理论视阈下将社会资本视为社会关系、网络中实际或潜在的资源集合体(黄锐,2007),而是更侧重相对于政府主体而言的市场主体的介入与社会以及公众参与,体现出科普社会化协同语境下的社会资本包含了经济资本与人力资本的概念。

具备从系统层面为协同生态提供强大动力,从而驱动科普社会化协同生态发展的动力系统当属于政府与社会资本,由此产生科普动力的两极驱动与三大动力驱动系统,包括政府驱动的科普动力系统、社会资本驱动的科普动力系统,以及政府与社会资本协同驱动的科普动力系统。

3.4.1　政府驱动的科普动力系统

政府是当前中国科普实践中科普社会化系统生态的强动力源。在公共性与民主理论的基础之上,政府的模式由管制型政府向服务型政府变革(张铃枣,2008)。在公民本位的理念指导下,政府应当通过法定程序,以服务公民为宗旨,聚焦人民群众的公共服务诉求,承担服务职能与服务责任(刘熙瑞,2002)。面对科普社会化协同背景下科普消费者广泛、多样的科普需求,政府有必要通过各种手段满足公众的差异化需要,如目标设定、税收与财政、科普工作激励、法律责任设定、科普工作统计与考核等。在这一供给与需要满足的过程中,政府行为与社会多元主体行为之间必然产生互动关系。借用应用行为科学领域中的"刺激—反应—增强结果"的行为反应链条(Carr,1996),可以有两种基本观察点。立足政府视角考察社会多元主体的行为动向,可以发现政府行为作为国家发展方向的基本遵循,社会多元主体将对政府行为产生积极反应,并在此基础之上或增强、或减弱、或改变、或调整既往行动,并不断强化其行为结果。立足于社会多元主体行为考察政府行为的影响,可以发现,政府行为大致沿两条路径产生调节作用(见图 3.2):一是以促进、提倡为总体行为方向,引导社会各界积极响应的前置驱动;二是以考核、奖惩为总体行为方向,倒逼多元主体纠正行为的后置驱动。

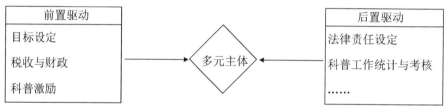

图 3.2　政府驱动的调节路径

3.4.1.1　前置驱动

前置驱动与正向行为支持或积极行为支持(Positive Behavior Support,PBS)有一定相似性,主张支持、扩大与加强。科普社会化协同的政府前置驱动行为中,主要以倡导、鼓励与支持等非强制性的公共治理行为方式引导多元主体参与,具体有以下几种方式。

(1) 目标设定。洛克在《政府论》中提出,作为管理者角色的政府,其工作的总体目标应当要保障社会的安全以及人民的自然权利(边沁,2016)。除政治职能之外,政府还承担着经济职能与文化职能,即进行社会经济与文化管理以提升公民的幸福感。边沁甚至提出,将"14 项快乐与 12 项痛苦"

作为个人与社会幸福感的测量指标,并希望政府以此为立法依据,借以实现他的"最大多数人的最大幸福"的畅想(丁怡舟,2021)。在此前提下,政府的管理行为一般被视为促进公民幸福感提升的措施与手段,因而法律、规章、规划与意见的出台,对于社会各界工作起到了导向性作用。具体到科普领域,我国政府出台了一系列政策以促进科普事业发展与科普工作推进。其中包括:法律法规,即法律化的科普政策;政府文件,即国家和政府相关部门出台的关于促进科普工作及其相关的决定、条例和文件等;领导人指示讲话,即国家领导人发表的涉及促进科普工作的重要指示和讲话,以及政府相关管理机构负责人发表的关于促进科普工作的指示与讲话等(见表3.3)。其中,国家领导人在全国科技创新大会、"两院"院士大会、中国科协全国代表大会的讲话,往往成为中央、国务院部委或地方制定相关科普政策法规的依据(任福君,2019)。

表3.3 政府驱动下目标设定的相关文件与目标指引

类型	文件/会议	相关内容	指引目标
法律法规	《中华人民共和国科学技术普及法》	国家机关、武装力量、社会团体、企业事业单位、农村基层组织及其他组织应当开展科普工作。发展科普事业是国家的长期任务	规定社会各界开展科普工作的责任与义务,阐明科学事业发展的长期性
	《中华人民共和国电影产业促进法》	国家支持电影的创作……发展科学教育事业和科学技术普及的电影	发展以电影为传播形式的科学普及工作与产业
	《中华人民共和国教育法》	图书馆、博物馆、科技馆等社会公共文化体育设施,以及历史文化古迹和革命纪念馆(地),应当对教师、学生实行优待	规定公共文化场所之于青少年科技文化教育的重要功能与作用

续表

类型	文件／会议	相 关 内 容	指 引 目 标
政府文件	《中国科协关于加强科普信息化建设的意见》（科协发普字〔2014〕90 号）	有效利用市场机制和网络优势，充分利用社会力量和社会资源开展科普创作和传播	引导市场机制运营下的科普产业发展
	《国务院关于同意设立"科技活动周"的批复》（国函〔2001〕30 号）	自 2001 年起，每年 5 月的第三周为"科技活动周"，在全国开展群众性科学技术活动	引导全社会形成良好的科学普及氛围
	《中共中央、国务院关于加速科学技术进步的决定》（中发〔1995〕8 号）	坚持研究开发与群众性科技活动相结合，研究开发与科技普及、推广相结合，科技与教育相结合	明确科学技术研究与教育、科普共同进步、发展的原则
领导人指示讲话	2016 年全国科技创新大会、"两院"院士大会、中国科协第九次全国代表大会	习近平总书记提出"科技创新、科学普及是实现创新发展的两翼，要把科学普及放在与科技创新同等重要的位置"	明确科学普及工作的战略性高度，引导全社会的关注与重视
	2021 年"两院"院士大会、中国科协第十次全国代表大会	习近平总书记指出"我国要实现高水平科技自立自强，归根结底要靠高水平创新人才……更加要重视科学精神、创新能力、批判性思维的培养培育"	强调科学精神、创新能力与批判性思维培养建设的重要性

（2）税收与财政。满足多层次的科普需要无法全部依靠政府力量实现，而市场力量的介入能够有效、精准满足科普需求，由此从政府角度与市场角度，推动了科普产业的萌生与发展。为了推动我国科普产业的发展，激发社会力量发展经营性科普产业的顶层驱动力，我国政府围绕文化产业与高新技术产业领域，以减税抵免、税收抵免、进口税抵免、投资抵税和加速折

旧等方式,为科普产业发展提供更优的政策环境与市场环境(见表3.4)。

表3.4　中国科普产业相关税收优惠政策(魏景赋 等,2016)

产业	优惠性质	优惠方式	具　体　内　容
文化产业	直接税收优惠	减税抵免	① 经营性文化事业单位转制为企业后,相应的销售收入免征增值税;② 经营性文化事业单位转制为企业,自转制注册之日起免征企业所得税
	间接税收优惠	税收抵免	对企事业单位、社会团体和个人等社会力量通过国家批准成立的非营利性的工艺组织或国家机关对宣传文化事业的公益性捐赠,在其年度应纳税所得额10%以内的部分,在计算应纳税所得额时扣除
		出口退税	出口图书、报纸、期刊、音像制品、电子出版物、电影和电视完成片按规定享受增值税出口退税政策
高新技术产业	直接税收优惠	减税抵免	对单位和个人从事技术转让、技术开发业务和与之相关的技术咨询、技术服务业务取得的收入,免征营业税
		进口税抵免	对国内企业为生产国家支持发展的重大技术装备和产品,免征进口关税和进口环节增值税
	间接税收优惠	投资抵税	创业投资企业采取股权投资方式投资于未上市的中小高新技术企业2年以上的,可以按照其投资额的70%在股权持有满3年的当年抵扣该创业投资企业的应纳税所得额
		加速折旧	企业的固定资产由于技术进步等原因,确需加速折旧的,可以缩短折旧年限或采取加速折旧方法

(3)科普工作的激励。在我国科普实践中的很长一段时间中,组织主体或个人主体开展科普工作的工作量认定,依据工作单位、领导者的不同存在差异,但在绝大多数情况下,科普工作属于主要职责之外的范围,边缘化特征明显,科普工作缺乏认定与奖励。

以国务院最新印发的《全民科学素质行动规划纲要(2021—2035年)》

为节点,大致可以将我国科普工作激励制度分为两个阶段。在新纲要发布前,我国的科普激励一般以政府层面设立的奖项与比赛为主,如有针对组织主体,由科技部、中央宣传部、中国科协联合授予的"全国科普工作先进集体";针对优秀的科普个人与作品等,有中国科协颁发的"十大科普人物""十大科普作品"等。此外,还有中国科学院、各级科协、各政府部门、各高校等单位举办的"科普创作比赛""科普征文大赛""科普微视频大赛"等。

新纲要提出要完善法规政策,首次从国家层面提出"制定科普专业技术职称评定办法,开展评定工作,将科普人才列入各级各类人才奖励和资助计划"。这一提法第一次从国家层面对科普工作予以认定与评定,作为我国公民科学素质提升的"十四五"行动计划,预计将迎来科普工作激励的建制化与体系化发展时代。

科普奖项设立的原始出发点,不仅是为了鼓励各单位、个人积极投身科普事业,更是为了树立典型与标杆。因此,科普奖励至少在两个层面对于推动科普工作有积极意义:首先,在横向层面,科普奖项作为组织或个人荣誉,是对组织或个人科普工作、科普能力的有效认可,有利于产生趋同效应,吸引广泛主体参与科普,形成科普工作的多元参与的横向格局;其次,在纵向层面,通过有目的、有计划地选取一些基础好、有特色的地区或机构进行示范,宣传具有普遍性的经验与规律并加以推广,并有组织性地设计竞争机制,有利于带动科普工作向纵深发展(马鸣川,1999)。

简而言之,科普激励制度的顶层设计,能够积极推动科普工作的发展与科普实践的深入。未来科普激励制度的不断完善,将为科普社会化协同生态注入源源不断的动力。

3.4.1.2　后置驱动

政府的后置驱动有别于前置驱动的软性管理,而是以较为刚性、可操作化的手段进行规制与督促。后置驱动的方式主要有以下几点:

(1) 科普责任的法律设定。为了避免"法不禁止则自由"的原则成为失范主体的抗辩规制介入科普实践，需要对科普工作进行必要的限制与约束。除了《中华人民共和国宪法》与《中华人民共和国民法典》中规定的违法行为外，以《科普法》为核心，以各地科普条例为补充的科普法律体系对科普法律责任进行了规定。例如，我国《科普法》规定不得以科普为名进行有损社会公共利益的活动；不得克扣、截留、挪用科普财政经费或者贪污、挪用捐赠款物；不得擅自将政府财政投资建设的科普场馆改为他用；不得在科普工作中滥用职权、玩忽职守、徇私舞弊。对科普实践中的违法行为作出了基本规定，为违法行为的法律判定提供了基本准则。法律责任的设定能够在一定程度上对有害科普工作发展与公共利益的行为起到警示作用，并有效禁止科普实践中违法行为的出现，为科普社会化协同生态的有效运转提供把关与管控机制。

（2）科普工作统计与考核。科技部主导的科普统计主要面向国家机关体系、群团组织体系、科研院所体系与社会化体系，针对科普人员、科普场地、科普经费等多维度数据进行统计。一方面，科普统计能够立足国家视角，对全国既往一段时间内的科普工作情况、科普工作质量进行宏观了解与整体把握，以便政府更好地进行科普工作规划、调整与应对。另一方面，科普统计工作的规范性（如统计时间的限定、统计内容的限定）与科普法律的规制保障了科普统计数据的真实性与有效性，如《中华人民共和国统计法》第七条、第九条与第二十五条中对统计调查工作进行了规定，包括"国家机关、企业事业单位和其他组织及个体工商户和个人等统计调查对象，必须依照本法和国家有关规定，真实、准确、完整、及时地提供统计调查所需的资料，不得提供不真实或者不完整的统计资料，不得迟报、拒报统计资料"，有效监督各级单位如实上报数据。科普统计工作除了保证科普统计工作质量和统计结果的可信度之外，还能够促进各级部门之间的交流与合作。科普统计工作暗含了对科普工作进行监督、对科普工作进行隐性排名的意蕴，因此各级单位为了能够在数据表现中获得一定的显示度，或者避免上报数据过于"难堪"，不得不在做好本职工作的基础上加强与其他部门之间的科普协作。

科普统计还能够为科普考核提供支撑数据,科普考核同样可作为倒逼多元主体加强科普工作的重要手段。例如,2017 年全民科学素质行动纲要实施工作办公室颁发了《科技创新成果科普成效和创新主体科普服务评价暂行管理办法》,对高校、科研机构、企业等创新主体面向公众开展科技教育、传播、普及等科普服务所涉及的规划计划实施情况、投入保障、服务成效等进行评价。2021 年发布的《全民科学素质行动计划纲要(2021—2035年)》中也明确要对科普工作进行考核管理,提出要"推动将科普工作实绩作为科技人员职称评聘条件"(国务院,2021)。

科普统计与科普考核均作为一种政府的行政引导措施,从科普工作的工作统计端与成效端,强化科普主体的科普工作与科普能力。尽管这些措施带有明显的行政色彩,但立足现实情况来看,由于宏观环境下科普工作后置驱动力的不足,科普社会化协同机制与协同生态动力还有待进一步加强。

3.4.2　社会资本驱动的科普动力系统

社会资本介入科普社会化协同生态系统,形成协同系统动力的结构性背景有两个:首先是面向政府端,政府单极推动社会多元主体参与并形成协同效应的能力有限,驱动公民科学素养提升需要社会资本的参与并形成合力。其次是面向社会端,社会群体的异质性决定了科普需要的多样化。例如,教育市场的不断发展开拓了青少年科学教育的需要,市场的需要催生了社会资本投身科普社会化协同的积极性。由此,社会资本既可以面向政府端,参与公益性科普事业发展建设,也可以面向社会端,发展经营性科普产业。社会资本参与的内在驱动力包括资本增值、社会责任。

社会资本驱动科普社会化协同生态的根本原动力是资本增值的需要。在外部条件层面,政府与社会环境为社会资本的介入提供了良好条件。一方面,政府有提升公民科学素质的导向性需求,社会发展的结构性背景决定了科普产业发展的巨大空间。另一方面,政府为社会资本的介入提供了相关税收优惠与财政补贴,为科普产业发展提供了良好的政策条件与可持续发展条件。在内部条件层面,社会资本自身特有属性的规定性,决定了其介入科普社会化协同的内在驱动力。首先,社会资本具备的技术资源优势、专业人才优势、资本优势与平台优势,是其投身科普市场化探索与发展的基本推动力。其次,社会资本越早介入,越有助于在垂直领域建立竞争优势,多方力量的共同参与有助于提升行业发展水平并有望拓展行业边界。

3.4.3 政府与社会资本协同驱动的科普动力系统

政府与社会资本作为科普社会化协同生态的双极,为我国科普事业与科普产业的发展作出了突出贡献。与此同时,政府与社会资本撬动之下的科普实践,也呈现出明显的弊端。在政府的单极动力的驱动下,往往以社会总体效益为原始出发点,较少对异质性公众群体进行测量与分析,缺少以效率为导向的内在动机,因此其科普成效难以考量。政府的垄断性供给地位也决定了资源配置与协同效益优化驱动力弱。在社会资本单极动力的驱动下,经济效益的内在动力占据主导地位,当经济诉求成为唯一指向时,极易造成科普发展的不平衡与不公平。例如,具备强大经济实力的少数人可以获得更多、更优质的科普供给与科普服务,经济效益强但社会效益低的项目更有可能获得市场支持。

政府驱动下的低效与社会资本主导下非普惠性,造就了政府与社会资本之间相互协作的可能性。其中,政府和社会资本合作(Public-Private-Partnership,PPP)模式是二者规避各自缺陷、形成优势互补的典型合作模式。

在我国,PPP 模式始于 2004 年,为了落实党的十八届三中全会关于"允许社会资本通过特许经营等方式参与城市基础设施投资和运营"精神,中华人民共和国财政部出台了《关于推广运用政府和社会资本合作模式有关问题的通知》,提出要"尽快形成有利于促进政府和社会资本合作模式发展的制度体系"。在学理层面,PPP 意味着公私部门针对特定项目或资产进行全过程合作,特许经营期内特定目的公司通过收取"使用者付费",补偿其建设和运营成本并获得合理回报,特许经营期满后将项目移交给政府(陆晓春等,2014)。

　　作为一种注重产出标准而不是实现方式的制度安排,政府与社会资本可以形成各种各样的合作方式。具体在科普领域,PPP 模式涉及的科普项目主要是由政府部门确立的大型的、一次性的科普项目,如科普基础建设项目等(陈江洪,2006)。近年来,以 PPP 模式建成的科技馆推动了我国科技馆体系的发展,国内许多科技馆如荆门爱飞客航空科技馆(于 2009 年投入运营)、驻马店市青少年宫科技馆综合体(于 2020 年运营)、泉州市科技馆新馆(于 2022 年运营)、慈溪科技馆(于 2018 年运营)都相继采用了这一模式。

　　基于政府与社会资本的协同驱动,主要有以下特征:首先是公共领域与市场领域的互相介入,实现本不具备市场投资价值的项目的商业化,进一步加强公益性与经营性之间的连接,打破二者之间既往的明确界限。其次是政府与社会资本的有机协同,政府以官方形象为背书,并且为企业社会资本提供政策便利条件,同时降低政府自身的投资与运营压力。社会资本凭借自身的先进理念、先进技术与先进人才,实现科普项目的效率最优化,并且实现自身的经济诉求。政府与社会资本的双向协同,为科普社会化协同生态提供了良性循环、长期供应的持续动力。

第 4 章
科普社会化协同生态的基本特征

4.1 功能性特征

科普社会化协同生态的建立最核心的目的在于形成全民科普、全域科普的"大科普"工作格局,完善科普社会化协同机制,建立科普社会化协同组织,从而系统支撑国家科普能力提升。我国当前的科普工作仍然以政府主导为核心,一方面囿于科普一以贯之的社会公益性,另一方面也因为社会力量的协同并没有真正落实到位,政府主导下的科普事业缺乏活力,政府的科普布局也始终站在"认为公众应该被科普什么"的视角下,而并未真正与公众的科普需求交互起来。当前的科普格局亟待被打破,因此强调社会化协同应该是未来科普工作的必要条件。

科普社会化协同能够实现"大科普"工作格局的原因就在于其所具有的功能性特征,即科普社会化协同生态的建立能够产生引领科学精神、营造科学文化、传递科学知识、提升公民科学素养,以及促进科普事业发展的社会效益,其中蕴含了从公民个体到科普事业再到社会科学文化氛围的层层递进的提升路径,社会力量的协同性贯穿始终。同时,多元主体在科普系统内部形成协同竞争机制,科普工作逐渐走向市场化,促进科普产业发展,从而带来更具规模的经济效益。从制度层面上来说,科普社会化协同是科普体制改革的重要方向,科普体制的优化必然会带来相应的制度效益。

4.1.1　社会效益

4.1.1.1　引领科学精神,营造科学文化

所谓的"科学精神"是一种社会科学文化现象,是在科学发展与传播的过程中不断积累而产生的一种科学态度、价值取向、认知方式、行为规范等。相较于科学方法的具体化和可变性而言,科学精神是抽象且不能改变的(陈勇,1997)。科学精神最基本的特质是批判,核心要义体现在强调理性与实证,追求探索与创新。科学精神的存在是科学发展的灵魂所在,对于科学观念、科学方法、科学活动、科学知识、科学范式等起到了统率作用,与人文精神一起共同作用,形成完整的科学文化氛围。科普作为科学发展过程中的扩散环节,是助推科学文化氛围形成的关键,因此科学精神的重要性决定了科普工作的本质与真谛应该是培养人们的科学精神,从而塑造良好的社会科学文化氛围。

科普社会化协同可以构建一个包括科普目标协同、科普主体协同、科普资源协同,以及科普协同系统内各要素协同的创新科普体系,从系统把握科学文化全局的角度出发引领科学精神。

首先,科普社会化协同创造了引领科学精神的社会条件。科普社会化协同不仅注重主体间协同,也强调投入体系的广泛社会化,这在一定程度上强化了科学与社会其他领域的密切性,科学精神的培育正依赖于这种密切性,即科学精神培育的社会条件。同样,社会的其他领域也会反作用于科学研究,当科学价值观能够为社会其他领域带来一定利益时,其他领域对其接纳程度就会提高,反之则会受到排斥。如果科学价值观与社会其他领域出现冲突,就会严重影响科学精神的弘扬。科普社会化协同生态系统中依靠

政府、科学技术协会、企业、高校、科研院所、媒体、学会及其他社会组织等在内的社会力量多主体协同推进科普,拉近科学与社会多领域之间的距离,在科普实践中不断实现科学领域与社会其他领域之间价值观念的融合,从而为科学精神的弘扬创造优质的社会环境。

其次,科普社会化协同营造了引领科学精神的文化环境。科学精神是从科学文化中凝练出来的价值规范,科学文化系统作为社会文化系统的子系统,在一定程度上受制于社会文化系统,因而科学精神的培育和弘扬需要在合适的文化环境中得以实现。科普社会化协同通过科普资源协同,不断优化完善科普资源的配置,转变只重视科技成果、科学知识传播的观念,强化培育科学精神的观念,树立"科学可以被质疑、讨论、创新、发展"的理念,在全社会范围内形成利于科学精神弘扬的文化环境。

4.1.1.2 传递科学知识,提升公民科学素养

科学普及的中心任务是传递科学知识,提升公民科学素养。一方面,公民科学素养的提升是增强个人综合素养的重要部分,对于个人发展具有重要作用。另一方面,提升公民科学素养也是社会科学文化氛围形成的基础,更是构成国家科技竞争力的必备要素。科普社会化协同在聚集社会力量形成的协同目标引领下,整合科普资源、拓宽科普内容、创新科普方式,逐渐形成社会化科普网络,为科学知识在社会范围的流动构建优质渠道。

在社会化科普网络中,知识的流动体现出平等化、增量化、以用户为中心的特点(储节旺,吴川徽,2017)。

知识流动的平等化需要基于流动介质,即知识传播的渠道、平台等的开放性及平等性,以及处于流动方向的二者之间的平等性。从科学知识的传播上来说,平等化就是指科学知识需要在开放平等的渠道、平台中进行传播交流,并且摒弃所谓的"自上而下"的传播格局,应该在充分了解受众需求的情况下进行相应的科普。科普社会化协同机制作用的结果是形成扁平化、去中心化的科普网络结构,"去中心化"的核心在于每一个节点都是平等的,

并未拥有整个系统的控制权,系统决策都是由参与节点在协作的机制下共同决定的(孙国茂,2017)。这样的科普网络结构也就彻底打破了"自上而下"的科普格局,可以充分发挥多种科普主体的个体优势,多种科学知识互为补充。"去中心化"在科普实践中除了构建了一个平等开放的交流平台,还解决了信息不对称导致的科普内容供需不匹配的问题,"去中心化"在科普主体与公众、公众与公众之间都形成了链接,强化了沟通交流,提高了信息的透明度,便于科学知识的有针对性传播。

知识流动的增量化,指知识流动过程中知识的容量和质量的变化。首先,科普社会化协同网络中主体的多样性是知识流动增量化的关键,这些科普主体(即知识主体)通过相互之间的知识共享、知识交换等互动行为,在加快了科普社会化协同网络中的科学知识的流动速度的同时,也因多领域科普主体的科学知识交流碰撞而产生更多的新知识。其次,知识的增量化不仅仅是知识量的扩充,还体现为知识量的减少,可以将其理解为在社会化协同网络中的知识过滤机制。社会化协同构建的是一个"去中心化"的科普网络体系,公众作为"消费者"(科学知识的吸收者)在其中可以通过需求反馈向各节点(科普主体)反馈所需知识,在科普过程中过滤冗杂的知识信息,达成精准科普。在《全民科学素质行动规划纲要(2021—2035 年)》中也因此明确提出要通过供给侧改革推动科普内容、形式和手段等创新提升,提高科普的知识含量,满足全社会对高质量科普的需求。

对于科普体系而言,知识的平等化和增量化的核心都是以用户为中心重视科普接受者,即重视科普社会化协同体系中的"消费者"地位,以满足"消费者"需求为科普目标。无论是科学知识的传播方式,还是内容,都更贴近"消费者"心理,自然也能进一步促进科学知识的传递,提升公民科学素养。

4.1.1.3　促进科普事业发展

《科普法》第四条规定:"科普是公益事业,是社会主义物质文明和精神文明建设的重要内容。发展科普事业是国家的长期任务。"公益事业最突出的特征就是投入与产出的不对称性,以追求社会利益为主要目标,公益事业的投入通常由政府等事业机构出资或通过社会捐赠等方式实现,这就意味着作为公益事业的科普事业发展需要政府以及各种公共部门承担起主要责任(刘长波,2009)。在科普事业领域,中国的科协系统在一定程度上承接了政府的科普职能。科协是中国科学技术工作者的群众组织,是中国共产党领导下的人民团体。但相较于政府集中资源的力量而言,科协在资源分配能力以及协调统筹社会力量上还远远不足以支撑科普事业全方位、系统性发展。

科普事业的发展囿于其公益性,发展瓶颈集中体现为资金来源单一造成的投资不足、主体结构单一造成的资源不足。目前我国科普经费主要来源包括各级人民政府的财政支持、国家有关部门和社会团体的资助、国内企事业单位的资助、境内外的社会组织和个人的捐赠等。《中国科普统计(2020)》显示,2019 年全社会科普经费筹集额为 185.52 亿元,其中各级政府的财政拨款为 147.71 亿元,占总筹集额的 79.62%;自筹资金为 28.49 亿元,占比 15.36%;捐赠资金为 0.81 亿元,占比 0.43%;其他为 8.51 亿元,占比 4.59%(中华人民共和国科学技术部,2020),由此可见,在我国科普经费投入中公共财政仍然是主要来源渠道。经费来源单一,科普事业发展活力不足。科普主体结构单一,长期以来科普事业一直是政府主导,虽然科协在其中也作出了很大的贡献,但多种社会力量的融入机制仍然有待发展。

而科普社会化协同通过多主体协同,形成包括科普资金在内的科普资源协同机制,在强化政府对科普事业的主导作用的同时,也重视政府作为发动社会力量的催化剂作用,不断吸取包括企业、高校、科研院所、各社会组织等社会力量对科普事业进行人力资源、财力资源、知识资源的投入。例如,政府可以通过政策引导、税收优惠等方式激励企业提高投资科普事业的力度;在保证科普事业公益性的同时,将科普向市场化推进以筹集更多资金也是解决科普经费来源单一困境的方式之一。正如《全民科学素质行动规划纲要(2021—2035 年)》中提出的大力推动科普事业与科普产业发展,探索

"产业＋科普"模式。

4.1.2　经济效益

尽管科普投资是一种公益性投资,不以追求经济效益为目标,但作为一种文化产业,与经济效益仍然息息相关,同时经济效益作为最容易量化的指标,也是科普效果研究的重要部分。科普社会化协同创造经济效益可以分为直接经济效益和间接经济效益,直接经济效益主要表现为科普产业的繁荣发展,而间接经济效益则表现为科普并非通过直接创造财富实现经济收益,通常需要中间环节作用于社会经济活动(郑念,张利梅,2010),最终产生经济效益。这一中间环节就体现为能力的获得、技术的习得及规则的掌握,也就是通过科普实践,科普主体为科普受体提供生产技能、约束规则,以及创新思维等具有创造经济价值的个人品质和素养能力,使受体能够通过运用它们在社会经济活动中作出更多贡献。

4.1.2.1　科普社会化协同创造的直接经济效益

科普社会化协同通过联合多元科普主体,打造科普产业市场协同竞争发育态势,促进科普产业资本不断增加,推动科普产业蓬勃发展。科普产业是为科普系统运行提供资源、产品和服务的各类经营实体的集合,是基于科学技术发展起来的特殊产业,由科普产品的创意、生产、流通和消费等环节组成,在市场机制的基础调节下,向国家、社会、公众提供科普产品和科普服务(王康友 等,2018)。我国的科普产业发展较快且具有一定规模的业态,主要有科普展教、科普出版、科普影视、科普网络信息业、科普教育等。此外,科幻产业的发展也是科普产业创造经济效益的重要部分。《2021 中国科幻产业报告》数据显示,2020 年中国科幻产业总值为 551.09 亿元,其中,科幻阅读产业产值为 23.4 亿元,同比增长 16.4%;科幻影视产业产值为

26.49亿元;科幻游戏产业产值480亿元,同比增长11.6%。

科普社会化协同生态的建立能够通过协同机制促进科普产业的发展。由于科普公益性的特征,长期以来,科普体制一直以事业建制为主,不适应市场运行机制,难以满足市场对科普产业发展的需求。科普产业也过分依附于科普事业,而相应的科普事业发展滞后,严重制约了科普产业的发展。在科普社会化协同下,强调包括政府、企业、高校、科研院所、社会组织等在内的多种主体,将社会多领域的产业与科普产生交集,在大型企业的推动、金融投资、税收政策等的作用下,促使科普产业发展融入社会协同之中。由于大多数科普企业面向B端市场,即为科技馆、科普教育基地等科普场馆提供科普产品或科普应用服务,较少对C端用户即社会公众直接提供相应科普服务,仅在科学教育领域与社会公众接近性较强,因而也仍未形成市场合力。这样的市场发展机制也导致了科普企业无法真正深入了解科普受众的实际科普需求,无法激发市场活力,而科普社会化协同强调的是主体与公众之间的协同,促使科普实践能够顺应公众实际需求,各主体在科普市场需求下协同竞争发育,科普产业才能得以快速发展。

4.1.2.2 科普社会化协同创造的间接经济效益

首先,从科普实践开始发育至今,各种从事科普工作的企业、组织、机构等都在科普实践中向全社会范围内弘扬科学精神、培育科学理念,进一步提高了科学在全社会被接纳的程度,从而能够被广泛应用于社会各个领域,促进生产力发展。其次,科技创新是推动人类社会进步的关键,也是促进社会经济发展的核心,科普的发展在科技创新发展中起到支撑和黏合作用,科普工作通过知识服务促进创新创业的发展。从思想层面上来看,科普工作通过传递科学思想、科学精神激发公民创新意识,逐渐扩散而形成社会科技创新意识;从思想战略层面上来看,科普工作为营造经济社会发展最需要的创新生态发挥重要作用;从行为层面上来看,科普工作与实践培训的结合能够帮助公民提高创新创业实践动手能力,让其了解最新的科技手段与工具,为创新创业实践提供实际性支持。再次,科普社会化协同能够提升全社会范围内的科普能力,并营造良好的科普氛围,致力于业态创新的科普产业加速了科学技术与社会的互动发展,促使科学技术与公民的生活、工作甚至娱乐息息相关,为大众生活科学化、社会管理科学化等方面作出重要贡献,将科学思想贯穿于社会的方方面面。最后,科普产业通过技术传播促进了生产方式和产业结构变革,为优化经济发展的技术环境作出重要贡献,科普产业与农业、工业、服务业、旅游业等产业融合的趋势愈发明显,如各种智慧农业服务平台的建设助力农业发展、科普旅游业带动区域经济发展等。

4.1.3 制度收益

科普社会化协同通过联合多元社会力量参与科普,有效助推了科普体制机制的良性改革,促使科普主体在组织建设和业务工作上融合发展,推进决策、监督、执行的协同治理机制不断完善。制度的改革有利于科普体系的可持续发展。制度是权利、规则、原则和决策程序的集合,如国家机关、企事业单位在机制设置、领导隶属关系和管理权限划分等方面的体系、制度、方法、形式等,它们引发社会实践,为实践的参与者分配角色,并指导实践彼此间的互动(Young,2017)。机制原指机器的构造和运作原理,此外借指事物的内在工作方式,包括有关组成部分的相互关系、各种变化的相互联系(陈典松 等,2018)。制度之下的机制是解决功能性议题或区域问题的特定制度,而制度收益则是通过制度调节或变迁获得的收益,体现在通过降低交易费用、减少外部性和不确定性等给经济人提供的激励与约束上。

我国的科普体制以事业建制为主导,政府指导科普实践是科普体系运行的主要方式,而这种体制就造成了科普工作的行政化。行政化带来的问题体现在多方面:首先,科普的专业性被降低,科普工作长期被视为一项常规性、事务性的工作,主要以科普展览、科普活动的形式出现,追求操作简单化,通过可测可观的数据展示即时效果,其核心目的通常不在于普及知识,而是完成科普任务。其次,科普作为一种为公众服务的实践,也是一种能彰显政绩的手段,在这种观念的影响下开展的科普实践通常注重工作显示度,如建造的科普场馆数量、开展的科普活动场次、发行的科普手册种数等,但其中真正与公众需求相匹配的内容却较少。同时,长此以往的科普行政化体制形成的"自上而下"的科普方式,通常只从公众应该掌握什么知识的出发点进行科普,而忽略公众真正需要的知识。我国公民科学素质的构成要素包括科学技术知识、科学思想、科学方法、科学技术与社会关系,建设什么样的科普体制需要从提高公民科学素质的四个基准维度出发。

科普体制的不足带来的最大影响就是科普工作缺乏创新性,对于社会环境的应变能力不足。行政化色彩强烈的科普体制已经不再适应当下的社会环境(朱洪启,2018)。在信息资源获取方式多样化的今天,公众关于科学知识的需求愈发主动,且囿于信息量和渠道庞大,对科学知识的普及方式的要求也越来越高。科普事业需要在科普体制良性改革的引导下走向更广阔的市场。同时,在事业建制的科普体制下,相关机构对社会多元组织的管理以及利用不足,没有充分发挥多主体的科普力量。

科普社会化协同生态的建立正是应对科普体制老化的重要途径。科普社会化协同的核心在于多主体协同,在一定程度上改变了政府主导科普体制的现状,协同科普多元主体发挥力量,通过内部系统的运行,可以在一定程度上解决科普社会组织分散性的问题。例如,在对于科普企业追求利益不顾科学价值的行为上,政府等公共机构的参与会对其科普行为形成监管约束性,以及对于各组织机构科普项目资金是否落实到位、专项资金是否合理使用等情况,政府可以通过科普项目资金和基层科普行动计划资金使用情况专项调研对科普工作进行监督;而如果具有优质科普资源的社会组织因缺乏财力、人力而出现资源浪费的现象,也可以通过政府的政策激励、税收优惠等提供应有的资金支持。财政部、海关总署、税务总局三部门于2021年5月联合出台了"十四五"期间支持科普事业发展的进口税收政策,提出自2021年1月1日至2025年12月31日,对科技馆、自然博物馆等科普单位进口科普影视作品及国内不能生产或性能不能满足需求的科普仪器设备等科普用品,免征进口关税和进口环节增值税。在社会化协同机制下的科普可以充分发挥事业性和产业性的独特优势,从整个协同系统出发既可以宏观把握科普现状,又可以深入市场了解公众实际科普需求。

因此,从过去的科普体制带来的问题出发可以发现科普社会化协同能够帮助解决因科普体制老化而产生的各种问题及挑战。同时,这一协同机制本就是对科普体制的优化,能够使得科普协同更加顺畅,而且系统内部具有的协同性也是对科普体制的保障。

4.2 组织性特征

在以创新生态系统为核心视角下建构的科普社会化协同生态系统同样具备一般创新生态系统的共有属性以及运行规律,表现为以下五个组织性特征:复杂性、开放性、整体性、交互性、自组织性。这些特征共同决定了科普社会化协同生态系统的发展路径,把握组织性特征的内涵以及形成原因对于系统发展具有重要的指导意义。

4.2.1 复杂性

复杂性指科普社会化协同生态具备多元、多维、多变的特征。科普社会化协同生态系统类比创新生态系统,是一种与特定空间相联系,呈网络式和多维空间结构的系统。科普实践存在于人类社会实践中,依存于特定的社会空间和一定的社会条件。其涵盖经济、政治、文化、科技等多层次结构的社会本身就具有高度复杂性,处于这一空间体系中的子系统必然受制于社会内部体系运行的影响。科普社会化协同正强调了广泛社会性,与社会系统的高度联结奠定了其复杂性的结构基础。科普社会化协同生态的复杂性主要体现为要素的多样性和各要素之间相互作用的不可预测性。

要素的多样性包括主体复杂性、环境复杂性、人员复杂性。

4.2.1.1 主体复杂性

科普社会化协同的核心在于社会多主体协同,依靠包括政府、科协、企业、高校、科研院所、媒体、科技型学会及其他社会组织团体等社会力量共同推进科普实践的发展。基于系统科学的观点,根据科普社会化协同生态相互作用过程,可以发现各主体在发挥着不同作用的同时相互协调与配合。以科普事业和科普产业之间的关系为例,科普事业和科普产业的发展都需要科普社会化协同中各要素的相互作用。二者的性质区别可概括为公益性和营利性;二者的科普主体分别以政府为主导和以企业为主导。这就从根本上体现了二者在进行科普实践时存在的目标差异。但在科普社会化协同体系中,科普事业和科普产业都需要得到发展,重视科普事业、忽略科普产业会因政府的公共性而导致科普市场缺乏竞争力,轻视科普事业、强调科普产业又会因缺乏监管而导致企业过度追求利益。因此,科普事业应该通过政府主导、市场参与结合的形式避免问题,而科普产业需要多元社会力量协同科普资源的同时,也不能忽视政府在科普产品供给中的基础作用(古荒,曾国屏,2012)。因此,各主体之间通过非线性的联系与作用,形成了极具复杂性的流通网络(赵明,2014),使得科普社会化协同生态要素呈现出单个主体不具备的功能与特性。

4.2.1.2 环境复杂性

环境的复杂性是指相对于科普社会化协同生态而言的背景和支持条件,具有多要素和多样化的特点,具体包括政策环境、经济环境、社会环境、文化环境等环境要素。在政策环境中,党中央和国务院及有关部门出台的180余条科普法律政策文件有关于科技工作者从事科普工作的内容,有34

条政策法规包含相关规定,为科普社会化协同发展提供了政策支持。其中,"两翼理论"为落实创新驱动发展战略作出方向性指引,推进社会形成了科学普及在创新发展中具有重要价值的创新认识。

在经济环境中,经济的发展为科普社会化提供良好的资金来源,同时,科普也反作用于经济发展,将科学知识的普及应用到各个领域中,为服务经济高质量发展作出更大贡献。在社会环境中,科学普及与社会创新同步发展、相互促进,着力强化支持保障。在全社会营造热爱科学、崇尚科学的浓厚氛围,推进公民科学素质整体水平稳步提升,为创新驱动发展奠定了良好基础。在文化环境中,创设良好的文化氛围使科普社会化协同生态得以更好地发展。近年来,随着"大科学""大科普"的发展,科技与文化的融合,以及科学文化与人文文化的融合,科普的文化价值功能日益凸显,现实需求也越来越迫切。例如,相关组织机构开展青少年科普系列活动,让青少年学习科普知识,感受科技的魅力,营造良好科普文化氛围。可以说,科普社会化协同体系中政策环境、经济环境、社会环境、文化环境等环境要素的多样性导致了科普体系的复杂性。

4.2.1.3　人员复杂性

在科普人才培养建设上,科普人员的类型和组成的多样性与复杂性,主要表现为科普人才培养体系由多渠道、多层次、多类型、宽专业的教育结构网络构成。科技部发布的 2020 年度全国科普统计数据显示,我国科普人员队伍结构持续改善,专职人员数量持续增加。2020 年全国科普人员规模为181.30 万人,比 2019 年减少 3.08%,但人员结构持续优化(中华人民共和国科学技术部,2020)。现阶段我国科普人才主要来自两大群体,分别是各级科协机关及直属事业单位,各级学会工作人员及个人会员。科普人才队伍有广义和狭义两种界定:各级学会不直接从事科普的工作人员及个人会员作为潜在的或者广义的科普人才,进行应时、应需的科普工作,但是其自身并非专业和专职的科普工作者;各级科协机关、直属事业单位、各级学会从事科普工作的人员,包括专职、兼职和志愿者科普队伍属于狭义的科普人才队伍范畴。实际科普工作开展中的人员构成更为复杂,虽然直接进行科普的专业人员有限,但是活动的组织、策划、宣传、展品制作、布展、各种现场服务、效果评估等需要相关人员的直接或间接参与,其中大多数来自不同的专业,有着不同的科普公众或者活动的项目分工。科普人才资源存量的增加、增量的保证和整体素质的提升有赖于完善而有效的科普人才培养体系的建设(任福君,张义忠,2012)。正因如此,我国在科普人才的建设上需要加强科普专业人员的引入、培养基地的健全和机制创新的推动,及时调整人员构成的占比,合理配置科普活动的分工。

4.2.1.4　各要素之间相互作用的不可预测性

科普社会化协同生态中各要素之间相互作用的过程和结果都难以预测,也致使系统呈现异常的复杂性。各要素之间相互作用时存在对创新主体的定位不准确、对创新过程的认识不具体、对创新的对象要素界定模糊不清等问题,主要体现在创新主体的复杂性日益增加,科普社会环境不确定因素增多,科普活动难以体系化、规范化、有序化地进行。因此,系统的复杂性也进一步使得该系统需要一套把握内部规律的运行机制才能保障科普社会化协同的实现。针对要素的多样性,需要构建协同形成机制,包括协同目标的构建、各主体功能的划分以及科普体制的确定;针对各要素之间相互作用的复杂性,需要构建协同实现机制,包括协同要素之间的配合、协同要素的价值评价以及要素整合等;针对复杂社会结构,需要构建协同约束机制,包括制度规范、监督体系等管理协同机制。总之,全方位、多层次、宽领域地对各要素之间相互作用的不可预测性进行评估与判断,积极推动社会主体的多元参与、社会资源的有效整合和社会力量市场化作用的发挥,才能实现让我国科普社会化协同生态的发展走向专业化、社会化和普惠化的初衷。

4.2.2 开放性

开放性,指科普社会化协同生态需要不断突破闭环,提升外部延展性。在一定的空间范围内,科普社会化需要与外界进行物质、能量与信息的交流,才能维持系统的发展。在科普社会化协同生态中,多主体在协同科普实践过程中,通过与环境之间进行知识、资金、人才等的交流,促使科普协同体系不断发展;同时,在系统交流中呈现的动态变化的特质要求多主体须对环境的不确定性以及自身能力的变化作出动态回应,并及时调整以实现内外诸多组成因素的匹配。

科普本身就具备开放性特征,它通过各种媒介以简明易懂的方式向公众传递自然科学或社会科学的知识,推广科学技术应用,倡导科学方法,传播科学思想,弘扬科学精神等。科普实践本质就是一种知识共享与扩散行为,科普社会化协同生态的建构则强化了这一开放性特质。首先,科普社会化协同生态系统是一个开放的系统,该系统与整个社会系统存在着密切的联系,与经济、政策、文化、制度等都存在着多种形式的交互。在科普实践中,需要不断从外部环境中获得科普发展所需的各种资源,也需要向外部输出科学知识、科学文化、科学思想等。其次,科普社会化协同生态要求系统中各要素相互作用,主体通力协作,构建科普网络,同时在科普动力系统的保障下实现科普社会化协同。这就意味着系统内外一直处于相互交流沟通的状态,使得系统内部始终处于动态之中,具体表现为科普主体有自身成长发展的内部活动,同时还需要根据外部环境的变化,采取不同的科普策略。随着以互联网为主体的新媒体技术的广泛应用,各类新媒体正在渗入我们生活的方方面面。新媒体与传统媒体既有相同的性质,又有各自不同的特点和新功能,总体来说,新媒体具有交互性与即时性、海量性与共享性、多媒体与超文本、个性化与社群化等特性。这些特性应用于科学传播领域,提高了科学普及的便捷性和及时性,提高了科学传播的趣味性和有效性。新媒体科普的文化基础是"服务型文化理念",是在开放、共享、协作等互联网思维的指导下,以满足社会公众差异化的科技知识、科学方法、科学精神等需求为导向,积极调动各方积极性。新媒体环境下的科普社会化协同生态更加重视新型推广传播的渠道和表达形式的创新,时刻站在受众的角度,思考他们能够接受的内容和形式。

作为公众接触科学、认知科学、对话科学的重要桥梁,科普社会化协同生态起着传播科学文化的"窗口"作用,其开放合作的运行,不仅有利于实现科普资源的"互惠共享",还能拓宽拓展科普的发展道路。科普社会化协同生态中的开放性一方面可以使各要素避免孤立,获得更稳定的环境条件,有助于通过环境输入有用的能量、物质、信息等,以构建一个稳定交流的科普生态环境。另一方面可以在更大范围内发挥协同竞争机制,使得在系统中交换的物质、能量、信息可以更好地被利用以及转化。例如,在协同竞争中,各科普主体能够积极应对市场科普需求,达成有效的系统内外交流,实现有针对性的科普实践。开放性带来的协同增效还可以体现在主体间的关联上。例如,在科普经费协同机制上,通过系统内部开放交流,政府的科普经费可以起到催化剂的作用,进一步吸取民间资本力量,通过政策引导、税收优惠等激励企业增加科普投资力度。《关于"十四五"期间支持科普事业发展进口税收政策的通知》(财关税〔2021〕26 号)中指出,"十四五"期间科普进口税收政策取得多处突破,相关进口单位可按照海关有关规定,办理清单上进口科普用品的减免税手续。进而推动科普社会化生态的可持续发展,同时为公众打破思维壁垒、开阔眼界,实现"人类命运共同体"贡献力量,其开放合作的重要意义由此体现。

4.2.3 整体性

整体性是指系统并非各种要素的简单相加和偶然堆积,而是各要素通过相互作用构成统一体,其存在的方式、目标、功能等都表现出整体性。系

统的整体性是相对外部环境而言的,一个系统具有整体性就意味着该系统
内部具有一致的运行规律,这是该系统区别于其他系统的重要标志。科普
社会化协同生态的整体性表现为在各要素的相互关联、相互制约、相互作用
的协同机制下,整个科普系统所具有的系统性质、系统功能、运行规律等已
经与各要素在独立状态下所具有的性质、功能完全不同。

科普社会化协同发展的核心就在于主体要素之间在发挥各自作用提升
自身效率的基础之上,通过机制性互动产生效率的质的变化,即新质涌现
(刘敏,2012),发挥出"1+1>2"的作用。例如,在科普社会化协同系统中进
行的科普实践是主体要素、环境要素、资源要素等共同作用的综合行为,这
种科普实践的科普效果、社会影响力等都是某一科普主体进行科普实践时
产生的作用所无法比拟的。系统新质涌现的外在特征即为整体性和一体
化,而能够导致系统内部产生质的变化的联结也需要内在要素的分化和多
样性。整体性实际就是对系统构成要素特性的扬弃,要素间自身个体特性
的相互协调,在系统中达成和谐一致。而只有内部要素高度分化、多样化,
才会有多元协同的实际意义,这样的要素相互作用才可以促成整体的新质
涌现。例如,当下的科普作品已由单纯生产精神产品,发展为生产物质产
品,诸如教育模型、电脑软件、电脑游戏、高科技玩具、高科技展品等多样化
的表现载体。这些科普载体的多元化共铸科普社会化协同生态的主题创
新、体裁创新、语言文字创新、机制创新、传播媒体创新、创作者知识更新、信
息来源更新等方面的创新性。而科普作品的时效性、创新性、趣味性、通俗
性等特性相互协同,铸就科普社会化协同生态的整体性。所以说,科普社会
化协同生态系统内要素及其关系的多样性是系统协同并体现出整体性的前
提条件,这种多样性使得内部竞争性的独立运动和关联性的合作运动得以
成为可能。

在科普社会化协同生态系统中,各主体要素之间的性质、功能差异性明
显,科研工作者、企业、高校、科研院所、科技型学会等作为科普生态系统的
生产者,具备科普内容的生产职能;政府、社会媒体等主导组织作为科普生
态系统的分解者,具备科普活动服务及传播职能;公众则作为科普生态系统

中的消费者,具备接收科普信息的功能。主体的功能多样性促进系统内部的多元协同,涵盖政策、文化、法律、资本等的动力要素也在积极推进多元协同,各种要素能够在相互作用下创新科普内容、科普方式等,实现整体性带来的新质涌现。因此,每一种要素在系统中都具有不同的角色,每一种要素的性质和功能对系统整体性的贡献通过要素间的相互作用而实现。如果失去一些关键性要素,"相互作用"的机制也就发生了改变,系统应有的整体性功能就无法发挥作用。

4.2.4　交互性

交互性体现为科普社会化协同生态系统是一个由经济、政治、制度和其他因素交互而成的网络,包括公众部门及其他利益体,需要相互依存和相互依赖。这就意味着在协同生态中的科普实践不是单个科普主体孤立进行的,而是需要在与其他多种科普主体的互助合作中实现社会化协同科普。

科普社会化协同的交互性从宏观上体现为科普实践与环境因素的交互,科普作为一种社会实践,依赖于一定的社会环境以及社会所能提供的驱动力。在科普社会化协同生态中,包括政策资源、行政能力、愿景规划、税收政策、法律法规等因素在内的政府驱动的动力系统和涵盖技能资源、专业人才、资本平台、市场竞争在内的社会资本驱动的动力系统组成了环境要素协同驱动系统,科普社会化协同实践需要依赖这些驱动要素才能实现。

《中国科协科普发展规划(2021—2025 年)》中提出要"立足新发展阶段,树立大科普理念"的科普工作指导思想,实现"科普社会化协同机制不断深化,推动形成全社会共同参与的大科普格局 "的目标;《中华人民共和国科学技术进步法(2021 年修订)》第四十条中明确指出国家鼓励企业结合技术创新和职工技能培训,开展科学技术普及活动,设立向公众开放的普及科学技术的场馆或者设施。另外,在税收优惠政策方面,《中华人民共和国科学技术进步法(2021 年修订)》第九十条指出,"科学技术普及场馆、基地等开展面向公众开放的科学技术普及活动按照国家有关规定享受税收优惠"。

科普社会化协同的交互性从中观上体现为科普实践过程中需要联合不同性质、不同功能的科普主体打造科普网络协同系统。科普实践的过程可以分为科普研究、科普开发、科普传递、科普应用四个阶段。在这四个不同阶段中,政府、企业、高校、科研院所、媒体等科普主体实际上会不同程度地主导某一阶段,无论哪一阶段都需要各主体之间相互依赖、共生共存。科普社会化协同的交互性从微观上体现为多元科普主体作为生产者、分解者、消费者在科普社会化协同生态中都存在着相互合作、相互依存的关系。在这种生态体系下,反馈机制的作用发挥的效果不可小觑,科普受众即科普协同生态中的"消费者"处于该系统循环的最后一环,对于接收到的科普知识是否可以内化,是否帮助他们了解、掌握了更多的科学技术知识方法等,以及是否提升了个人的科学素养等,都需要"消费者"通过反馈机制向系统中的各科普主体作出回应,以促使科普主体在科普内容生产、科普形式创新方面作出应有的调整以适应"消费者"需求。在反馈机制的不断修正下,科普社会化协同生态系统才能实现可持续发展。

交互性为科普实践带来的最重要的是互补资源。正是基于系统的交互性,科普主体不再通过单一力量参与科普实践,多主体之间通过交互可以互相补充单一主体所缺乏的资源或能力。集中多元社会组织的力量参与科普,可以在全社会范围内深入科普需求市场,真正做到科普社会化。

4.2.5　自组织性

自组织是系统存在的一种形式,是一种通过内部子系统相互联系、相互作用而结成的相对稳定的系统状态。系统的自组织性是系统维持自我稳定和自我发展的前提和基础。自组织是相对于他组织而言的概念,他组织是指系统的运行状态、组成结构等都是受到外界指示而发生的。自组织则表示系统的运动是自发的,不受外在指令干扰的,其自发运动是系统内部以及系统与环境的相互作用的结果,以系统内部的矛盾为基础,以系统环境为条件(刘艳芹,高栋,2008)。

自组织理论最初被应用于物理学中随机识别而形成的耗散过程,它成功解答了系统内部自发形成有序结构的过程,即系统发展动力源于系统内部(贾超然,戴亮,2018)。随后,自组织理论逐渐扩展到社会科学领域,科普社会化协同生态系统中的自组织性可定义为:在社会化科普实践过程中,科普系统通过自我调节、自我更新、自我重组等,建立高效稳定、协调有序的科普体系的性质。

自组织性的产生机制来源于系统的开放性、非平衡性、非线性相互作用。系统的开放性决定了系统必然与外界环境息息相关,系统的每一次演化也都是在一定的环境中产生的。正如热力学第二定律所揭示的事实:不能与外界环境进行能量、物质、信息的交换的系统必将陷入无序状态,科普社会化协同生态作为一个开放的系统,从科普生产、科普应用到科普消费的过程始终保持着与社会环境之间的能量、物质、信息的交换,从而达成系统内部的有序性。非平衡性的实质也就是系统的起伏,也可以说是偏离稳定结构的一种状态,而恰恰是这种状态才能使得自组织系统不断进化。一个开放性系统,其内部结构和功能都是趋于稳定的,在一定范围内的外界扰动下,可以通过系统内部的反馈机制进行抵消,但由于系统处于不断与外界环境进行能量、物质、信息交流的状态中,也就意味着系统会持续受到外界环境的扰动,必然会造成系统内部达到演化的交叉点,只有通过对称性破缺才能建立新的结构以适应环境的扰动。科普社会化协同体系中,科普实践也需要通过适应外部环境的扰动在内部构建新的科普体制结构,此时内部的非平衡性将对内部系统演化发展起到催化作用。

自组织性最终形成的是具有特定功能和结构相对稳定的、不断发展和演进的动态系统。科普社会化协同生态正是一个具有聚集多种社会主体发挥科普力量的功能,且具备完整的从科普生产到消费的结构体系不断发展演化的动态系统。

第 5 章
当代中国科普社会化协同生态的模式构建

科普是总体社会生态的一部分,其运行和发展受到社会、文化、政治、经济等因素的影响。科普的社会化协同产生于当代中国科普实践的发展需要,因此科普主体的多元介入与多元主体的协同发展表现为一个社会历史进程。

纵观我国科普历史进程,科普主体实现了由单一向多元的转变,形成了由单一向度到多维立体的变化过程与演化趋势。概括来说,在中华人民共和国成立以来的七十多年科普实践中,科普社会化协同生态发生了鲜明的变化,以政府为主导角色的行政色彩逐渐减弱,在多元社会化主体介入的过程当中,市场化力量开始不断加强,并有望成为未来主导科普事业与科普产业发展的关键力量。同时,公众的主体性也愈发明显,逐渐由被动接受科学知识的受众转变为科普内容的"传播者"与科学服务的"建设者"。基于此,以科普主体的变化作为当代中国科普社会化协同生态模式构建的依据,我国科普社会化协同生态的模式可分为基于单向驱动的线性模式、基于动态互补的二级协同模式与超越时空向度的分布式模式。

5.1 第一阶段:基于单向驱动的线性模式

中华人民共和国成立以来至 20 世纪末为我国科普社会化协同发展的

初期阶段,以政府部门及其领导下的事业单位为主的组织构成了当时我国科普工作的主要力量,并形成了基于单向驱动的线性模式的科普社会化协同生态系统。

本书将当代中国科普社会化协同初期发展的时间段定位至 1949 年中华人民共和国成立起至 20 世纪末,原因有二:其一,科普社会化协同暗含了科普主体的组织化与科普工作的建制化推进过程,新的科普事业一开始便由专门机构进行统一管理,有别于中华人民共和国成立之前的科学传播团体和科学传播工作(中国科普研究所科普历史研究课题组,2019),表现出明显的组织化特征。与此同时,1949 年中国人民政协协商会议通过的《中国人民政治协商会议共同纲领》率先提出"国家普及科学知识"的规定,体现了党和国家对科学普及的重视及其计划性特征。其二,1949 年中华人民共和国的成立和人民政权的建立,使得我国国家性质发生了根本性的转变。"当代"一词作为对人类发展历史时间段的一个定性刻画,在科普社会化协同的中国语境下以 1949 年为时间点,具有节点性意义。

依据科普工作推动的主要力量的不同,初期发展形态下的科普社会化协同生态可以划分为三个阶段。

第一阶段(1949 年 9 月—1950 年 8 月)。1949 年 9 月,我国政府颁布具有临时宪法性质的《中国人民政治协商会议共同纲领》,该纲领首次明确提出"努力发展自然科学,以服务工业、农业和国防建设。奖励科学的发现和发明,普及科学知识"的指令。同年 11 月 1 日,文化部下设科学普及局,主要负责领导和管理全国科学普及工作的职责。当时科学普及局开展社会化科普主要有以下方式:广泛动员以自然科学家、工程师、技师、工农医类专业工作者,教师、青年学生等为代表的知识分子群体;组织成立科学普及实验协会;动员各地方、各学校建立科学普及小组;出版组织刊物《科学普及通讯》(后改名《科学普及工作》);举办大规模展览、自然科学讲座等,这些举措为后期我国建立全国性的科普组织打下了基础。这一时期,我国科普社会化协同采用的是以政府为主导、广泛利用社会力量的模式,政府作为推动科普事业发展的支柱,确立了科普工作服务于人民的总体方向,为科普工作的发展提供了明确指引。

第二阶段(1950 年 8 月—1951 年 10 月)。1950 年 8 月,中国科协的前身——中华全国自然科学专门学会联合会(以下简称"全国科联")和中华全国科学技术普及协会(以下简称"全国科普协会")成立。全国科普协会是科学技术工作者自愿结合起来从事科普工作的群众性组织,其工作要义包括"以普及自然科学知识,提高人民科学技术水平为宗旨……进行自然科学的宣传为任务"(中国科普研究所科普历史研究课题组,2019)。这一机构的设立开启了我国科普格局的变化历程,以科学普及局为代表的政府机构与以全国科普协会为代表的群团组织联合,形成了"政群结合、共互共促"的协同科普工作力量。在同一时期,我国政府其他主管部门也在分头推进各自领域的科普工作,如农业部门、卫生部门等均设立自身宣传推广或宣传教育的机构。当时,科学普及局管理整个国家的科学技术普及工作,但其上级机构——文化部主要管理文化艺术事业,职能层面存在的冲突,导致对全国的科学普及工作的总体领导也存在问题,也因此科学普及局与全国科普并存的政群协同模式难以维系。

第三阶段(1951 年 10 月—20 世纪末)。1951 年 10 月 1 日,中央文化部科学普及局和文物局合并成立"社会文化事业管理局",并重新划分职能范畴,科普工作基本转移至"全国科普协会"负责。自此,"全国科普协会"成为科普工作的实际推动者和组织管理者,我国科普工作进入了以群团组织为主、政府为辅的协同新阶段。

在全国科普协会管理时期,科普社会化协同的发展更加深入。以全国科普协会为中心的科普主体社会化协同举措包括:筹建省市分会,推进科普组织体系建设;在许多城市的厂矿、机关、医院、学校中建立起协会的基层组织,进一步将组织建设向基层组织拓展;联合中央各有关部委,深化与政府组织部门的科学普及工作的合作;联合中华全国总工会等群体组织,面向特定对象开展有针对性的科普工作等。1958 年,全国科联和全国科普协会两个团体合并,建立了我国科技工作者全国性的、统一的科技群团组织——中华人民共和国科学技术协会。中国科协接替全国科联和全国科普协会的职能,担负起全国科普工作的总体规划和具体实施的任务。从此以后,由政府为主导、中国科协为主体的科普工作模式正式形成。中国科协自身发展前期,便推动社会化科普工作的组织内部体系建设与内部协同,1980 年 8 月,中国科协成立科普工作委员会,随后相继批准接纳了五个全国性的科普团体:中国科学技术普及创作协会、中国科技报研究会、中国自然科学博物馆协会、中国青少年科技辅导员协会与中国科教电影电视协会,形成了一支由多元领域专业工作者组成的科普工作队伍。在与政府相关部门的联络方面,1996 年中国科协与国家科委(科技部的前身)、中宣部、中组部、国家发改委、教育部、财政部、人事部、文化部、中国科学院、中华全国总工会、共青团中央等十九个党政部门和人民团体共同组成的国家科普工作联席会议制度,负责我国科普事业发展的整体规划引导、政策协调与科普实践督促检查工作,建立起一张紧密的科普社会化协同运行网络。

纵览这一时期的科普社会化协同生态,不难发现其生成及演化受到当时社会背景的较强影响。中华人民共和国成立初期,国家总体生产力低下,经济发展十分落后,发展生产力成为国家的主要目标。1954 年,第一届人大会议明确提出要实现工业、农业、交通运输业和国防这四大现代化任务,当时我国对于实现工业化的渴求非常强烈。高素质的劳动力与先进的生产方式是实现国家现代化发展的必要条件,这就要求人民群众科学文化水平的相应提升。1949 年,我国 5.4 亿人口中文盲率高达 80%(丁雅诵,2019),广大民众尤其是工农大众的科学文化水平与先进的生产方式之间存在严重脱节,严重阻碍了我国社会发展进程。同时,在我国特殊历史的根源之下,持续千年的落后小农经济塑造了以世代相传的传统农业生产资料为基础,产业化及商品化程度低、抵御自然灾害能力弱的农业生产模式,现代化农业生产手段稀缺甚至基本没有,严重束缚农业生产发展,难以满足国家经济建设发展的需要。在工业化方面,当时以美国为代表的西方国家,正在经历涉及信息技术、新能源技术、新材料技术、生物技术、空间技术和海洋技术等多个领域的第三次科技革命,科技的进步极大地促进了生产力发展。相比之下,我国工业基础薄弱,工业制造水平严重滞后,亟须推进应用科学技术的发展,并服务于国家生产建设的需要。

1956 年 1 月,毛泽东主席向全国人民发出了"向科学进军"的号召;1978 年 3 月,全国科学大会上邓小平提出了"科学技术是第一生产力"的重大论断。在这一背景下,《1956－1967 年全国科学技术发展远景规划》《1978－1985 年全国科学技术发展规划纲要》《国家中长期科学技术发展纲要》《1991－2000 年科学技术发展十年规划和"八五"计划纲要》等与科学发展有关的长期规划及纲要相继出台,明确了我国未来科技发展方向与应用前景。如何将科技成果在国家工业化、现代化进程中发挥最大成效等问题也随之被提上议程,科学技术知识的普及化成为连接科技知识的生产与科技应用之间的桥梁。

由于科普工作与科学技术结合的紧密性,科学技术知识的生产者群体(如科学家和广大科技人员)是这一阶段科学普及的主要力量。不少科学家投身科技图书的编纂之中,如我国著名数学家华罗庚撰写了《优选法平话》和《统筹法平话》(《科学技术普及概论》编写组,2002),并深入地方普及优选法和统筹法等科学方法,成为科普工作史上的楷模。在知识普遍稀缺的年代,有限的科学知识集中在有限的科技工作者身上,因此与生产活动、与群众联系密切且具有一定文化素质水平的知识分子也广泛投入科普活动之中。

从科普信息的接收端来看,1949 年科学普及局在成立之时,将科普对象设定为工、农、兵群体,随后干部、青少年也逐渐受到重视。1986 年,中国科协第三次全国代表大会将科技工作者列入科普对象范畴;1994 年,《关于加强科学技术普及工作的若干意见》将科普对象扩展至全体国民。这一系列变化说明我国对科普对象的认知也在随着实践不断深化,其中,工农大众始终存在于这一清单之内。广泛分布于中国广袤土地上的工农群体是物质生产资料生产的直接从事者,但他们的科学水平相对低下,与当时工业化、现代化发展的需求难以适配,因此需通过广泛的科普手段将工农大众培养成符合国家建设需要、拥有一定科学技术水平的劳动者,使其成为符合生产力要求的劳动力主体。

这一时期的科普主要服务于国家的生产建设与经济发展的需要,因而这一阶段的科普内容主要围绕与生产建设服务相关的基本读写知识、基础科学知识与实用技术。1949 年 12 月,我国推行农村冬学扫盲运动,在扫盲运动前期,主要以各种手段教导广大文盲群体能读会讲普通话、知写会用汉字。扫盲运动的后期将知识与生产生活相结合,以"做什么,学什么"为主基调,激发农民参与农业生产的积极性,呈现出较为明显的实用主义倾向。在群众性科普活动中,与工业和农业生产相关的知识与技术,涉及数学、物理、化学、生物等基础科学知识,卫生防疫及妇幼保健知识等是常见的主题;1951—1955 年,基础科学知识、工业科技知识、农业科技知识、医药卫生知识在每年总讲演次数中累计占比均超六成,个别年份甚至累计占比超八成(刘新芳,2010)。从实施效果来看,以冬学扫盲为代表的科普运动取得了良好的成效,到 1982 年底,我国的文盲率从 1949 年的 80% 降到 1982 年的 22.8%(胡鞍钢,2020)。

这一时期的科普形式较为传统,主要有以下几种:广泛开展报告会、座谈会、现场参观、技术表演等实地传播形式;开办以专业或专题为内容的短期研究班、训练班、业余技术学校等教育活动;利用报刊、资料、广播、电视、电影、幻灯、展览、画廊等宣传工具和文化馆、俱乐部等阵地,广泛普及工农业科学技术知识和各种自然科学基础知识。

在初期,我国科普社会化协同工作以政府为主导的根本原因在于,国家生产力水平与教育水平的总体低下,需要结构性的力量以推动社会的快速发展。因此,这一时期的科普工作从国家发展的实际需求出发,以经济发展为核心,以政府的意识形态为指向,具有极强的实用性和政治性。在这种前提之下,政府先提出国家发展的构想,确立科普事业的目标、战略与计划,继而通过行政能力发挥实际作用,如《关于中华全国第一次科学会议的基本任务的意见》(1949)、《关于加强对科学技术普及协会工作领导的指示》(1953)、《关于加强科学技术普及工作的若干意见》(1994)等。这种模式在当时的社会历史环境中有其可行性与必然性,它要求政府具备强有力的调控与干预能力。

不可否认,在中华人民共和国成立之初,公众科学技术水平偏低、科学技术知识基础较差的情况下,通过知识灌输来使公众脱离蒙昧、了解科学、破除迷信,确实取得了显著成效。但从本质上来说,这一阶段的科普模式在本质上带有科学传播"缺失模型"的特征,即认为公众应当具备一定的科学知识水平,以便为公民参与政治生活、投入生产实践、支持科学发展提供可能。但这种对于科普与公众关系的历史认知,有碍科普工作的推进,不仅容易将公众固定在"愚昧、无知、缺乏科学知识"的认知定势之中,而且也容易滋生科学普及者的傲慢。此外,它进一步损害了科学家与公众、科学与公众之间的关系,以科学家为代表的知识分子的权威被过度神化,处于传播链条末端的公众被动地接受着来自科普生产者的信息,容易对科学知识与技术陷入盲目崇拜,将公众培养成缺乏理性与批判精神的教条化的人,与科学普及的本质精神和初衷有些背道而驰。

从总体来看,初期阶段的科普社会化协同模式是特定历史语境的产物,它的运行在生产力低下、科学素养水平不高的时期作用显著,实现了我国有计划性、有组织性的科普工作从"0"到"1"的突破。但这一时期的科普生产者与科普消费者在数量方面处于一种结构性失衡的状态,各个阶层、各类群体具有强大、旺盛的科普需求,科普工作仅由政府、中国科协以及数量有限的科技工作者推动难免"势单力薄",以政府及其管理事业单位为主导的科普社会化协同模式弊端逐渐显现。

5.2 第二阶段: 基于动态互补的二级协同模式

新阶段科普社会化协同从20世纪末配对21世纪初开始,这一时期科普产业的入局拓宽了科普社会化协同生态系统,将我国原来以政府推动的公益性科普事业单向协同模式发展至政府与社会力量协作下的经营性科普产业与公益性科普事业双向齐发的格局,形成了动态互补的二级协同模式。但由于政府在宏观管控、资金拨发与政策引领方面具有显著优势,且科普产业发展还未形成推动公民科学素养建设的主要力量,市场化作用有待扩张,因此这一阶段我国科普社会化协同的双极驱动模式总体上显现出"强行政,弱市场"的特征。

5.2.1 以政府为支撑的公益性科普事业

当"科教兴国"(1995)、"可持续发展"(1997)、"人才强国"(2003)等一系列发展战略与观念强调国家发展公众科学素质、人才质量、创新文化等方面的软实力,为建设国际科技创新、经济及军事力量发展硬实力提供支持之时,科普工作应当以更高站位、更大格局、更宽视野去谋篇布局,在全社会普及科学知识,更好地服务于人民群众对科普的需求。

公益性科普事业发展时期,我国科普的显著特征是政府率先布局宏观政策,积极引导诸如科技团体、高等院校、科研机构等多元主体进入并参与科普事业与协作之中。《关于科技工作者行为准则的若干意见》(1999)强调科技工作者应当具有高度的社会责任感,要以向广大人民群众普及科学技术知识为自身义务;科技部(1999)印发的《2000—2005 年科学技术普及工作纲要》指出各级科协、各类专业学术团体是科普工作的主力军;2002 年,《科普法》明文指出国家机关、武装力量、社会团体、企业事业单位、农村基层组织及其他组织的科普职责。2006 年则明确大学、科研机构需立足于自身丰富的科研设施、场所等科技资源向社会开放,并提出具体开放时间与展品要求。随后在 2015 年,中国科协发布文件宣布加强建设企业科协与高等学校科协。由此,一个以科协为中心,以科技团体、高等院校、企业、科研院所,以及科技工作者为协同元素的科普协同体系逐渐形成。

在主体层面,我国主要政府部门或政府领导下的大型群团组织牵头,其他关联部门如各大中央层级行政管理部门、社会组织、学术科研类事业单位等共同参与科普事业,共同编织出涵盖重点科普人群、科普基础设施建设、科普教育及人才培养等10项主要任务的协同网络(见表5.1)。致力于社会公共治理、维护社会有机体有序运转的共同目标,这种职能不同的国家行政部门及政府领导下的大型社群组织在资源互补、工作交叉、任务分配的严密工作程序下,形成了一整套以行政部门为中心逐渐向外扩散的大联合、大协作的协同方式与机制。

表5.1　公益性科普事业的协同网络

项　　　目	牵头部门	参　　与　　单　　位
青少年科学素质行动	教育部、共青团中央、中国科协	中央宣传部、科技部、工业和信息化部、国家民委、民政部、人力资源和社会保障部、自然资源部、生态环境部、文化和旅游部、卫生计生委、国家市场监管总局、新闻出版广电总局、体育总局、食品药品监管总局、林业局、旅游局、中国科学院、社科院、工程院、地震局、气象局、自然科学基金会、文物局、全国妇联等
农民科学素质行动	农业农村部、中国科协	中央组织部、中央宣传部、教育部、科技部、国家民委、民政部、人力资源和社会保障部、自然资源部、生态环境部、文化和旅游部、卫生计生委、国家市场监管总局、新闻出版广电总局、体育总局、食品药品监管总局、林业局、中国科学院、工程院、地震局、气象局、文物局、全国总工会、共青团中央、全国妇联等
城镇劳动者科学素质行动	人力资源和社会保障部、全国总工会、安全监管总局	中央宣传部、教育部、科技部、工业和信息化部、民政部、卫生计生委、国家市场监管总局、新闻出版广电总局、食品药品监管总局、中国科学院、工程院、地震局、气象局、共青团中央、全国妇联、中国科协等

项　　目	牵头部门	参　与　单　位
领导干部和公务员科学素质行动	中央组织部、人力资源和社会保障部	中央宣传部、科技部、工业和信息化部、自然资源部、生态环境部、文化和旅游部、卫生计生委、国家市场监管总局、新闻出版广电总局、体育总局、食品药品监管总局、林业局、中国科学院、社科院、地震局、气象局、文物局、共青团中央、全国妇联、中国科协等
科技教育与培训基础工程	教育部、人力资源和社会保障部、中国科学院	中央宣传部、科技部、工业和信息化部、国家民委、自然资源部、农业农村部、新闻出版广电总局、体育总局、林业局、社科院、工程院、地震局、气象局、自然科学基金会、全国总工会、共青团中央、全国妇联、中国科协等
社区科普益民工程	文化和旅游部、民政部、全国妇联、中国科协	中央宣传部、教育部、科技部、国家民委、自然资源部、生态环境部、卫生计生委、国家市场监管总局、新闻出版广电总局、体育总局、安全监管总局、食品药品监管总局、中国科学院、社科院、地震局、气象局、全国总工会、共青团中央等
科普信息化工程	中国科协、中央宣传部、新闻出版广电总局	教育部、科技部、工业和信息化部、国家民委、民政部、自然资源部、生态环境部、农业农村部、文化和旅游部、卫生计生委、国家市场监管总局、体育总局、安全监管总局、食品药品监管总局、林业局、旅游局、中国科学院、社科院、工程院、地震局、气象局、自然科学基金会、文物局、全国总工会、共青团中央等
科普基础设施工程	中国科协、发展改革委、科技部	中央宣传部、教育部、工业和信息化部、国家民委、民政部、财政部、人力资源和社会保障部、自然资源部、生态环境部、农业农村部、文化和旅游部、卫生计生委、国家市场监管总局、体育总局、食品药品监管总局、林业局、旅游局、中国科学院、地震局、气象局、文物局、全国总工会、共青团中央、全国妇联等

续表

项 目	牵头部门	参 与 单 位
科普产业助力工程	科技部、中国科协	发展改革委、教育部、工业和信息化部、国家民委、财政部、人力资源和社会保障部、自然资源部、生态环境部、农业农村部、文化和旅游部、卫生计生委、国家市场监管总局、新闻出版广电总局、体育总局、安全监管总局、林业局、旅游局、中国科学院、社科院、工程院、地震局、气象局、文物局、全国总工会、共青团中央、全国妇联等
科普人才建设工程	中国科协、科技部、人力资源和社会保障部	中央组织部、中央宣传部、教育部、工业和信息化部、国家民委、民政部、自然资源部、生态环境部、农业农村部、文化和旅游部、卫生计生委、国家市场监管总局、新闻出版广电总局、体育总局、食品药品监管总局、安全监管总局、林业局、旅游局、中国科学院、社科院、工程院、地震局、气象局、自然科学基金会、文物局、全国总工会、共青团中央、全国妇联等

以中国科协为主体力量推进的公益性科普事业主要依靠政府财政支持与补贴来维系正常运转。在此时期,我国科普财政政策,如《关于加强科技馆等科普设施的若干意见》(2003)、《科普税收政策实施办法》(2003)、《科学素质纲要》(2006)、《关于加大对公益类科研机构稳定支持的若干意见》(2007)等一再强调政府端要加大公共投入,将科普经费列入同级财政预算,为科普教育、科普基础设施、科普活动、科普产品等提供切实支撑。这也导致了我国科普资金出现政府部门拨款、社会捐赠、自筹资金及其他收入等科普经费多元投入的严重失调。从我国科普经费的组成来看,自 21 世纪初便主要以政府拨款为主,且总体上政府投入经费总量与占比均呈现上升的趋势。2013—2020 年,我国政府拨款的科普经费在科普经费的总量中均超七成(见图 5.1)。

我国特殊国情下形成的科普经费失衡格局有迹可循。从政府角度与站位来说,政策一直将科普视为一项公益性的社会服务事业,因此投入大量资金以供科普事业的发展。在此之前,政府曾发出"鼓励企业、社会团体和其

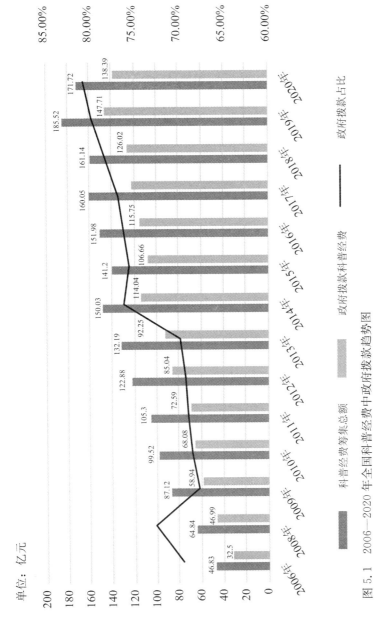

单位：亿元

图 5.1　2006—2020 年全国科普经费中政府拨款趋势图
注：因 2007 年数据缺失，故未在图中进行展示。

他事业单位捐助科普事业,兴办为社会服务的科普公益设施"的呼吁,但作用微弱,政府仍然是科普事业的主要出资方。而政府财力毕竟有限,亦不可能对社会方方面面、各类群体的科普需求都保证充足供应,这些财政难题严重制约着这一阶段我国科普事业的发展。

从 21 世纪初期的科普事业具体实践来看,以政府方面的力量推动社会科普的作用显著,虽然政府广泛动员社会力量参与科普,以实现科普资源的共建共享的目的,但由于"公益性主导"的氛围浓厚,社会整体科普工作及服务严重依赖政府支撑、政府供给,因此共建共享渠道仍然过于单一地集中于科协系统内部和相关科普资源占有单位内部,社会层面的科普资源整合集成效率低(危怀安,2012)。同时,由于"公益性"科普生产主体缺乏竞争机制,公共产品由政府单纯供给难以满足"知识经济"时代消费者多样化、个性化、艺术化的需求,这就从根本上难以保证科普产品及服务的供给效率与质量。另外,从参与主体来看,虽然政府颁布相关政策,力图将多元社会力量引入科普供给中,但由于科普作为添附于各主体主职之外的社会公益责任,且财政资金与激励机制驱动不足,科普实际供给短缺难以满足社会科普需求。

5.2.2　以企业为主体的经营性科普产业

2002 年出台的《科普法》明文指出"国家支持社会力量兴办科普事业。社会力量兴办科普事业可以按照市场机制运行",为我国科普产业的发展提供了立身之法。2003 年,安徽省科协率先提出"发展科普产业"的理念,并颁布《中共安徽省委安徽人民政府关于进一步加强科协工作、发挥科协作用的决定》(皖发〔2003〕17 号)文件,明确提出"重视和支持发展科普产业、科技咨询产业。努力营造政策环境,支持鼓励包括民间资本在内的各类资本进入,积极培育和引导产业形成"。安徽省这些关于科普产业的尝试是在新形势下对国家提出科普工作市场化政策的积极响应,为后续科普产业建设上升到国家层面提供政策引领与有益参考。同时,这些文件也显示出一个集中趋势——我国亟须建立一个适应社会主义市场发展趋势的科普发展模式。如前所述,政府在资源供给端存在的结构性不足,以及政府供给与需求之间的匹配效率低,需要调动全社会力量参与科普,来实现科普生产资料的市场化、产业化(黄丹斌,2001)。从这一层面来说,科普产业是科普产品与科普服务转向市场化的必然选择,亦是我国建构"大科普"工作格局的重要组成(徐善衍,2011)。

科普产业是特殊的综合型结构,它产生于提高全民科学素质的公益性目标与市场盈利需求的双重取向之下,因而带有"公平普惠性、现代服务性、文化创新性、战略支撑性"的社会性特征,"高附加值性、交叉渗透性、牵引辐射性"等产业性特质也在科普产业内交融集聚(李黎 等,2012),这些性质为科普产业的发展提供了内在势能。科普产业与其他产业部门(非产业部门)在产品(服务)内容方面的交叉渗透将科普产业范畴一再拓宽,科普产业与教育产业、文化产业、内容产业、版权产业、媒介产业、服务产业等产业的结合之下,我国科普产业发展出科普展教品业、科普出版业、科普动漫业、科普影视业、科普游戏业、科普玩具业和科普旅游业等多种类别(李黎 等,2012)。在政府牵引下,我国已形成了若干科普产业园区。自2004年中国(芜湖)科普产品博览交易会常态化举办后,我国第一个科普产业园区——中国(芜湖)科普产业园的建立,标志着我国科普产业开始向集约化、规模化方向发展(叶松庆 等,2013)。现今京津冀地区、长三角地区科普产业化积聚效应较为显著,但其他地区科普产业还处于零星散落状态。

从整个科普产业的形成机制来看,广大的需求市场是科普产业产生的原动力。"需求拉动理论"强调"产业""市场""消费"等核心取向,重视技术研发与创新对生产、对经济发展的作用。在宏观的社会层面,这种"需求"进一步抽象化、系统化,并发展出"社会需求"一说。科普市场的社会需求泛指与科普相关的一国或地区基于某种经济结构、社会制度下的与产业、社会相关的需求(汤书昆 等,2018)。实现个体公众日益多元旺盛的科普需求是科普产业的立身之本。2018年中国科普研究所发布的《中国科普产业发展研究报告(2018)》显示,"目前中国科普产业的产值规模约 1000 亿元(王康友等,2018)"。面对如此庞大的科普产品(服务)消费市场,一众科普企业将消费者需求奉若圭臬。有学者提出"消费者购买和消费的不是产品,而是产品的价值"(Drucker,2006),科普消费者在做出购买抉择时,更多地受到功能价值(具有功能性、实用性和物理属性的感知效用)、情感价值(能够引起情感抒发的感知效用)、认知价值(能够激发好奇心,具有新颖性或满足求知渴望能力的感知效用)等因素的影响与驱使(Sheth et al.,1991)。目前,常见的满足公众需求的科普消费形式包括:接受科普教育和相关培训,参观科技场馆及展览,购买科普书籍、科普音像制品、科普周边产品(如模型、玩具)等。它们不仅能够满足消费者一般意义上的有关科学技术的知识渴求,帮助消费者汲取职业、技术方面的知识,更能满足消费者生产、生活方面的实用性需要。同时,生动、形象、交互式的产品设计将原来乏味枯燥的科普知识添加娱乐属性,这也是科普产品(服务)的竞争力所在。

"知识"是科普产业中的重要元素,可以说,科普产业是建立于"知识"基础之上的商业大厦。科普产业的整个运作过程即体现为知识的生产、流通(扩散)、消费、再生产的过程。有学者将"生物发酵原理"套用于知识创新与扩散的过程从而提出"知识发酵理论",具体在科普产业中,科技工作者及科研院所的研究创新是科普产业中知识发酵的起点,随后,科普产业供应链通过合作、购买等方式主动将外部的知识引入供应链内部。从事科普生产的企业是科普"知识母体",是知识创新的现有知识基础,通过业务关联、利益共享的"知识酶"作用,化解各主体间的知识边界,促进知识融合。上中下游成员企业及供应链整体是知识创新的"群合"场所,提供知识创新平台,一定程度上可以被称为"知识发酵"。在一系列知识技术工具的生产与应用下,最终整个发酵过程以"知识发酵产物"结束(陈建军,2008),即实现了知识共享(将可转移的隐性知识作为一种重要资源进行传递、共享)、知识扩散(主要指显性知识从知识的供应方到知识的需求方的传递)的目的(杜丹丽 等,2015),同时知识更新(新旧知识融合后,更新供应链各层次的知识构成)也伴随着知识发酵的全过程,作用于知识参与的各主体。

在供应链系统中,企业是科普产业的主体支柱,依据科普产业的生产流程的不同,整个科普产业由生产"前端及后端"两个板块的组织生态群落组成(江兵 等,2009)。前端科普产业生态群落主要以引进供应链外部智力资源并从事工程设计开发的企业等部门为主体,包括科普产品功能设计研发、科普产品底层技术的研发等,承担着科普产品及服务产业化的重要任务。在充足的科普技术与功能等底层逻辑的供给基础之上,以科普产品生产、经营企业为构成元素的终端科普产业生态群落一般专注于科普产品的生产制造、组装加工、销售等,担负科普产业规模化的责任(周建强,2015)。

但销售并非意味着科普产业链条的完结,市场的响应情况直接反馈至下一轮设计,以便对产品和服务的性能进行进一步的改善。同时,研究和产品发明设计过程也具有多种回路、多次反馈,这说明从科学到创新的回路,不只是创新的开端,而是贯穿于整个创新过程(Kline,1985)。回到反馈本身来说,反馈衍生于系统论中,是实现协调和控制的重要手段。在科普产业之中,反馈机制也是科普知识传播、科普产品生产设计的重要部分,就实践而言,如果科普信息不符合大众的科普需求,受众获取科普信息的积极性就会降低,而科普知识的提供者如果不能及时调整策略,则会被受众和市场抛弃。因此,消费者反馈为科普产品生产者与消费者提供了一个互相交流的渠道,通过搜集的市场及消费信息,科普产品设计与开发才得以有针对性地优化,由此才能实现科普产业的扩展和升级。

5.2.3 科普事业与科普产业的协同模式

在科普事业与科普产业的基础上,我国科普社会化协同不断转变发展思路,从"投入带动型"转向"需求拉动型",通过强调市场效益与社会效益的结合,不断扩大增量、激活存量(湖北省科协课题组,2010),实现优质科普资源与服务的整合与供应。因此,在这种双重驱动的模式下,科普生产者、分解者、消费者均被包含于整体协同生态中,共同打造科普社会化、一体化发展(见图 5.2)。

在深层机理方面,这一阶段的科普社会化协同具有以下特点:

(1) 以科普事业和科普产业为依托的科普协同运转模式具有动态互补的共生关系。完全由政府提供的公益性科普服务,在科普服务质量、科普效益、科普普惠等方面都有所欠缺;市场性科普力量虽然在满足消费者科普需求方面有用武之地,但以逐利为根本目标极易导致恶性竞争,因此仍然需将经营性科普产业纳入政府的引导与监督范围之内,运用"看得见的手"维护生态平衡的市场秩序,促使"公益性科普事业"与"经营性科普产业"形成合理分工、互促互补的良性发展格局。

(2) 市场力量弱于政府。这主要表现在两个方面:第一,政府仍然作为主要力量推动科普社会化协同,这集中体现在科普经费投入与项目运作上。公益性科普事业基本上由中央财政拨款,即使是在资金不足的项目上,政府选择以 PPP 模式引入社会资本进行运作,在最初项目开发必要性确定、引导资金运转、监管及回收等环节上政府公共部门仍处于核心地位。第二,我国科普产业是在政府引导下兴起的一种新型科普运作方式,虽然经过多年发展已具有一定成果,但从当前科普产业的发展来看,总体上产业规模较小,还未成为科普社会化中的主要支撑力。

(3) 科普社会化协同关系在系统外场域和各主体内核区的交互中更为稳固。"三螺旋理论"提出"每个螺旋同时具有内核区和外场域,内核区负责与其他机构保持相对独立,外场域负责与其他主体产生联系"(周春彦,埃茨科威兹,2008)。科普社会化协同机理亦有相似之处。因独特的内核功能特征,科技工作者、高校、科研机构、企业、科学共同体等成为科普生产者,它们不仅有科学研究、科技创新、社会生产等固有职能,还承担提供公共服务、将科技知识科普化的社会责任。公众作为科普消费者,其内核场在于提高个人科技素养,消费科普产品及服务。因此,在宏观系统外域场中,以科普生产者、科普消费者为两端,基于科普供需满足关系建立起密切联系;而在科普生产者中观外域场中,企业通过市场,以技术交易、委托研发、合作研究、组建实体等形式,从科研机构处获得知识转移和技术转移,这种供需合作关

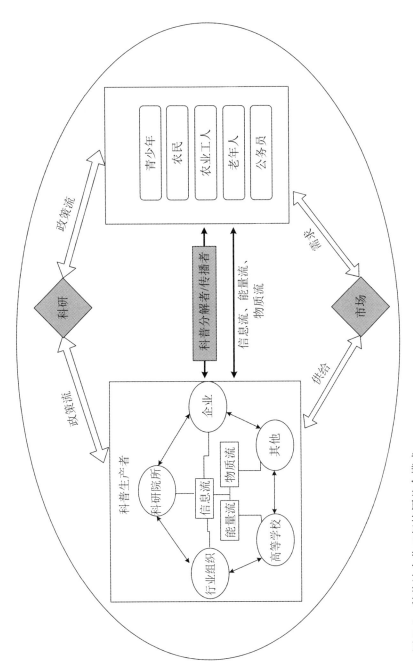

图 5.2 科普社会化二级协同整合模式

系也使得三者之间形成牢固的"产学研用"协作网络。

在整体科普社会化协同中,以"政策流""信息流""能量流"等难以被肉眼察觉的元素也肩负维护系统生态的关键作用。

政策流专指由执政党、政治领导人、人大代表和政协委员、大众舆论和少数利益集团(张丽珍,韩芳,2012)提出的对问题的潜在解决方案(方卫华,2004)。在整个科普社会化协同生态中,政策流主要体现在:政府、中国科协通过颁布政策,一方面鼓励多元主体进入科普领域,明确规定众多科普生产者的社会服务功能;另一方面发布税收优惠政策、产业政策、知识产权政策、成果转化政策等相关文件,不断优化科普企业的政策环境与市场环境,从而构筑起一个广泛吸引更多元的社会力量投入和参与科普的机制和氛围。

在能量流视角下,科普生产者群体如高校、科研院所、高新技术企业、科普企业等通过技术、人才、信息等资源的获取利用及研发活动而获得科技成果(能量储存),形成科技开发能力,并逐步将科技能量转化为科普所需的能量,通过分解者的角色扩散至广阔消费者群体。在整个科普社会化协同系统中,能量伴随着物质流,遵循转化、做功、消耗的规则,因此科普生态中需要不断产生和积蓄能量,从而满足科普社会化生态中的能量流动。

物质流在科普社会化协同生态中主要表现为资金、产品或服务的流通。现阶段科普产业与科普事业的运作资金主要有以下来源:一是由资源环境系统组织和支持性组织提供的。其中,绝大部分来源于政府财政拨款,小部分来自社会捐赠、自筹及其他收入,这一类资金只有消耗过程,科普生产者使用财政款项生产科普产品,因公益性无法使得资金回流。二是科普产业利用自身的资源优势进行物质的生产换取资金来维持自己的生存与发展,作用于科普再生产。产品流主要以"生产—分配—交换—消费"的形式完成转移,表现的是科普生产主体利用其资源优势,通过向系统内外提供科普产品和科普服务,换取所需养分(周建强,2015)。对于科普产业来说,这种产品流通是其正常运作的根基;对于科普事业来说,科普产品(服务)的流通代表着其社会服务职责的实现。

信息流是科普社会化协同系统中流通于各系统内外、有别于初始科普社会化协同的单向传输阶段,这一阶段科普社会化协同中信息交流呈现双向的特征,科普的过程实际上表现为知识及其他生产信息传输的过程,同时受众的一些反馈信息,如评价、消费数据等也能反向作用于科普生产者与科普分解者。从本质上来说,这种信息流传输与反馈为科普社会化协同系统中各部分的生存与进化提供了参考依据。

在科普社会化协同"外场域"中,"政策流""能量流""物质流""信息流"等的交互使得科普生产者、分解者、消费者之间形成一股股相互作用力,在力的牵引之下,各主体间的关系表现出愈加紧密的态势,最终形成一个整合式的系统模型。

5.3 第三阶段:超越时空向度的分布式模式

经过单向驱动的线性模式与基于动态互补的二极协同模式的发展,超越时空向度的分布式模式的中国科普社会化协同生态开始出现。这一模式形成于我国宏观科普事业发展中行政驱动力某种程度上的"式微"并开始退居其次,转而由以社会资本为主导的社会力量成为科普的主力。这一模式面向我国当前乃至一段时间内科普工作结构化转型的未来,需要在多元社会化主体的相互作用与协作下逐渐形成。

既是面向未来社会形态的科普社会化协同模式,动态互补的二极协同模式有待被新的现代性所重建。鲍曼的现代性提出"液化"的概念,"液化"本是一种物体物理状态的变化,液体是流动的,它既没有固定的空间外形,也没有时间上的持久性(鲍曼,2017)。科普社会化协同生态中在未来形态中呈现的液化状态,表现为传统生态规则在流动中不断被破除,新型关系在流动中不断被重塑,新的生态要素的不断涌入与变化重新界定协作网络的结构与状态。

这种流动性构成了我国科普社会化协同模式由第二阶段向第三阶段转变的主要特征。

首先是科普社会化生态主体角色的流动。科普知识的生产者、分解者、消费者不再因特定的属性标签而限制于身份的一维框架之内,其生态角色依据不同的场景,将发生自由流畅的转换,多元角色之间的界限与区隔将越来越模糊,边界越来越趋向于透明、融合。每个人都可能成为多元角色的集合体,并且不同角色的强弱程度也随之发生变化与流动。

其次是生态系统主要驱动力的流动。主要表现为政府行政主导力量的减弱,并逐渐转化为"服务者""管理者"的角色;市场作用愈加强势,市场生态下催生的大量互联网科普企业与组织更多地介入科普社会化工作之中,市场愈发占据科普产品(服务)供给的主导权。政府的角色转变源于社会发展新阶段我国政府推进国家治理体系和治理能力现代化、全面深化改革的诉求。2020 年 10 月,《中共中央关于制定国民经济和社会发展第十四个五年规划和二〇三五年远景目标的建议》突出强调"深化简政放权、放管结合、优化服务改革",朝着建设服务型政府目标迈进。塑造"共建共治共享"的发展格局,需要政府—市场—社会三股力量拧成一股绳,在政府放权的基础之上有效释放市场活力。"放服管"体现在科普事业中,即政府一改在科普社会化协同发展的第一、第二阶段中的全权主导、直接干预科普运行或作为主要力量推动宏观科学事业的发展,转而彻底践行"政府推动、事业运作"向"政策引导、市场运作、社会参与"的现代化治理思维,并以政策引领、服务提供、项目引导、平台构建等服务性举措为依托,充分激发市场、社会组织与人民公众在科普社会化协同发展中的潜力。

尽管如此,政府的"放权"并不代表着"弃权",政府仍然是国家和社会发展的政治力量。尤其是在市场天然具有"失灵"风险的前提下,政府有必要发挥"哨兵"的作用,通过行政法规与管理条例等多种手段履行引导、规制、监管职能,使科普市场在"法无授权不可为"以及"法定职责必须为"的权责分野下平稳、有序运行。

在新领域、新阶段,科普市场前景更为广阔,高度差异化的社会科普需求将由市场力量进行结构性供给与满足。强大的科普需求创造了科普市场发展的巨大潜力，大量互联网企业、自媒体平台、社会组织和公众个人纷纷投身科普产业，从多方面融入数字化科普资源的开发与生产，使科普内容更加丰富与精细化、科普形式更为新颖，各类用户日益增长的科普消费需求得到精准、有效的满足。有别于初始阶段的科普企业实体化的运作模式，这些依托网站、APP，以及数字平台的科普企业及组织以"专业知识"为售卖商品，并兼具其他商业服务功能。科普市场化探索在此阶段之前的科普社会化协同生态中，已经有了一定的社会探索基础，如依托母婴公众号起家的育儿知识付费平台"年糕妈妈"、我国首个互联网农民职业教育培训平台"天天学农"、数字医疗健康科技企业"丁香园"、著名科普类社区网站"果壳网"，都将科学知识等信息进行商品化并成功实现商业化诉求。这些专业化与营利性并存的科普组织（企业）也并非单打独斗，其科普商业化运作也体现了多元主体的协同，如编辑、科普作家进行内容生产，权威的专家学者进行内容把关，社群粉丝进行阅览、购买与反馈，最终共同形成一个完整且有科学性保障的科学普及与商业运营系统。在科普市场主体众多、科普市场化规模倍增、商业化运作更加成熟、科普产业全面盈利的新阶段，科普产品（服务）竞争激烈，不断促使科普产业化供需结构朝着更为优化的方向调整。

在政府与市场的力量之外，公众的作用在信息化时代也更加凸显。在数字媒介技术与社交媒体的爆发式增长下，公众通过自媒体参与科学的欲望与需求日益强烈，已远远超出现有科学普及活动的能力范畴，急需一种新的形式和框架来提升公民科学素质，促进科学与社会之间的良性互动（王孝炯 等，2016）。

公众服务科普的兴起已经在第二阶段的科普社会化协同模式中显现出一定的社会基础。第49次《中国互联网络发展状况统计报告》数据显示，截至2021年12月，我国网民规模达10.32亿，互联网普及率达73.0%，网民人均每周上网时长达到28.5个小时。即时通信、网络视频（短视频）等网民使用率超九成，网络新闻、即时搜索、网络购物等行为也在用户使用排行榜名列前茅（中国互联网络信息中心，2022）。这表明在数字化、网络化、智能化为标志的信息技术时代,公众信息接收与数字消费的需求十分强烈。同时,互联网的开放、平权、协作、分享特性也造就了信息传播的新业态。在这一片理想化的公共领域内,低门槛、平权化、高自由度等因素大大激活了"草根"群体以及其他群体的创造与参与活力,也使得网络空间内除了 PGC (Professional-Generated Content,专业生产内容)、OGC(Occupationally-Generated Content,职业生产内容)等内容外,UGC (User-Generated Content,用户生产内容)也广泛分布甚至渐趋成为主流。这种新的转变也为科普社会化协同提供了新的发展可能。

公众参与科普的结构性变化来源于公民受教育程度的不断提高,以及知识习得与知识应用之间存在的偏移,产生了认知的"盈余"。而互联网可以令尽可能多人的自由时间被充分利用、联合,形成一个规模空前巨大的集合体,从而为更为强大的价值创造提供资源禀赋。越来越多的人利用业余时间与他人分享自己的专业知识,在网上帮助陌生人回答他们不懂的问题(周源,2018)。这种行为之下催生了一个特殊群体——"产消合一者"(Prosumer),即生产者(Producer)与消费者(Consumer)的结合体。未来学家艾尔文·托夫勒认为这是一种"可以自行生产所需商品和劳务的消费者,结合了专业生产者和消费者的角色。加入者自发形成分工,通过提问、回答、赞同和分享等行为建立了基本的供求关系"(托夫勒,1983)。

除了专业的科技工作者、专业科技组织在网络平台(如微博、抖音、快手、哔哩哔哩、知乎、分答等原创作品与问答平台)上开通账号进行面向大众的科普之外,以往被单纯视为"消费者"角色的普通公众个人也成为科普内容生产的主体。2017—2019 年,中国科协连续三年举办《典赞·科普中国》评选活动,多位自媒体个人账户上榜,如河森堡、史军等。互联网时代的到来为这些拥有一技之长的个体提供了知识技能的分享平台,"知识付费"的盈利模式应运而生。在互联网经济下,向用户输出有价值的知识内容、服务,不仅可以满足这些草根科普者的自我发展需要,还能够换取劳动报酬(陈莹,2018)。通过高质量科普内容的输出,产消者收获了巨大流量与知名度,在商业平台上,这些数据可进一步转化为现实收益。作为创造者,他们不仅积极创造属于自己的个人价值,凸显了其主体性。同时,这种创造、分享公共资源的行为也具有公共价值。在社会层面,知识生产者群体积极尝试改变社会,蕴含了公民价值(胡泳,2019)。

在信息化高度发展阶段,社会多元主体力量参与科普并形成协同的倾向更为明显。在政策端,早在2014年中国科协发布的《中国科协关于加强科普信息化建设的意见》中提出"要广泛动员社会参与,激发社会机构、企业参与科普信息化建设的积极性,进一步建立完善大联合大协作的科普公共服务机制"。《全民科学素质行动计划纲要实施方案(2016—2020年)》明确表明"引导建设众创、众包、众扶、众筹、分享(以下简称"四众")的科普生态圈,打造科普新格局"(国务院办公厅,2016)。

在实践端,以"众包"为代表的创新机制为多元主体的深度协同提供了可能。"众包"用以指代"将那些原本或以商业合作的形式、由某些特定机构来完成的任务,转交给大量身份各异的、通过互联网召集的潜在参与者来共同完成的行为,经济目的是他们行为的一种指南"(Hammon,2012)。从过程来说,众包模式既可以是横向的(包含多个同时进行的任务,彼此之间互有联系),也可以是纵向的(包含整个任务工序的不同环节),因而对于整个任务而言,既可以达到分散解决的效果,也可节省任务花费的时间和金钱成本,提高工作效率(姜剑锋,郑旭枫,2021)。

众包模式在科普活动领域的应用,即围绕某个科普项目或科普任务,依托网络平台引导各类社会组织或公众通过线上或线下的方式参与其中,共同完成既定科普目标的行为活动(王明,郑念,2021)。众包的运行基于项目与工程之上,因而需要发包方(发布任务的组织或个体)、接包方(自愿承担任务的组织或公众)、众包平台(任务发包与接包的管理系统)和众包规则(项目运营规则和管理方案)等要素(胡昭阳,汤书昆,2015)。一方面,这不同于以往政府购买服务的合作模式,在互联网众包中,发包主体不再局限于政府,任何从事与科普相关活动的组织机构或个人都可以发起众包科普活动。另一方面,承接项目的对象也不局限于有一定规模的科普企业,众包科普的接包方同样可以是具有一定科普素养与相关技能的普通公众、从事与科普相关的专业组织机构或科技工作者。在科普社会化协同领域,科普众包内容宽泛,涉及科普资金筹集、科普创作与设计、科普展教与传播、科普活动策划与组织、科普人才教育与培养、科普研究与开发等多方面。从理论上而言,每项科普工作都可以尝试用项目众包的方式来开展。无疑,这种模式将带来多种好处,这一形式的众包科普可以赋予公众对等的生产地位和广阔的可施展才能的空间,从而为科普内容的产生提供更多途径,有效解决当前科普人才、科普资金匮乏等问题(陈晓莉,2014),进一步提高生产效率。此外,在社会化协同的大环境中开展科普"众包模式",可集合群体智慧,获取新的活力,创造出人民群众更为喜闻乐见的科普内容,也使得公众在参与中学习科学、感受科学(郑宇,2016)。

第三阶段的科普社会化协同模式基于未来社会发展形态而构建,呈现出打破时空限制与泛在化科普协同的典型特性。

首先,现在学界与社会上已经形成一个共识,即将网络社会的公众视为具有高度自由的个体化原子或者节点,并由此形成"个人门户"。这些原子(节点)可以不受限制、广泛游弋于各个网络信息平台,广泛分布于互联网的各个角落、各个层面,随意地和任何群体、组织相结合。这就造就了科普的遍在性,最终个体的分享汇流成整体上的分布式传播(彭兰,2020)。作为一个个节点的网络个体的科学知识、科学技术、科学思想、科学精神的传播与普及会汇聚成一片巨大的科普网络。在未来,可以预见,随着全民科学素质与知识文化水平的提高,更多的公民将会投入科普创作与知识分享之中,科普的版图会逐渐延展至社会的每个角落。

其次,这一阶段我国科普社会化协同还显现出"超时空"的特征,学者林坚依据传播的时空属性将科普分为历时性传播、地域推移和空间跨越三种模式。其中,第二、三阶段对于现阶段的科普传播具有更高的匹配度。"空间跨越模式的要点在于利用电子、信息技术等突破空间传播障碍。"而现代语境下的跨空间传播则指的是"跨空间传播,即利用电子和信息技术所实现的即时性的跨空间传播。5G的发展使数据传输速率提升了100倍,它意味着网络的超级链接能力有了巨大的突破——无时不有、无处不在、万物互联将成为现实",这意味着"超时空化的科普传播"的存在将会更宽泛、更极致。

科普社会化协同的"分布式"布局将在互联网空间中尽情舒展,依照科普影响力形成大小不一的若干节点。例如,以政府机构、龙头型科普企业、强势科研机构以及知名科普博主等在互联网之中的科普节点规模更为庞大,能够衍生出无数节点球形网络,吸引更多节点靠近。而小微企业、普通公众等节点则更加微小。同时,这些节点自由地游弋于各个节点之间,可以实现与任意科普节点的互联互通。

第6章
科普社会化协同生态管理的机制分析

《科普法》明确表示"科普是公益事业""国家支持社会力量兴办科普事业""社会力量兴办科普事业可以按照市场机制运行"。国务院颁布的《全民科学素质行动计划纲要(2021—2035)》中强调要坚持协同推进,各级政府强化组织领导、政策支持、投入保障,激发高校、科研院所、企业、基层组织、科学共同体、社会团体等多元主体活力,激发全民参与积极性,构建政府、社会、市场等协同推进的社会化科普大格局。凡此种种,从法律法规上为科普社会化协同生态的建立提供了制度保障,越来越多的社会力量加入科普实践中,但由于社会力量以多元主体形式存在,各主体间性质不同、目标不同、运作方式不同、参与方式也不同,彼此间欠缺协同,所以无法形成最大效益,无法充分发挥社会力量促进科普的效应(陶春,2012)。因此,研究科普社会化协同生态管理机制就是探究如何通过协同管理更好地实现科普社会化协同。

6.1 协同生态管理机制理论构建

研究科普社会化协同生态管理的机制是全面把握和认识科普社会化协同生态的重中之重。任何一个系统的机制一旦形成就会作用于整个系统自身,使得系统按一定的运行规律存在并发展演化。构建科普社会化协同生态管理的机制模型是深入探究科普社会化协同运行规律的基础,其必要性源于科普社会化协同生态系统的复杂性。科普运行体系协同包括科普组织间协同、组织与传媒协同、传播主体与环境及传播对象间协同,各系统间科普目标协同等,需要通过机制分析掌握整个体系协同的运作原理及过程,以及各部分协同处于系统中的哪一环节,协同效应在系统中是如何产生的,又是如何作用于整个系统的等问题。因此,建构机制模型对掌握科普社会化协同生态的运行机理具有重要意义。

协同管理机制是实现协同管理的核心,也是协同学研究方面的重中之重。孟琦和韩斌(2008)对协同机制的内涵作了详细阐述:机制是指系统内不同要素之间的相互联系、相互作用,这种联系与作用才使得系统以一定的方式运行。从系统的角度出发,机制是系统赖以生存的物质结构、动因和控制方式(寿文池,2014)。机制作为系统演化的内部动力,就是系统内部的一组特殊的约束关系,它通过一定的规则规范系统内部各要素之间以及各要素与系统之间的相互作用、相互联系的形式、原理等。一般认为协同管理机制模型的构建分为协同形成机制、协同实现机制以及协同约束机制,白列湖(2007)在此模型的构建基础上,分析了企业协同管理系统的机制;陶国根(2007)将协同机制分为协同的形成(动因)、协同的实现(过程)以及协同的评价(结果)三个方面构建了社会管理的社会协同机制模型;胡育波(2007)将协同管理过程分为潜在协同和现实协同,潜在协同指企业进行协同前必须预估协同后的价值,包括评估效益、寻找协同空间、探索协同方法,为实现管理协同效应奠定基础,现实协同是实现协同管理的基本途径。

本书将科普社会化协同生态管理机制的组成分为科普社会化协同生态管理的形成机制、实现机制以及约束机制(白列湖,2007)。

6.1.1　协同生态管理的形成机制

(1)目标共识。构建科普社会化协同生态系统的前提是要认识科普社会化协同的目标,只有把握了目标与发展方向,才能围绕该目标设计实现的方式或手段。同时,科普主体也有自身的目标追求,判断各科普主体目标与科普社会化协同目标的关系也是构建科普社会化协同的前提假设。科普的目的在于向公众普及科学知识、倡导科学方法、传播科学思想、弘扬科学精神,提高公众运用"四科"处理实际问题与参与公共事务的能力(陈套,2015)。社会力量参与科普是更好实现科普目的的重要方式,因此科普社会化协同的目标应集中体现在整合社会力量协同开展科普实践。加深公众对于科学的理解,提升公众的科学素养,在整个社会范围内提高科学的信任度,也就意味着为科学进一步提高生产力水平作出贡献。在科普社会化协同体系的建构中,科普主体大致可概括为企业、高校、科研院所、政府、媒体、科技型学会、社会组织、公众等,这些科普主体在系统中处于不同的生态位,也具有不同的性质、功能。通过对其在科普体系中的目标进行分析,在总结归纳各主体实施科普实践的目的后,可发现各主体目的与协同目的的关系。

(2)体制设计。体制设计是从宏观上推进协同管理机制的形成。科普社会化协同生态管理机制的形成需要政府布局政策体系,重视体制环境,在目标共识下,通过建立多元主体、共享共建的理念,综合运用行政管理、政策法规、市场机制等手段和方式聚集社会力量构建科普社会化协同生态。也就是要在科普实践过程中为各类资源的运用、合作、利益协调等方面建立能够超越单一科普主体力量的协同管理体制。

6.1.2 协同生态管理的实现机制

(1)协同机会识别机制。协同机会识别机制就是在科普社会化协同系统中寻找哪些要素、哪些部分可以产生协同。识别协同机会是实施协同的重要突破口,只有及时准确地识别出系统中可能存在的协同机会,围绕这些协同机会采取合适的协同机制,促使协同效应的产生,才能取得协同管理应有的效果。协同机会的识别需要掌握一定的识别条件、识别原则、识别方式等。对于科普社会化协同管理而言,协同机会的识别就是协同的管理方、主导者、协调方在具体的科普实践中发现协同的机会,识别协同机会的核心方法就是通过识别发展中的制约因素或发展瓶颈来发现潜在的协同机会。

(2)要素协同价值预先评估机制。进行协同管理的实质就是为了实现协同效应,使得科普社会化协同系统发挥整体功能从而产生更大的价值,其追求的本质实际就是各要素之间协同会产生的价值。所以对各要素协同价值的预先评估能够预判协同管理将为协同系统带来的效应,并且能够挖掘出协同要素的价值。但需要注意的是评估的并不是在协同过程中各要素的价值,而应该是各要素在协同系统中发挥协同作用的价值。协同价值是相对于协同成本而言的,任何一个协同系统在识别协同机会的基础上进行协同管理的过程中,协同价值和协同成本都是其必然产物。对要素协同价值的预先评估,最终的目的就是为了通过比较协同价值和协同成本的大小来确定协同机会的识别是否正确。如果协同价值远远大于协同成本,则说明该协同机会将带来的实际价值是正向的,也就是说协同机会的识别是正确的,是可以进行的;而如果协同成本大于协同价值,则说明协同机会带来的实际价值是负向的,并不能够产生应有的协同效应。要素协同价值会受到多方面因素的影响,如各要素之间的配合程度、要素之间的互补性、系统内外的环境等。这些在科普社会化协同体系中,就体现为科普主体之间的配合程度、特性互补以及科普环境等。尽管评估要素协同的价值在实际操作中具有很高的难度,但是这一过程应是必不可少的,它对于前述的步骤即协同机会的识别具有良好的反馈作用,同时也对后续各要素之间的整合、沟通交流等有重要意义。

(3)沟通交流机制。良好的沟通交流机制促使协同系统中各子系统以及各要素能够实现协同并促使系统发挥整体功能。实现协同目标最终都要落实到系统中各主体的具体行动方式上,沟通交流机制对于统一各主体之间的思想以及行为方式起到桥梁和纽带的作用。无论是协同机会的识别还是要素协同作用的预估价值,都需要在沟通交流的基础上被系统各主体深入了解、认同并接受,并最终转化为协同系统中的协同行为,才能产生最终的价值与意义。

　　（4）要素整合机制。整合即对事物的结构进行重构并形成新的一体化过程，在科普社会化协同管理过程中，要素整合就是在协同机会识别、要素协同价值预估和沟通交流的基础上，通过综合、联系、交叉、渗透等方式，把不同要素、部分结合为一个协调统一的有机整体从而实现协同管理目标，提高协同系统整体性程度，实现协同效应。在科普社会化协同系统中，要素整合的本质就是对各科普主体具备的功能、资源等进行权衡、选择、协调和配置的过程。整合有利于科普社会化协同系统实现协同目标所需的各种分散功能，也就是在科普社会化协同管理过程中，充分发挥高校、企业、科研院所、政府、媒体、社会组织、公众的功能优势，使得这些主体能够在配合机制的作用下完成系统的协同目标。

　　（5）支配机制。支配机制是指系统在变革阶段，其各子系统或各要素在协同作用下创造序参量，序参量反过来又会支配各子系统或要素的行为方式；在伺服原理下，又强化了序参量本身，从而使整个系统自发地从变革阶段的无序状态走向有序状态，产生新的功能结构。在科普社会化协同系统中可以理解为当科普主体间协同作用达到饱和阶段时，在无法获取突破性协同效应时，根据内外部环境的变化以及各主体拥有的资源，部分要素通过对系统施加影响，在涨落和非线性相干的作用下，形成能够支配系统发展演化的序参量，也就是关键驱动因素，从而促使科普协同系统能够产生整体功能效应。

　　（6）反馈机制。在以上机制发挥作用的基础之上，才能最终实现协同目标，达成"1+1＞2"的整体功能效应。但这并不意味着这种整体功能效应就一定会达成协同系统所追求的协同效应，最后一步是通过反馈机制将最终达成的效果与期望的协同目标进行对比，从而判断是否实现了协同效应。如果没有实现，则需要根据前述的机制环节进行重新考虑，由此最终形成科普社会化协同实现机制的闭环。

6.1.3 协同生态管理的约束机制

约束和控制是保证科普社会化协同机制模型顺利实施的重要保障,也是科普社会化协同管理机制中不可分割的一部分。缺乏约束和控制的协同机制可能会在实施过程中偏离轨道,使得系统演化方向无法控制。在科普社会化协同系统运行中,除了科普主体要素还包括环境要素,如社会经济环境、社会文化环境、社会政策环境等,虽然并非直接参与科普活动,但这些影响因素始终贯穿系统发展全过程,通过对科普主体行为的规范、监督和制约来影响整个协同作用的产生。从科普社会化协同机制形成过程中的约束和实现过程中的约束来看,可以将约束机制划分为制度规范机制和监督约束机制。

(1)制度规范。制度规范是组织在管理过程中借以约束全体组织成员行为,确定办事方法,规定工作程序的各种规章、条例、守则、程序、标准等的总称,其目的是实现组织的目标。在科普社会化协同系统中,制度规范可以理解为促进社会力量参与科普实践的相关政策、法规等,其中既包括激励制度,也包括制约制度。

(2)监督约束。监督约束主要体现在科普社会化协同管理中的实现机制中,通过对前述实现机制的各个环节进行监督约束,保障科普社会化协同作用的产生。约束机制还可以从构建利益相关者的权利约束机制、责任约束机制、利益约束机制出发。保障科普社会化协同系统中的科普质量,需要建立科普质量评估标准、建立科普质量评估的机构平台等。

6.2　科普社会化协同生态管理机制现状

科普社会化协同中,各科普主体作为协同体系的核心要素,具备不同的特性与优势,与环境之间也存在不同的关系,每一种科普主体在科普社会化协同生态管理的形成机制、实现机制及约束机制方面存在不同的表现形式。当前的科普社会化协同总休仍处于发展阶段,以高校、企业、政府、科研院所、社会组织、媒体为代表的科普主体在协同管理机制上存在既有的协同成果,也有尚未涉及之处。目前的科普社会化协同管理体系尚未完善。

6.2.1　高校层面

6.2.1.1　高校科普社会化协同生态管理形成机制

高校科普体系以高校科协为中心,校内多主体联动开展科普工作。高校与社会科普主体的协同受到高校科普体系协同管理机制的牵制,既包括教育体系、政府、上级科协对高校在科普实践方面的体制机制、政策规划、战略部署等的影响,也会基于高校科协及高校其他组织的科普工作规划开展科普社会化协同。

我国的高校数量众多,归属不一。由于不同高校上级管辖部门的不同,对于高校各方面的工作部署也会有所区别,其中必然也包括对高校科普工作的体制规划。目前,我国高校的归属大致可以分为教育部直属高校、其他部属高校、省属高校、省教育部门所属高校、省部共建高校、中国科学院直属高校。高校的管辖部门对于高校科普工作在目标共识以及体制设计上具有宏观把控的作用。

从教育体系上来说,教学育人是教育体系的核心,科普本身就具有教学内涵,教育体系对于高校的科普工作部署通常以指导高校进行的学科类创新计划、学科性指导规划等与学科专业密切相关的体制规划为主,如 2018年 4 月教育部印发的《高等学校人工智能创新行动计划》,以及 2017 年 6 月教育部印发的《普通高等学校健康教育指导纲要》中都明确了高校在其中的科普责任。教育部对高校的科普实践工作的部署集中体现在对其教育资源的利用上,多以鼓励、支持高校将相关的教学、科研资源对外开放以参与公众科普实践为主要政策内容,高度重视学生课堂的科普主渠道作用,同时也强调高校中的学生社团、博物馆、校史馆、图书馆等的多元科普渠道的辅助。从政府体系上来说,营造社会整体科学文化氛围以及提高全体公民科学文化素养是其科普工作部署的核心目标。《全民科学素质行动规划纲要(2021—2035 年)》中明确提出了推进高等教育阶段科学教育和科普工作的要求,从科学教育资源、科学教育人才等方面对科学教育的未来发展进行了一系列规划,尤其还立足于高校的学科建设,提出了推动高等师范院校和综合性大学开设科学教育本科专业的设想,进一步将科普深度融入高校职能,明确高校的科普责任。

高校科协是在所属地上级科协和校党政领导下的科技群团组织,是中国科协在高校的基层组织,是联系科技工作者的重要桥梁和纽带,是发展高校科技事业的重要参谋,是高校科技和教育事业发展的重要组成部分。高校科协一般挂靠于高校的科研部或科技处,业务上接受上级科协组织的指导。

高校科协的主要职能可以分为以下三个方面:① 服务于科技创新的科学发现和技术发明的创造过程;② 服务于科普创新的科学和技术的传播过程;③ 服务于自由与自律探索的原始创造的培育过程(靳萍,2008)。因此,在高校科协的职能定位中,科普就是重要部分。各高校科协在章程上也明确了自身的科普责任,如吉林大学科协工作职责第七条明确指出高校科协要"调动广大师生参与科普活动的积极性,利用学校丰富的科普资源,面向社会开展科学技术教育和普及活动,提高全民科学素质";中国科学技术大学的科协章程中也明确提出高校科协应"依托学校科技教育资源开展科学技术普及,弘扬科学精神,普及科学知识,传播科学思想,倡导科学方法,提高学校师生及社会公众科学素质"。上级科协对于高校科协的工作部署同样属于协同管理的一部分。在 2015 年 1 月发布的《中国科协教育部关于加强高等学校科协工作的意见》中,强调了高校科协开展科学技术普及活动以及加强科学道德的工作任务。高校科协联盟也是推动高校科协协同管理的重要表现形式。中共中央于 2016 年 3 月印发的《科协系统深化改革实施方案》中提出要推动科协组织向高等学校和科研院所延伸,鼓励支持高等学校建立科协,支持大学生参与科协活动,根据需要建立高等学校科协联盟,促进学科交叉融合。这正是从体制层面上对高校科协融入协同机制的布局。高校科协联盟是由各高校科协基于自身发展联合建立的一种战略性联盟(冯立超 等,2018),是协同高校科协发挥更大力量的平台,整合高校科协资源、发挥高校协同效应从而增强高校科协的生命力、延展高校科协发展空间、深化与社会责任的联系。

以上这些章程以及政策正是从目标共识和体制设计上实现对高校科普实践的布局,也就是科普社会化协同管理的形成机制。

6.2.1.2　高校科普社会化协同生态管理实现机制

高校科普工作的主体较多,教学、科研、宣传、学工、院系、学生团体等都是校内参与科普实践的主体,各主体具有不同的科普方式、科普渠道及科普资源,多主体的泛科普在校内外科普实践中协同形成高校科普体系。在校党政统一领导下的各科普主体基于各自优势全方位开展校内外科普实践,这是校内科普协同的基础,同时也是发现社会化协同科普机会的前提。

以吉林大学科协为例,吉林大学科协成立于 2016 年 9 月,由个人会员和团体会员组成,涵盖青年科协、大学生科协、老年科协、部分附属医院的科协组织及校内全部科研人员,是吉林大学最大的群团组织。该校科协整体工作布局包括六个专门委员会,即学术交流专门委员会、决策咨询专门委员会、科学技术普及专门委员会、科技成果转化专门委员会、学术道德专门委员会以及学术期刊发展专门委员会,其中布局了科学技术普及专门委员会,负责科协的科普工作。该校科普工作校内外协同管理主要以科协为核心,协同学工、团委、研究生部等其他主体开展相关工作,如科技活动周中校科协协调统筹国家重点实验室的开放,校博物馆、科技馆、标本馆的对外开放,以及实现与学生科协和学生科技社团的互动链接,体现了高校联合组织体系内部的协同,也为实现科普社会化协同奠定了基础。高校是科学知识的汇聚地,也是科研教学人才的集合处,这些都可以被视为优质的科普资源,科协在其中发挥着整合资源、扩散资源的作用。吉林大学在进行校外科普实践时,校科协也通常作为对接沟通的角色,成为校内科技工作者与社会科普受众链接的纽带。

从沟通交流机制上来说,一方面,与高校密切联系的校外主体,如吉林大学附属医院,通过医疗下乡、医疗到社区、咨询义诊等活动实现社会化科普。同时,其在校科协、科学技术普及专门委员会中也设置了附属医院的成员作为委员,通过校内外组织资源整合实现协同管理。另一方面,在教育部高校定点扶贫政策下,吉林大学对接相应的扶贫点,通过科技下乡、产学研合作、定点扶贫干部培训等方式实现科普资源的社会化扩散。同时,其还协同长春市委市政府构建科技扶贫培训体系,通过发挥政府统筹社会科普需求的优势与高校科普资源优势,这也是协同实现机制中要素整合机制的体现。

6.2.1.3 高校科普社会化协同生态管理约束机制

高校达成科普社会化协同管理过程中也贯穿着一系列约束机制,从制度规范到监督均可见这种约束,具体可以体现在高校对于科普人员的激励机制、高校科普经费的管理、高校科普社会化协同的效果评估等。在当下的高校科普体系中,对科普人员的激励机制的建构仍然还处于探索阶段,大多数高校对于高校教职人员的科普工作并没有涉及相应的评价体系,但仍然也不乏一些开创性的尝试。例如,浙江树人学院在对老师的考核体系中构建了三个部分,分别为教学(占比 70%)、科研(占比 25%)、育人(占比 5%)。其中,科普工作就涵盖在育人部分。东北师范大学也将科普工作划为学校的国家教学实验中心的考核部分,考核实验中心对于社会科普的贡献程度。对于科普经费的管理约束体现在一些科协章程中,如中国科学技术大学的科协章程中明确提出校科协应建立独立的财务账目,执行国家有关财务管理制度,定期向代表大会和委员会报告财务收支情况,并接受会员监督。高校在科普社会化协同效果的评估上基本是在科技部的统一科普工作统计的规划下进行的。目前来说,由于高校参与科普的主体较多,在科普统计口径上无法统一,科普社会化协同效果评估也是未来亟待解决的问题。

6.2.2　企业层面

6.2.2.1　企业科普社会化协同生态管理形成机制

在目标共识达成上,企业充分把握发展方向,围绕科普社会化的开展思考可行性的方式或者手段。企业的实践活动本质是以盈利为目的,似乎与科普事业公益性的性质相违背,但企业依存于社会发展,根植于社会土壤之中,以各种形式参与社会实践活动是企业融入社会环境以促进自身更好发展的必要环节,同时也是履行企业社会责任的方式。总而言之,企业参与科普的动因包括进行产品营销、树立良好的社会形象、履行社会责任、实现与社会的协调发展等。企业科普在满足社会公众获取知识的同时,也在开拓市场,获得经济效益。但从效果来说,企业科普最终的目的仍然是提高公民科学素养,使得企业与社会科普协调发展(康娜,2012),实现企业的经济效益和社会价值。因此,需要推动企业科研、科技成果科普化,繁荣科普创作,产出多种媒介形式的优质科普作品,让企业创新成果走进科普工作。如此才能在把握目标与发展方向的基础上围绕该目标设计如何实现该目标的方式或手段。

企业积极与旅行社、当地政府、企业、高校、成人培训机构多方合作,基于各主体目标共识的一致性,完善科普社会化协同生态管理的形成机制。被誉为"珍珠王国"的浙江欧诗漫集团公司钻研珍珠养殖、珍珠科技等领域已逾半个世纪,其开创性设立欧诗漫珍珠博物院对珍珠文化进行宣传和科普,是企业科普社会化协同生态管理机制成功运用的典型案例之一。欧诗漫与政府基于目标实现方式的一致性开展合作,在珍珠养殖技术的发源地德清县打造欧诗漫珍珠小镇。欧诗漫珍珠小镇基于以科普社会化协同生态系统打造以珍珠文化为主题的特色旅游小镇,年接待游客能力达 30 万人次。欧诗漫通过德清县政协的牵线搭桥与其他相关企业签约合作,为科普社会化协同生态的进一步推进提供良好的契机。在科普社会化协同生态管理的形成机制建立上,欧诗漫协同各方主体的目标,设立省级科普教育基地——欧诗漫珍珠博物院,开展承接接待、青少年研学等工作,面向社会公众实现珍珠文化的科学普惠。

6.2.2.2 企业科普社会化协同生态管理实现机制

对企业自身具备的科普要素和外部科普资源进行充分评估,推进科学社会化实践的开展。企业参与科普实践可以分为企业内部科普和外部科普。企业内部科普的对象是企业内部职员,对职员进行科技教育以及职能培训,以提高企业内部技术创新为主要目的。企业外部科普的对象是社会公众,核心受众一般为企业产品以及服务的消费者,主要科普内容包括与企业产品或服务相关的技术咨询服务等,主要目的是提供更优质的企业售后服务。另外,企业外部科普还存在一种情况,即企业投入一定的资金、人力、物力、技术等支持一般性社会科普,为社会科普活动提供赞助,主要目的是提升企业品牌形象、声誉等(许金立 等,2009)。如此才能充分激发企业内外部活力,大力发展科普产业,大力开发科普产品。

　　企业和科普社会化的良性互动发展,具体体现在科普资源开发、共享、利用等方面,要在把握各要素共性和差异的基础上进行协同和整合,尝试把科普融入企业文化建设。同时,市场化也是不可忽视的重要因素之一。随着公民科学素养的提升,市场化的经营方式能够不断发掘"价值洼地",将科普开发能力投向最有益于科普的具体领域。在此基础上,企业面向市场的科普新产品将不断丰富,数字化、智能化和网络化支撑将更加有力。

　　以重庆植恩药业有限公司(简称"植恩药业")为例,在科普社会化协同生态的管理机制中该企业整合各要素,将科普组织模式进行项目化。由行政部主要负责同志牵头,再由两个人具体负责,每一个部门都有唯一的接口人,在公司内部形成一个项目化运作的组织,以项目化组织和兼职的模式做科普,既实现高效运作,又解决企业专门设置岗位难的问题。植恩药业把科普融入企业文化建设,结合药品企业特点,在茶水间、洗手间设有很多药品常识和日常健康小贴士,包括二十四节气或者在一些重要节日开展养生活动、在用药健康方面增加提醒和指导,并植入整个企业文化。在管理机制项目化的基础上,推进科普产品市场化的进程。植恩药业组建直播队伍,包括创始人和公司各职位人员,在淘宝、天猫、京东、拼多多等平台开放直播,公司还建有自己的直播平台,开展医药知识科普和药品推介。随着科普产业的不断发展,企业和科普结合新业态将不断涌现,协同生态管理的实现机制愈发完善,为保持全域科普生机活力积蓄了强大动力,强化基层社会化科普资源供给,让人人都能享受到普惠的科普服务。

6.2.2.3　企业科普社会化协同生态管理约束机制

　　为了提高企业科普工作管理水平,强化管理机制,加强对科普工作的指导和协调,结合企业科普工作中的组织建设、队伍建设、科普设施管理等方面的实际情况,企业需要制定科普工作管理制度。例如,宁夏共享集团股份有限公司对公司内部的制度规范进行创新,建立了一套创新数字化管理体系,具体包括 16 项制度和 1 个体系手册,分为创新项目、创新成果、知识产权和创新评价四大部分。

企业的监督约束机制通过对前述实现机制的各个环节进行监督约束,保障企业科普社会化协同作用的产生。例如,宁夏嘉禾花语生态农业有限公司提供标准化和规范化的监督约束机制,以保障科普社会化协同作用的产生。宁夏嘉禾花语生态农业有限公司在科普上具有一定的示范引领作用,设有企业科协,内部的相关的制度、组织机制相对健全,充分发挥企业科协组织协调和监督约束的作用。企业科协就是联系企业和政府之间的桥梁,推进宁夏嘉禾花语生态农业有限公司的科普工作面向社会,受到群众的监督。同时,企业开设微信公众号以及短视频账号,在视频发布环节中有公司内部审核机制,确保生产创作内容的科学性和研究性。在制度规范和监督约束的基础上,丰富企业科普内容,创新企业科普形式,共享企业科普资源,助力构建主体多元、手段多样、供给优质、机制有效的全域、全时科学素质建设体系,筑牢科普文化堡垒,以企业的科普实践满足人民日益增长的美好生活需要。

6.2.3　政府层面

6.2.3.1　政府科普社会化协同生态管理形成机制

政府在科普工作中扮演着重要角色,可以从科普的管理者、投入者、科普环境的营造者以及具体实施者(顾万建,2005)方面分析其参与科普的目的。从政府作为科普管理者角度来看,政府参与科普实践是为了对科普实践进行规划、协调以及监督,从宏观把控的角度保证社会科普能够顺利进行;从政府作为科普的投入者角度来看,政府参与科普实践是为了对科普事业所需资源进行规划、协调、投入,为科普事业的顺利进行提供基本保障;从政府作为科普环境的营造者角度来看,政府参与科普实践是为了通过制定相应的法规政策、奖惩机制等,营造有利于科普事业有序健康发展的社会氛围;从政府作为科普的具体实施者角度来看,政府参与科普实践是为了利用自身资源优势、渠道优势、人员优势发挥科普力量。从目标共识方向上来说,政府基于服务人民的性质,参与社会科普自然是以提高公民科学素养为最终目的,主要是为了实现科普的社会效益,实现全社会范围内的科学素养的提升,便于社会治理。

政府作为统筹协调科普工作的角色,对于推进科普社会化协同较多体现于各种政策中。《全民科学素质行动规划纲要(2021—2035年)》以提高全民科学素质为目的,部署全民科普实践,其中明确提出要坚持协同推进,各级政府强化组织领导、政策支持、投入保障,激发高校、科研院所、企业、基层组织、科学共同体、社会团体等多元主体活力,激发全民参与积极性,构建政府、社会、市场等协同推进的社会化科普大格局。各省市政府也积极通过政府规划,明确聚集社会力量构建科普社会化协同的大科普格局,如《上海市科普事业"十三五"规划》中,在总结了上海市科普发展格局的社会化协同缺位的基础上,将"开放联动"设为科普事业发展的基本原则,要求完善科普社会化运作机制,建立健全政府引导、社会参与、共同受益的科普工作模式,提高社会各科普主体共同参与科学普及的积极性和主动性;《天津市"十三五"时期科学技术普及发展规划》制定了科普交流协同行动,旨在形成相关部门共同推进科普工作的合力,广泛动员高校院所、科技型企业、社会公益组织、新闻媒体以及大众参与科普创作与传播,形成全社会协同推进科普的良好格局。

6.2.3.2 政府科普社会化协同生态管理实现机制

从实现机制上来说,政府在推动科普社会化协同的过程中,也通过统筹指导或实践参与实现了一系列具体的科普实践成果。以中国(芜湖)科普产品博览交易会(简称"科博会")为例,科博会是由中国科协与安徽省政府主办、安徽省科协与芜湖市政府承办的国家级展会。科博会截至2022年已经举办了十届,前九届科博会累计有3000多家国内外厂商参展,展示的科普产品达4.3万件,交易额达45亿元,观众达175万人次。2021年10月结束的第十届科博会现场观众达到16.2万人次,交易额高达16.5亿元,再创新高。第十届科博会围绕的中心正是"科普中国"和"科创中国",牢牢把握科技创新、科学普及"两翼齐飞"的新理念。在科普的社会需求日渐高涨的社会背景下,科普产业应运而生,科博会作为科普事业和科普产业共同融入实现社会化协同科普的载体,通过集中展示的形式汇聚了来自世界各地的科普主体,为各地科普受众带来了科普视觉盛宴。

科博会作为在政府指导下创办的科普产业成果展览会,政府在其中发挥着核心协同管理的作用,即充分利用了政府聚集优质科普资源、协调社会科普主体力量的优势。科博会已经成为公益性科普事业和经营性科普产业并举体制的新张力(高瑞敏,张顺,2012)。正是通过政府的集中协调,将科博会视为推动全民科普,才能促进社会化协同科普的契机,并且在组织这一大型活动的过程中,也能强化政府在协同社会力量开展科普活动的组织领导力。以政府为核心主导的活动,在筹办过程中能获得更多的政策支持以及资源保障,从而构建一个高效协同、社会效果显著的科博会。这为激发全民参与科普积极性,构建政府、社会、市场等协同推进的科普社会化大格局奠定了基础。

6.2.3.3 政府科普社会化协同生态管理约束机制

政府在社会化协同科普过程中侧重发挥管理者的角色,在激励机制以及监督约束上发挥着核心作用。其中,具体表现在相关的政策条例以及规划中,国务院印发的《全民科学素质行动规划纲要(2021—2035年)》从宏观上提出了科普的相关激励机制,如鼓励国家科技计划(专项、基金等)项目承担单位和人员,结合科研任务加强科普工作;推动在相关科技奖项评定中列入科普工作指标；推动将科普工作实绩作为科技人员职称评聘条件；将科普工作纳入相关科技创新基地考核；开展科技创新主体、科技创新成果、科普服务评价等，其核心在于将科普视为一种评价指标，认定科普工作的绩效。另外，在机制保障上，强调完善科普工作评估制度；在条件保障上，提出制定科普专业技术职称评定办法，开展评定工作，将科普人才列入各级各类人才奖励和资助计划。

6.2.4　科研院所层面

6.2.4.1　科研院所科普社会化协同生态管理形成机制

科研院所作为科学知识的创新发源地，是社会科普的中坚力量之一。《科普法》也明确提出"科学机构应当组织和支持科学技术工作者开展科普活动，鼓励其结合本职工作进行科普宣传；有条件的，应当向公众开放实验室、陈列室和其他场地、设施，举办讲座和提供咨询"。科普也是科学研究前进的动力，科学事业需要得到公众的理解、认同和支持，才能健康、可持续地发展。而公众对科学事业的支持和理解又会受到自身的科学素质的制约和影响，这就需要通过科普提高公众的科学素养，这也是科研院所参与科普实践的重要目的。同时，科研院所参与科普实践的另一重要目的即为保障公众对科学研究的知情权。只有在对科研院所评估科普社会化协同的目标与发展整体有把握的基础上，才能围绕该目标设计如何实现该目标的方式或手段。科研院所、高校和科技型学会是科学知识的生产者，三者达成目标共识能够为科普内容的生产提供更多的科普知识或者产品。例如，2019年中国公众科学素质促进联合体成立大会在北京举行。在中国科协倡导下，125家具有重要影响的科研院所、企业、媒体、学会、高校等共同发起该联合体，探索中国科普事业新模式，打造社会化科普新引擎。

6.2.4.2 科研院所科普社会化协同生态管理实现机制

科研院所在要素整合机制中,结合自身要素优势,探寻开展科学传播工作的新方式。科研机构的科技人员把科学传播也视为科研工作的重要部分,共同推进科研院所建立一种将科学技术研究开发的新成果及时转化为科学教育、传播与普及资源的机制,助力科研院所科普社会化工作的实施。

以科研院所和天津自然博物馆的科普社会化合作为例,在管理机制上积极进行要素整合,创新发展科普实践。首先,建立联合研究基地或中心,中国科学院古脊椎动物与古人类研究所与天津自然博物馆成立了"中国科学院古脊所—北疆博物院联合研究中心",邀请专家现场定向指导,聘任学术委员会馆外专家组成员,参与高校的教学和社会实践。除此之外,为了提升科研力量,先后又从中国科学院动物研究所等单位引进一批高学历人才。同时,还与高校联合,定向培养人才,如南开大学设立了名师讲堂的特聘导师,天津师范大学相关专业培养了优秀的人类学研究者(马金香,2016),将科研院所的内外部有序协调,以发挥科普社会化协同生态管理机制的最大效力。

上海科研院所积极寻找提升科普社会化能力关键驱动因素,多形式开展科普志愿服务活动。通过公益性科普讲座进校园向重点群体普及科学知识;通过主题科普活动、夏(冬)令营活动、科学探究活动,让青年人感受科学魅力,激发科研热情;通过科技教师交流活动,积极参与科技教育和培训工作;通过科普展览、技术咨询、信息发布和示范活动,进行科技创新成果的公益性宣传,展示科研成果(张鲁宁,郝莹莹,2020)。在伺服原理下,科研院所强化了序参量本身,以取得突破性协同效应。在科普社会化协同生态的反馈机制上,中国科学院西双版纳热带植物园的版纳植物园科学节就从科普活动、科普场馆、科学传播等多个角度为公众,尤其是青少年学生提供了与科学家交流的机会,让他们在了解自然的过程中热爱科学、保护自然(许成启,2016)。根据公众的反馈对活动及时性作出调整,达成"1+1>2"的整体功能效应,最终形成科普社会化协同实现机制的闭环。

6.2.4.3　科研院所科普社会化协同生态管理约束机制

当前,科普社会化工作的监测和评估相对缺乏,对科普的具体效果缺乏及时的反馈和准确的了解,使得科普功效难以得到充分的发挥。科研院所作为科学家和工程技术人员最大的集合体,其科普效果评价指标与方法的研究和探索对于其他行业和组织开展科普工作效果评价具有非常重要的先导性作用和参考价值(刘波 等,2018)。2017 年 12 月中国科学院印发了《关于在我院研究生教育中实施科普活动学分制的通知》,鼓励在校研究生参与科普活动。将科普实践课程设置为人文类公共选修课并实行首席教师负责制,在课程教师的指导下,研究生可自主设计并组织开展各种形式的科普活动。科普实践课程包括科学教育、科普创作和科普活动、志愿服务三类,并规定了具体的课时和学分数。科普活动学分制对中国科学院的科普事业来说,是一项全新的工作,具有示范性和挑战性,不能一蹴而就,需要在推行的过程中不断总结经验教训,以保证这项工作的实施效果(周德进 等,2018)。在通知之前应当制定可以参照和遵循的制度规范,通过对各个环节的监督约束,保障科普社会化协同作用的产生,否则会出现各系统要素脱节和难以落实的情况,无法继续实施开展以取得预期的科普效力。

6.2.5　社会组织层面

6.2.5.1　社会组织科普社会化协同生态管理形成机制

社会组织是指在社会转型阶段由不同社会阶层的公民为了实现特定目的、宗旨等自发成立的,具有非营利性、非政府性以及社会性特征的组织。在中国,社会组织通常是以"协会""学会""商会""研究会"等后缀名称表示的会员制组织或者各种基金会、民办学校等。在中国社会组织政务服务平台中,将社会组织分为社会服务机构、基金会(慈善组织)、全国性公益类社团、全国性学术类社团、全国性行业协会商会等。截至 2022 年,我国注册登记的社会组织已经超过 90 万个,且遍布于各种行业和领域。越来越广泛的社会组织的存在也彰显了社会的多元化以及包容力。

社会组织不同于政府或企业等组织,相应地也就具备一些特征,可将其概括为非官方性、非营利性、独立自治、灵活多元。正是基于这些特征,社会组织在社会发展中承担着重要的社会角色。并且社会组织作为社会的重要组成部分,依存于社会,应当服务于社会发展。国家从政策体系上也大力支持社会组织建立社会责任标准体系,并通过引导社会资源向积极履行社会责任的社会组织倾斜的激励方式鼓励社会组织完备社会责任。相关政策法规对于社会组织的科普责任也作了明确的表述,《全民科学素质行动规划纲要(2021—2035 年)》中的重点工程规划中提到了引导社会组织参与科普的方式,如引导社会组织建立有效的科技资源科普化机制,动员社会组织组建科技志愿服务队,提倡社会组织采取科普资金、资助科普项目等方式支持全民科学素质建设。

在多样化的社会组织中,科技社团作为其中一大类组织,以其科技性、学术性的特点,在科普实践上具有先天的优势。科技社团作为一个非机构化的、接受非职业科学家加入的科学共同体,是社会与科技发展到一定阶段的产物,并且也通过自身特质作用于社会与科技的发展。科技社团柔性的组织体系、丰富的学科领域、多元包容的价值共识等组织优势在助推科技创新发展的同时也对科学普及的发展发挥着重要作用,科技社团作为典型的科普主体,在实现科普社会化协同过程中充分发挥了组织优势。在我国,科技社团隶属于中国科协及其所属地方科协,通常以"学会"命名,大多数全国性学会由中国科协管理,中国科协将全国性学会按照理、工、农、医、交叉学科进行分类。中国科协官网显示,目前全国性学会共有 213 家,其中理科46 家、工科 78 家、农科 16 家、医科 28 家、交叉学科 45 家。

在科普社会化协同生态管理的形成机制方面,需从目标共识以及体制设计上明确科技社团追求科普社会化协同的目标以及作为科普主体的职能定位。从国家级以及省级的相关政策中可以看出,相关机构对科技社团在科普实践中应当发挥的作用提出了明确的要求,如在《中国科学技术协会全国学会组织通则(试行)》中提出全国学会的主要任务包括弘扬科学精神,普及科学知识,推广科学技术,传播科学思想和科学方法,提高全民科学素质。再如江苏省发布的《省政府办公厅关于进一步加强省科协及所属科技社团科技服务职能的意见》中指出需进一步强化科技社团的科技服务职能,其中包括科普基础设施建设、科普传播能力建设、科普产业发展等。聚焦于科技社团本身,组织内的规章制度中也重点突出了科技社团的科普职能。如中国航空学会发布的《中国航空学会事业发展"十四五"规划(2021—2025年)》在学会发展目标中提出了要开创科普工作格局,实现品牌活动科普教育重点突破,并将开创航空科普新局,提高全民航空科学素养水平作为学会的重点工作任务。中国农学会的章程中则规定了学会的业务范围,其中包括开展农业科普教育活动,提高农民科学文化素质。中国药学会每年都会在官网上公布科普工作总结和科普工作计划,已经形成完备的科普制度体系。

6.2.5.2 社会组织科普社会化协同生态管理实现机制

科技社团能够助推科普社会化协同形成的原因就在于其具备的特点。首先是柔性的组织体系。科技社团的形成是依赖于某个特定目标由科技工作者自愿组织建立的,不存在人事上的隶属,不存在强制性,因此科技社团的组织边界是动态的(刘松年 等,2008),这也就奠定了与外界协同的机会。其次是丰富的学科领域。在实践中,隶属于中国科协下的全国学会涵盖理、工、农、医、交叉学科在内的五种学科大类,五大类下则又细分了213个学科,学科的多元性为科普社会化协同生态系统带来的是丰富的科普资源、科普人才资源,并能够在整合链接资源的同时实现要素整合,如中国自然科学博物馆协会秉持着"协同共享,场馆互惠"的宗旨通过整合全国的科技馆、博物馆等科普设施资源实现协同效应。再次是多元包容的价值理念。这不仅促使组织内部形成开放平等的交流机制,促进内部思想交流,也带来了组织与外界沟通交流的机会,如在《中国汽车工程学会章程》中,将贯彻"百花齐放、百家争鸣"的方针作为学会的宗旨之一,在开放包容的氛围中,促进学术交流、思想碰撞,突破局限思维,拓宽与外界沟通交流的渠道。在科技社团的以上特点发挥作用的基础上,科技社团可以实现与各其他科技社团、高校、企业、科研院所、媒体等科普主体的协同机制。中国汽车工程学会与高校合作开展的中国大学生方程式汽车大赛,至今已有十年之余,成为全国标志性的科技赛事。中国药学会以"科海扬帆 梦想起航"为主题的品牌科普活动正是通过走进高校,组建大学生科普志愿服务队的方式实现了与高校科普资源的整合。中国人工智能学会举办的人工智能大会,聚集了包括政府、科研院所、高校、科技企业的领导、专家、科技工作者等多方进行学术思想的碰撞。

6.2.5.3 社会组织科普社会化协同生态管理约束机制

在约束机制方面,各科技社团通过规范化的组织章程以及评估机制等实现在科普社会化协同过程中的约束。从制度规范上,中共中央办公厅2016年印发的《科协系统深化改革实施方案》提出要深化学会治理结构改革,建立负责且可问责的中国现代科技社团,通过《中国科协全国学会组织通则(试行)》指导学会加强组织建设,规范学会组织体系。同时,将科技社团的党建工作作为规范科技社团建设的重要方面,推动科协设立科技社团党工委,通过组织建设加强对科技社团成员的政治引领,从而起到约束规范的作用。

科技社团的评估机制也是实现约束机制的重要组成部分。为贯彻习近平总书记提出的在建立共建共治共享的社会治理格局中发挥社会组织作用的重要指示精神,推动社会组织的自我管理和规范发展,民政部在2021年印发了《全国性社会组织评估管理规定》,其中明确了评估主体的责任、细化

了评估工作程序、加强了评估专家管理、确定了动态监管要求。相关的评估
资料以及评估结果也在中国社会组织政务服务平台上公布。其中,全国学
术类社团的评估指标分为基础条件、内部治理、工作绩效以及社会评价四个
一级指标,也就是对科技社团的评估内容,各社团的评估结果将成为优惠税
收政策制定的依据以及政府职能转移的参考。

6.2.6　媒体层面

6.2.6.1　媒体科普社会化协同生态管理形成机制

媒体整体把握科普社会化协同目标,在对现实水平与期望水平的差距
进行有效评估的基础上充分发挥自身优势,以共享共建的理念进行合理化
的体制设计,实现协同生态管理机制理论构建。在达成目标共识上,媒体从
国家、社会和大众层面协调各方利益,充分发挥新兴媒体作用,构建全媒体
科普传播体系。在国家层面,大众传媒在国家现代化治理中扮演了重要的
角色,网络强国战略、国家大数据战略、"互联网+"行动计划、数字中国建设
等部署为科普社会化管理机制的建构提供政策支持。在社会层面,以移动
化、社交化、可视化为特征的新兴媒体崛起,为科普提供新的传播渠道和方
式,使得科普的影响力渗透到社会生活的方方面面。在公众层面,媒体的发
展让科普的叙事方式更为通俗化、便捷化、多元化,更加益于公众接受和传
播科学知识,新时代科普事业肩负着提高全民科学素质的重任,而媒体为公
众了解科学、认识科学提供、提升科学素质创造机会。在体制设计的实现
上,媒体综合运用各类资源,协调各方利益,聚集社会力量构建科普社会化
协同生态。鉴于传媒经济学中特定区域容纳媒体数量的有限性,媒体在体
制设计中应该充分评估自身优劣势,探索形成资源集约、结构合理、差异发
展、协同高效的全媒体科普传播体系。例如,太仓市科协以新媒体为载体,

重点打造了太仓社区科普直通车(科普 e 站),加强电视、广播、报纸、网络、科普折页、画廊"六位一体"的科普宣传体系建设,开启了信息化科普工作新征程。借力信息化的发展对科普社会化协调生态的引领,服务国家科普事业,探索符合自身特色的传播体系,拓展有效科普受众群体的路径,为构建科普宣传扎根人民群众的实践提供保障。

6.2.6.2 媒体科普社会化协同生态管理实现机制

媒体在协同生态管理的实现机制上,充分考虑内外部因素,使新兴媒体的生产关系有利于生产力发展,实现融媒体部门与科普社会化发展的良性互助。媒体对科普环境、科普人员、科普作品、科普机构、科普受众、科普效果等科普社会化要素进行专业化评估,通过深入分析各要素评估研究的内容、指标及方法,从中发现目前媒体进行科普相关工作的优势与不足,提出完善特定受众的科普媒介需求的可行性方案,以加强社会反馈指标研究的针对性建议。在媒介环境中,新媒体的发展给科普带来了机遇和挑战,信息技术的高速发展投射在媒介领域,造就了独特的新媒体科普景观,传播内容的丰富、传播渠道的多样、传播形式的多元为科普带来了新的可能。《人民日报》《环球时报》等一大批主流媒体开始进行积极的探索,在移动端占据舆论高地,实现科学普惠,丰富科普宣传和媒介实践的形式。

在对受众因素进行评估方面,新媒体环境下的公众参与科学阶段,采用对话模型,有别于传统科普阶段将受众视作被动的、同质的接收者的情况,运用传播学中的"皮下注射理论"和"函化理论"对受众进行单纯的教育灌输(殷梦娇,阮菲,2019)。媒介应当将受众视作异质的、多元的、主体间性的主体,进行差异化的、个性化的科学传播。通过双向交互协同的方式,使公众参与科学知识的生产和普及,共同倡导和运用科学方法、传播和理解科学思想、弘扬科学精神,拉近科技与公众之间的距离,使新媒体成为公众参与科普的场所和平台,也使公众运用媒介成为一个科普的过程,在这一过程中真正提高公众的科学素养和价值追求。

在沟通交流机制上,媒体以丰富的实践经验,借助通俗化、便捷化和多元化的叙事手法,占据科普高地。特别是对于价值理念等隐性知识的转移、学习和吸收,科普主体和新媒体双方应在知识协同中建立透明化的机制设计,尽量避免知识转移中的机会主义行为和衍生成本,提高双方的发展效益(陶春,2013)。例如,微信公众号"知识分子"就是借助自身传播特性与科技传播融合,利用新媒体的优势,搭建一个开放的平台,有效借力信息化对经济社会发展的引领作用,优质科学家社群资源支撑起"知识分子"关于科学知识的专业权威判断,辅以经过专业学习的科学记者保证传播力(张一弛,2019)。媒介以深入浅出、通俗易懂的方式进行科学普及,充分发挥新兴媒体的放大、叠加、倍增作用,构建系统化的科普社会化协同生态管理机制。

媒体在要素整合机制上对科普资源等进行权衡、选择、协调和配置,以实现科普社会化效益的最大化。例如,新疆阿勒泰地区持续强化"科普＋融媒体"协作,充分发挥了主流媒体与自有平台的优势。2020年,阿勒泰充分发挥媒体在科普社会化协同生态中的主要作用,搭建起"科普＋地区广播电视台""科普＋阿勒泰日报社"等主流媒体科普信息化方阵,开创了"科普＋公共场所"播放站点平台宣传工作模式,为科普注入新的活力。

6.2.6.3 媒体科普社会化协同生态管理约束机制

新媒体环境下媒体科普水平参差不齐,科普社会化协同生态管理的约束机制亟待进一步加强。随着以抖音为代表的短视频平台的出现,科普主体开拓了新的传播渠道、创新出了与以往不同的表达方式。例如,"科普中国""地球村讲解员"等账号活跃在媒体平台,传播科学知识,加速科普社会化协同生态的建构。然而,由于新媒体环境下媒介把关的不足,一些自媒体科普水平欠缺,其中包含了部分伪科普和虚假信息,带来了一定危害。有一些虚假的科普信息,需要官方不断地辟谣,提供科学权威的信息。因此,在媒体的科普社会化协同生态管理机制的制度规范上,媒介应履行信息内容管理主体责任,加强自身科普知识发布和传播管理,健全科普知识生产、审核、发布等管理制度,明确具有相关专业背景的科普知识编辑与审核人员,常规性审查本机构发布知识的科学性、准确性和适用性。制作、发布和传播的科普信息应由相应领域的专家进行编写与审核,符合有关要求。媒体亟须发挥在科技领域的宣传渠道和阵地作用,打造科普类新兴媒体的航母,实现科普宣传的权威性、专业化和可控性。媒体要始终坚持"导向为魂、移动优先、内容为王、创新为要"的标准,实现传统媒体和新兴媒体在科学普及上的优势互补。以"高标准、严要求、规范化"的原则,扩大科普传播的声量抵达受众之所在,打通科学普及和服务人民群众的"最后一公里"。

6.3　科普社会化协同生态管理机制问题分析

6.3.1　科普社会化协同生态管理反馈机制匮乏

纵观科普主体在整个协同生态管理机制的运行中,反馈机制的匮乏表现得尤为明显。反馈机制作为协同生态管理机制中的最后一环,也是促使整个协同系统形成闭环的重要环节,缺乏反馈机制可能会导致协同无法达成"1+1>2"的理想效果。而当前的科普社会化协同生态管理并没有高度重视反馈机制,主要体现在以下两个方面。

一方面体现在科普实践的体制规划或法律政策上,即没有明确表示如何对科普社会化协同效果进行评价。当前的科普评估体系停留于单维度的效果评估,其评价指标通常体现为某一科普实践行为的具体传播效果,如一场科普讲座吸引了多少人,一个科普账号拥有多少粉丝数等,并没有站在社会化协同的角度去构建能够评估各主体之间协同效果的指标。《科普法》规定各级科协是科普工作的主要社会力量,支持有关社会组织和企业事业单位开展科普活动,协助政府制定科普工作规划,为政府科普工作决策提供建议。从政府层面来看,涉及科普工作的部门复杂且繁多,新闻出版与广播电视等主管部门、科技主管部门、教育主管部门、农业农村主管部门、卫生健康主管部门、自然资源和生态环境主管部门、林业主管部门等均与科普工作密不可分。在《科普法》的修订过程中,建立各级科协与政府多部门间的协同关系已迫在眉睫(汤书昆 等,2022)。

另一方面体现在仅仅关注科普受众即消费者的反馈,而忽略了整个协同体系间各科普主体之间的相互反馈,以及科普环境的变化所表现出来的反馈。在社会化科普协同中,科普受众即科普协同生态中的"消费者"的反馈可以通过问卷调查、访谈等形式完成,而科普主体之间的协同工作效果的反馈则亟须建立顺畅的沟通渠道,只有实时掌握协作者的科普工作进度,才能更好地实现协同效应,科普环境同样是协同体系中的关键要素,及时关注科普环境的变化也是反馈的重要实现方式。

6.3.2　科普社会化协同生态管理未在法律层面强调

科普是全社会的共同任务,国家机关、武装力量、社会团体、企业事业单位、农村基层组织及其他组织应当开展科普工作,公民有参与科普活动的权利。然而,在当前的科普社会化协同生态,以及在法律的制定和实施过程中,科学普及和科技创新同等重要的地位未能得到充分落实,科学普及的战略地位未能在实践中得到体现。例如,《科普法》缺少对科研机构、高等学校、企事业单位、社会组织、科技工作者进行科普工作的激励和保障性条款,这不仅制约科技工作者进行科普的积极性,还可能助长"科普工作是不务正业"的想法(刘钰媛,2022)。为了改变这种不平等的局面,需要在相关法律修订中切实提高科普站位,在理念上顺应时代发展步伐和国家发展新要求,把科普社会化战略以法律制度形式落地。同时,当前科普法治体系的统一性较为欠缺,需要将《科普法》与《全民科学素质行动规划纲要(2021—2035

年)》等结合起来,形成制度化、长效化的科普政策法规体系,系统推进大科普战略,推动科普事业高质量发展(王挺,2021)。把科普社会化协同生态的整体性和协调性注入法律的内容中形成新的闭环。

由于科普社会化协同生态的管理机制存在较大的不确定性,有关部门需要在法律法规层面加以规范化约束。伴随着科技的进步和社会的发展,科学普及的内涵、要素和作用机制发生了重大变化,我国面临的科普形势与以往存在很大不同,科普工作面临新要求、新挑战。《科普法》作为我国第一部关于科普的法律,是我国科普事业发展史上的里程碑,但仍然有许多局限性。例如,在时间维度上,由于《科普法》颁布至今已有 20 年,滞后于当今科普实践的进程,对很多层出不穷的新问题和新情况无法进行及时调整,对一些已有行为法律的有关规定也因年代久远而显得不合时宜;在内容维度上,未涉及科普社会化协同生态的管理机制的相关内容;在执行维度上,由于缺乏具体实施细则等配套政策,法律的操作性和落地性存在欠缺,如缺少部分在实践中已发挥重要作用的主体,即自媒体人、个体从业者等,缺少对不同类型主体之间责任性质的区分,以及对各主体间协同联动的鼓励政策。随着社会的进步和科普社会化协同生态的发展,科普相关法律法规在科普的功能定位、科普的内容、科普主体责任、科普渠道、价值引领等方面都有进行修订的必要性。在科普的功能定位上,法律涉及的科普定位不仅指一般意义上的科学技术知识的传播和扩散,还包括怎样理解科学方法、科学精神、科学技术对社会的影响。在科普的内容上,重心从普及科学知识转移至弘扬科学精神,突出科学精神的引领作用,在法律规范下充分发挥能动性,提高公众获知新兴科学技术和进展的能力。在科普主体责任上,目前已经出台的科普法律法规未能处理好软规范与硬规范关系问题,缺少对于不同主体的科普责任的规定,应在原则上区分不同性质的科普主体,明确其不同的责任义务,制定不同的奖惩机制。在科普渠道上,新时代依法开展科普工作时,应顺应时代发展,运用先进信息技术,借助互联网、新媒体等传播手段,创新科普方式方法,满足公众科普需求。因此,为了进一步增强相关法律的规范成效,应从标准化的角度制定科普社会化协同生态的管理机制相关法律法规,克服科普实施过程中的局限性。

6.4　科普社会化协同生态管理机制发展建议

6.4.1　开展常态化科普协同效果评估,构建系统化反馈机制

　　企业、高校、科研院所、科技型学会等科技创新主体是最重要的科普主体,对这几类科技创新主体开展常态化科普协同效果评价将是形成科普社会化协同格局的重要抓手。应确立科普评价机制和激励机制,落实《国家科学技术奖励条例实施细则》,制定配套的科学技术普及奖励政策。从促进高校科普角度来说,亟须打破高校仅重视科研教学成果的评价体系,将科普视为高校育人的重要方面,考虑将科普工作绩效纳入高校教职工职称评定体系中,以及纳入学生综合素质测评体系中。从促进企业科普的角度来说,亟须制定针对企业科普工作成果导入系统的认定与评分体系,对于科普工作组织得力、科普服务行之有效的企业,政府需在高新技术企业认定体系中纳入科普正向评价指标及权重,用政策红利牵引其开展科普工作;对科普工作开展不力、科普效果较差的企业,政府需在高新技术企业认定与裁汰机制中设定相应的评价和反馈机制。

　　对于科普社会化协同生态中反馈机制的构建应强调系统化,科普主体在进行科普实践规划时应该提前设立反馈清单,且应当提供反馈的角色中既要包括消费者,也要包括其他科普主体,反馈清单中的指标体系需以反馈者的视角进行构建。同时,还需要建立科普环境变化监测体系,从科普环境的变化中识别科普效果反馈。

6.4.2　完善科普相关法律法规，制定科普资源共享实施细则

　　科普社会化是提高全民科学素质，激发全民创新热情和创造活力的重要途径。在各类科普主体共享科普资源实施细则制定的过程中，要深刻理解开展科普立法的重大意义，全面贯彻落实党中央关于科普工作的决策部署，紧扣法律法规，补短板强弱项，推动科普工作迈上新台阶。随着科技进步和时代发展，科学普及主体日趋多元化，社会化协同"大科普"格局日益形成（刘钰媛，2022）。在此新局面下，现行法律法规中与科普主体认定和规范相关的内容在一定程度上落后于科普事业的发展。因此，亟须完善科普相关法律法规，为科普社会化协同生态管理机制的发展进行规范和提供指引。

　　在各类科普主体共享科普资源法律法规执行的过程中，要明确主体责任。科普主体既有政府、媒体，又包括企业以及个人主体等，主体间的差异性决定了主体责任内容难以公约，需要具体权衡主体身份、科普内容、经费来源与规模等因素综合判定行为的合理性（魏露露，2022）。法律法规的制定和执行要坚持问题导向、准确把握执法检查工作重点，紧扣法规条文、紧盯突出问题、紧贴一线工作开展检查。要加强协调联动，强化组织领导、深入总结分析、加强宣传引导、改进方式方法，切实提升执法检查实效，以促进科普工作在推动经济社会发展、科技强国建设中发挥作用；及时总结科普工作的经验和成果，提出有针对性的意见和建议，助力解决科普工作中的难点、堵点问题。同时，加大科普法律法规宣传力度，营造执法、守法的良好法治环境，为加快推进科普社会化协同生态管理机制高质量发展提供法治保障。

　　铸牢"科普之翼"需要与时俱进，制定科普资源共享实施细则有助于推动科普资源和服务共建共享。充分发挥科普社会化协同生态管理机制的作用，通过共享科普资源增强各主体科普能力，最大化利用科普资源，为公众的科普需求提供平台。政府对科普资源优化给予在顶层设计层面上的大力

支持,加强政策的制定完善工作,明确各类科普主体的职责和要求;其他科普主体对资源优化起到推动技术创新和拓展传播渠道等作用,进一步发挥其科普价值引领作用,延伸扩大科普良好的社会效应,不断构建优质科普资源的共享机制,有效服务全民科学文化素质提升。各类科普主体可通过线上、线下相结合的方式向公众开放科普场所,从而建设成一批有特色的行业科普教育基地(汤书昆 等,2022)。推动各主体在业务交流、资源共享、活动开展、宣传推广等多个科普领域全面深化战略合作,在科技教育、科技竞赛、创客教育、科普讲座、科普资源开发、展品展项研发等方面互鉴共享。科普资源共享实施细则的制定将推动科普事业发展,确保科普资源社会效益最大化,共同提升公众科学素质,形成强大的工作合力,为科普社会化协同生态建设注入新动能。

第 7 章
中国科普社会化协同生态的当代实践与跃迁展望

7.1　科普服务协同创新的当代实践

7.1.1　中国科学院西双版纳热带植物园

7.1.1.1　基本信息

中国科学院西双版纳热带植物园（以下简称"版纳植物园"）创立于 1959 年，属于中国科学院直属事业单位，包括 2 个中国科学院重点实验室①、3 个野外台站②、园林园艺部、科普旅游部等支撑系统及业务部门，在热带植物资源的开发、利用和保护研究等方面成果丰硕。

版纳植物园是一个集科学研究、物种补充和科普教育于一体的综合性植物园。从科普内容层面来看，版纳植物园主要科普内容包括生态学和植

---

① 分别为中国科学院热带森林生态学重点实验室、中国科学院热带植物资源可持续利用重点实验室。
② 分别为中国科学院西双版纳热带雨林生态系统研究站、中国科学院哀牢山森林生态系统研究站、西双版纳热带植物园元江干热河谷生态站。

物学相关的科学知识;从科普基础设施层面来看,植物园建有 1 支近 20 人的专业科普队伍,在科普活动中,与植物园的生态学、植物学的研究课题组近 300 名科研人员和研究生合作,共同为科普提供内容生产动力。

7.1.1.2 主要做法

在科普活动开展与科普知识生产方面,以版纳植物园的"植物园＋青年科学节"为例。2020 年 11 月,以"遇见植物"为主题的首届中国科学院核心植物园青年科学节暨版纳植物园第五届青年科学节开幕,版纳植物园与华南植物园、武汉植物园合作,充分依托中国科学院三大核心植物园在物种保育、资源植物学、保护生物学等方面的研究成果,共同策划、协同启动"遇见植物"主题的青年科学节活动。从科普资源来看,版纳植物园立足于中国科学院昆明分院优质的科学传播资源,与华南植物园、武汉植物园合作开展科普内容的生产,科学节活动邀请所内的科研人员参与,将前沿科技成果转化为科普故事并向公众进行宣讲。

在科普基础设施建设方面,中国科学院昆明分院(以下简称"昆明分院")联合云南省科协、云南省科技馆合作推动"农村中学科技馆"建设,昆明分院、云南省科协提供科普内容与科学课程设计经验,云南省科技馆提供科普基础设施设计及建设经验,农村中学提供场地,多方合作推动中小学生科普基地网络建设。例如,2018 年 12 月,在昆明分院与酒井乡中心小学双向合作,昆明分院提供资金、前沿科学知识,在酒井乡中心小学(九年制)建设"农村中学科技馆",目前已成为该校初中学生物理课程教学重要场地、酒井乡科普活动重要基地。

在中小学生科普成效提升方面,版纳植物园联合各中小学,以中小学科学教师为中介,通过对中小学科学教师进行理论与实践培训,实现对中小学生科学教育效果的提升。针对全国中小学教师,版纳植物园开展科学教育和自然教育培训班,通过理论与实践相结合的模式培养科学教师的科学思维和科学教育方法。在培训安排上,首先利用校园、植物园和野外等不同教育场域,结合正规教育、非正规教育以及非正式教育,以实例体验的形式让学员了解如何重构科学教育,了解重新设计的科学课。让科学教师亲身体验自然教育活动与科学探究活动,提取有用的科学教育方法,让科学课变得更有趣味性和探究性。其次,利用常用的评估方法,了解如何增强教育活动的效果。最后,学员根据所学内容,分组重新设计本学校所用科学课教材内的课程,并进行课程方案分享与投票比拼,以展现和巩固所学内容,便于回到工作岗位后可直接把设计的方案试用在教学中。

7.1.2 南京航空航天大学科学技术协会

7.1.2.1 基本信息

南京航空航天大学科学技术协会(以下简称"南航科协")隶属于南京航空航天大学(以下简称"南航"),属于高校科协队列。1989 年 11 月,南航成立独立建制的科协机构——南航科协;2002 年,南航科协从学校科技部独立,成为学校独立设立的处级单位。南航科协通过联合校内各单位,利用校内优秀科普资源,与省市各级科协、高校、高新技术企业等合作建立科普联合体,打造校内合作、校外协作的多元主体协同科普新模式,举办科技志愿服务活动和科技文化活动,向公众进行前沿科学知识的普及。

7.1.2.2 相关做法

(1) 打通校内科普人才与阵地资源

南航科协立足南航航空航天领域的知识、人才、科学装置等优质的科普资源,积极响应中国科协号召,成立了全国高校首批"科技志愿服务队",发挥科技志愿者科普服务优势,组织开展航空航天场馆讲解、航模节活动讲解、创新基地重点实验室讲解、面向中小学生科普讲解等活动,通过科技活动周、开放实验室、科技进社区等品牌活动进行科普。2020 年 5 月,南航科协航模队入选全国首批十个"优秀科技志愿服务队",也是当年全国高校和江苏省唯一入选的服务队。

校内资源联动,开展航空航天科普宣传周。2021 年全国科普日期间,南航科协开展"航空航天科学传播周"。活动由南航科协策划并实施,科协作为组织者联合相关学院负责人,组织实验室研究人员、专家学者、科技志愿服务队面向校内师生进行科普。科普内容包括航空航天的前沿理论知识、各类新型飞行器的设计与制作理论知识、航空航天发展史等。航空航天科学传播周期间开放校内多所实验室与科普场所,包括机械结构力学及控制国家重点实验室、直升机旋翼动力学国家级重点实验室、直升机传动技术国家级重点实验室及南京市航空航大博物馆等。校内师生可以在实验室中体验沉浸式模拟飞行活动,体验 A320 维修仿真软件,了解飞机维护、修理及生产所需的技术、工艺及数据管理等排故流程;可以在学校观看"飞豹杯"航模节的比赛,了解航模知识。

多领域科学家开展科普活动。"问天"科学讲坛是南航 60 周年校庆之际创办的科普讲坛。讲坛邀请不同领域的中国工程院、中国科学院院士等杰出科学家,以全校师生为对象,普及航空航天领域的前沿科学知识、先进的科学理念与科学思想,引导南航的科研工作者探索前沿航空航天科学技术,引导学生关注航空航天事业的发展。截至 2021 年 6 月,已举办 196 场次,科学讲坛所述内容包括叶培建院士关于深空探测的科普内容,张祖勋院士关于信息化时代的测量内容,龚惠兴院士关于空间红外天文观测技术相关内容,李应红院士关于等离子体冲击波流动控制与表面强化相关内容,赵淳生院士关于创新创业相关感悟,戚发轫院士关于中国航天发展的知识,樊邦奎院士关于人工智能和无人机发展的看法等,后期编制出版了《问天科学讲坛(2010—2017)》《问天科学》等系列丛书。

航空特色科技创新成果科普化。2011 年,南航校科协联合校科研院、国家级学会成立航空特色科技创新基地,基地立足于"科技创新与科学普及同等重要"的原则,南航科协作为科技创新基地平台,设立"基地基金项目",

在校师生可申请校科协联合科研院发布的"基地基金项目",项目包括创意创新、技术创新和技术验证研究等类别。学生在进行科技创新的同时,积极探索科技资源科普化模式,将项目研究的科学知识与产生的科技成果向公众进行科普。

（2）积极探索校外协作模式

南航科协与各级科协、中小学、企业等合作,利用学校航空航天专业特色,充分发挥科协独特的组织协调和多元主体动员作用,形成了以南航科协为抓手,社会多元主体共同参与科普的新模式。

南航科协与中学合作开展科普活动。南航科协围绕青少年群体,与各省市中学合作,开展面向中学的航模课程培训,推出高校科学营、中学生英才计划、航空航天夏令营等活动。南航科协通过多种方式开展科普活动。第一,举办航空航天大赛。南航科协与中小学合作,利用实践科普的模式向中小学生开展科普,中小学生在航空航天大赛中可以通过参与航空航天科普知识、航空法则竞答活动、航模组装活动了解航空航天知识与法则。第二,研发科普教育课程。南航科协提供前沿科学知识与科学教育课程设计框架,中小学提供资金和场地,利用南航优质的科普人才资源向中小学生进行科普。第三,建立科普联合体。2019年5月,南航成立江苏省首个航空特色科普联合体,南航与科协、企业合作,开发研学路线,中小学生可以参与研学活动,进入南航相关科学教育基地,了解一线科研人员的科技成果与科学设施。第四,建立航空特色科普基地。2022年南航与南京师范大学附属中学合作,挂牌建立"航空特色科普基地",还与中学合作开设科学课程,结合学校招生工作,定点开展科普服务工作,激发学生学习兴趣与科研兴趣,提升学生的创新意识和科学素养,培养具有科学意识、科研能力、前沿科技视野的优秀青少年人才。第五,举办"飞豹杯"航模科技节。"飞豹杯"航模科技节始创于2009年。航模科技节由南航发起,中航工业第一飞机设计院赞助,参加人员包括江苏省多个中小学学生和高等院校学生,学生可以通过实践的方式参与航模模型展览、航模知识讲座、航空知识竞赛、航模飞行比赛等科普活动。活动中会展示航模器材、讲述航空航天故事、进行航模飞行表演。

与企业等社会组织合作搭建科普平台。南航科协搭建学术交流平台，联合省市科协、各类学会、企业等社会力量向公众进行科学普及与科学教育活动，2020 年全国科普日期间，由南航科协、中国航空学会直升机分会主办，江苏省国际科技交流与合作中心、江苏省航空航天学会协办，中国科协云平台、江苏省科协海智云平台共同支持推出了 6 期系列学术品牌活动——"中国直升机适存讲坛"，讲坛邀请国内外直升机及相关技术领域的专家、学者、科研管理人员于每月 10 日、20 日、30 日开展专题科普讲座，面向国内外直升机科研人员、使用人员、学生与兴趣爱好者进行科普。2022年，南航科协联合北京邮电大学、上海交通大学、北京空间飞行控制中心开展以"空间机械臂技术"为主题的系列报告会，丰富学术交流内涵。南航科协注重联系媒体进行科普活动和高端科普品牌的媒体宣传，建立了"南航学术交流"和"南航航模队"公众号，向公众传播科学知识。在"问天"科学论坛、中国直升机适存讲坛、航空航天科学传播周等活动举办期间，南航科协通过微信公众号、微博号、微视频等新媒体平台与传统编辑出版相结合的形式，多向度拓展了社会影响力，使得品牌形成了广泛的社会共识度。

7.1.3　科普中国

7.1.3.1　基本信息

科普中国是中国科协为适应新时代科普信息化于 2014 年新建立的品牌，旨在以科普内容建设为重点，将科普信息化发展与传统科普深度融合，以传播受众的关注度、满意度为核心评估指标，充分利用互联网社会多元传播主体提供协同化服务。

7.1.3.2　相关做法

（1）与超 100 所高校联合开展科学辟谣行动。2019 年 8 月 30 日，科普中国正式推出"科学辟谣平台"。平台由中国科协、国家卫生健康委员会、应急管理部、国家市场监督管理总局协作共同推出，其目的就是动员各种社会力量，共同开展辟谣防护工作。中国科协与政府、科学共同体进行信息的筛选与传播，利用科普中国等新媒介形式发布科学信息。在科普内容生产层面，科学辟谣平台生产的科普内容由政府组织与科学共同体共同决定并把关，中国科协协同国家卫生健康委员会、应急管理部、国家市场监督管理总局等部门作为政府组织进行背书，科学家、学者、专家学者联合形成科学共同体进行科学知识的产出。在科普内容分发层面，科学辟谣平台协同科普中国平台、微信公众号、微博号、抖音号等新媒体平台进行内容分发。

2021 年 3 月，科普中国与新浪微博牵头，并联合中国科协科普部、中央网信办举报中心、工信部新闻宣传中心等政府部门与中国科学院、北京大学、南开大学、北京航空航天大学、中国疾控中心等科研机构举办了"100＋高校科学辟谣联合行动"，发布科学辟谣月榜，形成专榜 24 期，旨在通过互联网等新媒介形式发动高校学生参与科学辟谣与科普活动，提升高校学生以及广大青少年的网络安全和科学素养，增强网络谣言防护能力，共同营造清朗的网络空间。截至 2021 年 3 月 19 日，全网用户突破 560 万，总传播量超过 23 亿次。

（2）联合创作科普内容。在 2022 年北京冬奥会期间，科普中国以向公众传播冬奥知识为中心，联合高校、学会、地方科协、媒体等主体，向大众普及前沿冰雪科技知识，展示我国冰雪科技领域的最新成果，传播内容包括物理、力学、气象、医学等多个领域。其还联合中国气象学会、中国纺织工程学会等科技社团共同出品了《科技冬奥》系列科普短片；联合北京服装学院、北京交通大学、国家雪车雪橇中心的专家向公众科普冬奥会运动服的高科技材料、气象检测技术、制冰技术等。冬奥科普内容在 10 家省市级电视台和

5 家广电新媒体进行推广,覆盖全国及海外华人超 3 亿人次(见表 7.1)。

表 7.1　科普中国内容及合作机构、平台

科普内容	物理、力学、气象、医学等多个领域
合作媒体	《人民日报》、新华网等权威媒体; 各省市级电视台等传统媒体; 西瓜视频、咪咕视频、快手、腾讯视频等互联网平台媒体
合作机构	北京市科协、黑龙江科协、广西科协、内蒙古科协等地方科协; 中国纺织工程学会、中国气象学会等科技社团; 北京服装学院、北京交通大学风洞实验室、北京冬奥延庆赛区国家雪车雪橇中心等高校和科研机构

　　2022 年 4 月 16 日,神舟十三号乘组返回地球,4 月 24 日是第七个中国航天日。科普中国联合中国科学院等科研院所、中国航天集团等高新技术企业,利用央视新闻、光明网等权威媒体,《科技日报》《中国青年报》等纸质媒体,网易、快手、搜狐视频等互联网平台媒体举办科普活动,向全体公民普及航天知识,策划制作科普短视频及图文作品 106 个,包括《up 主讲解神舟十三号如何返回》《强军路上国之重器十年巡礼》《青春献给中国航天》等不同主题风格的专业科普短视频内容,发起《去太空,探求真知》等系列直播活动 13 场,总传播量超 7 亿次。

7.1.4　广东科学中心

7.1.4.1　基本信息

　　广东科学中心是广东省委、省政府投资兴建的大型公益性科普基地,于 2008 年 9 月建成并开放。广东科学中心作为政府投资、社会捐赠、中心自

营的非营利组织,服务于广东省"科教兴粤"战略和"文化大省"战略,具有弘扬科学精神、普及科学知识、传播科学知识与科学方法等功能。广东科学中心展区包括科普教育常设展区、科技成果展示区、科技影院、开放实验室和科学广场等展示项目,建立至今获得"全国科普教育基地""全国科普教育先进集体""国际创意科学传播奖"等荣誉。

7.1.4.2 相关做法

广东科学中心在科普活动设计、展馆内容规划设计、项目运营等多个方面的工作均由多方力量协同参与。

(1) 在科普活动设计方面,由出资方和科普机构的项目组成员确定项目工作目标和基本要求。在此基础上,由研究机构的项目组成员提出可展示的知识点和展示大纲,科普机构项目组成员参与讨论、把握科学知识是否符合科普展示原则,并负责确定经多轮讨论修改的初步方案,再经过专家研讨会、出资单位审核等程序,由科普机构整合得到体验馆的最终内容规划方案。

(2) 在创意概念设计和初步设计方面,以科普机构项目成员为主,出资方和研究机构项目组成员进行多专业合作提供协助,由科普机构整合并进行创意设计和初步设计。例如,低碳科普体验馆项目的"碳排放权交易游戏"展项让参与者体验碳排放权交易的过程,展示的内容具有很强的专业性和实践性。为了保证游戏准确反映碳排放权交易真实过程,安排已经组织过多次中学生碳排放权模拟交易的广州碳排放权交易所的专家参与游戏规则制定讨论会,并与科技馆策展人员和电脑游戏开发人员共同实施头脑风暴,顺利拿出创意设计。新能源汽车体验馆的"激光雷达测距"展项,项目策划人员与展品设计人员通过参与体验最先进的无人驾驶汽车,并与车企工程师共同讨论,碰撞出激光雷达的展示体验创意。

(3) 在项目运营方面,广东科学中心由政府投资,运转资金来自政府、行业协会、捐赠者、受益人、社会公众和媒体等,探索出"一体两环"的发展模式(江敏,2014)。"一体"指的是科学中心要作为一个整体进行发展,树立良好的公益科普教育和服务社会品牌。"两环"指的是基本功能环和扩展功能环。基本功能环的主要作用是丰富科普展览、开展科普活动、深化科普教育等,充分发挥公益科普的作用;扩展功能环的主要作用是为与科技有关的会议、展览、培训、活动等提供合作和延伸服务,开展增进观众快乐科学体验的有关活动等。

广东科学中心联合广东省发改委、广东省科技厅、广汽集团新能源部门合作共建"新能源汽车科普体验馆",于 2019 年建成并开放,场馆面积近2400 平方米,分为"环保使命""绿色动力""车联天下""广东在行动""气候实验室""地球发烧了""低碳生活吧"七个展区和一个"低碳工作坊"教育活动区。展馆把国家战略、产业发展、企业创新和科学知识有机融合,为广大公众提供一个集低碳新能源科普教育、汽车科技展示和汽车文明传播的公益平台,向公众普及新能源科学知识,增强公众低碳出行的环保意识。

在新能源汽车飞速发展的今天,广东科学中心与广汽集团新能源部门合作,广汽集团提供技术支持,展示最新的科研成果,反映前沿科学技术对公众的影响力。公众在场馆内可以看见最新的电池技术,包括电池的串联并联原理、电动机工作原理、动力集成原理等。场馆通过新能源+互联网的形式展示,公众可以获得沉浸式科普体验。广东科学中心提供项目、建设和运营,企业提供科学指导、项目经费,双方合作可以为广大公众提供一个集低碳新能源科普教育、汽车科技展示和汽车文明传播的公益平台,向公众普及新能源科学知识,增强公众低碳出行的环保意识。

广东科学中心与社区、山区、学校、企业、科技团体和新闻媒体等组织合作,拓宽传播渠道,面向学校、社区、农村开展长期性、群众性的形式多样的科普教育活动,包括常设展馆、临时展览、科普电影、巡回展览、科普实验、科普报告、学术交流等。广东科学中心联合广东省科技馆研究会、中小学开展"馆校结合"活动。2021 年 5 月 10 日,广东科学中心与广州大学附属中学馆校合作签约,合作项目包括"科学中心走进校园"和"中小学校走进科学中心"双向行动。在合作内容上包括共建科普育人平台和培育科普教育团队,双方共同开发校外课程、设计课本课程和举办科普活动,促进青少年科学素质教育提升与科普场馆科普教育水平提升。

广东科学中心与高新技术企业、实验室等科研院所合作,搭建科普资源平台,设计并开展了小谷围科学讲坛、科学之夜等科普项目。

设立小谷围科学讲坛。广东科学中心与《南方都市报》于2009年合作,共同主办"小谷围科学讲坛"。小谷围科学讲坛定位为大型的、纯公益性质的免费科普系列讲座,邀请诺贝尔化学奖获得者夏普莱斯教授、日本第一航天人毛利卫博士和中国科学院院士、华中农业大学教授张启发等国内外科学家进行科学传播工作,向公众传播科学知识和科学思想。自2020年后,广东科学中心联合新媒体平台进行线上线下相结合的科普活动,通过腾讯映目平台、快互动直播、广东科普、广东科学中心视频号、抖音号、微博号等进行网络直播,小谷围科学讲坛成为华南地区具有一定影响力的科学讲坛品牌。

举办科学之夜特色活动。科学之夜是广东科学中心自2017年推出的一项科技活动周特色活动,也是广州市支持番禺区科技活动周"一区一品牌"亮点项目。2022年5月科学之夜活动,广东科学中心联合小鹏汽车、科大讯飞、大疆等高新技术企业,以"走进科技、迈向未来"为主题,活动以全体公众为受众,特别是青少年群体,使他们了解和感受虚拟现实、航空航天、编程等科学知识,认识到科技对发展经济和美好生活的引领作用,激发公众的科学兴趣和创新热情。

7.1.5　歌斐颂巧克力小镇

7.1.5.1　基本信息

Afición是歌斐颂巧克力小镇集团有限公司(以下简称"歌斐颂小镇")

与瑞士公司合作引进的巧克力品牌。歌斐颂小镇位于浙江省嘉善大云省级旅游度假区,打造了"一心四区、九个项目"的总体规划,即歌斐颂巧克力制造中心、瑞士小镇体验区(含歌斐颂市政厅、歌斐颂会议中心、瑞士小镇风情街)、浪漫婚庆区(含歌斐颂婚庆庄园、玫瑰庄园)、儿童游乐体验区、休闲农业观光区(含可可森林、蓝莓观光园)。歌斐颂小镇项目于 2011 年立项,2014 年正式投产开园,总投资 9 亿元,占地面积为 28.6 公顷(286000 平方米)。

7.1.5.2　相关做法

(1) 园区内科普

歌斐颂小镇利用企业自身在巧克力领域的专业优势,打造园区内企业协同科普模式。小镇打造实体展示空间,实现生产研发、展示体验、营销推广、文化游乐和休闲度假功能一体融合。

利用生产线进行科普。歌斐颂小镇建成并开辟巧克力生产线游览廊道,探索工厂科普新模式,生产线即参观线,将实物与文字相结合,对原料进行配图解释,设备按照展示的角度进行陈列,将知识性高、趣味性低的科普内容,转变为动画、漫画等轻松诙谐的方式,以贴近小朋友的语言风格展示科普内容,重视对小朋友科普形式的创新。游客在游览过程中可以了解巧克力生产的工艺流程,实现科普目的。

利用实验室进行科普。2017 年歌斐颂小镇与中国热带农业科学院香料饮料研究所合作,建立中国可可创新研究中心,研究员在实验室实现"科技创新"与"科学普及"两个层面的公共服务功能,可可创新研究中心既能解决可可产业创新发展技术问题,也能通过实验室科普的形式完成科学教育。中心建有可可森林,通过实物展示、人员讲解等方式向游客科普巧克力的相关知识,实现其科普功能,实践"科技创新+科学普及"的新模式。

文化与旅游融合进行有机科普。从企业发展角度出发,歌斐颂小镇立足于家庭文创型旅游,与儿童中心合作,包括向游客讲解植物自然教育的知识,与妇联联合的家庭教育,科普营养元素、健康膳食纤维的食品教育,以及向青少年进行体验式科普教育。这些场馆产品在给游客带来休闲娱乐的同时,也在发挥其商业展销价值。游客也是消费者,歌斐颂小镇通过向游客进行产品展示的方式来实现销售量的提高。

（2）区域协同科普

区域科普是指在一个地区或区域提供科普服务。歌斐颂小镇围绕巧克力文化主题,充分发挥企业端在科普社会化中的资金、人员、平台等优势,与地方科协合作建立巧克力甜蜜小镇科协,与中小学合作建立科普实践基地,打造多元主体协同科普的新模式,实现区域科普协同化发展。

成立甜蜜小镇科协。2018 年全国科普日,歌斐颂小镇整合嘉善县科协、企业自身资源成立甜蜜小镇科协,承接国家研学旅行政策的切口,发展特色工业旅游,形成旅游和产业双轮驱动的经营模式,促进"旅游＋工业＋展销"三位一体协调发展。2019 年,歌斐颂小镇被认定为"浙江省中小学生研学实践教育基地"。

建立研学实践教育基地。歌斐颂小镇倚靠嘉善县科协资源,参与长三角科普护照活动①,上海市、浙江省、江苏省的学生可通过"长三角科普护照活动"参与歌斐颂小镇研学,研学基地设计包括理论课、实践课和游览课等多种研学形式,形成集学习、实践、游玩于一体的科普教育体系,以更加系统的方式来进行科普教育活动,并根据受众需求设计有针对性的讲解词。2018 年,歌斐颂小镇成为上海市教委在浙江省命名的首批上海市学生社会实践基地、上海市民终身学习体验基地。

---

① 长三角科普护照活动是嘉善县科协与青浦和吴江两地合作,利用长三角科普教育优势,共同打造的明星科普活动品牌。

7.1.6　科技小院模式

7.1.6.1　基本情况

科技小院(Science and Technology Backyard)是一种发端于中国基层的科普实践模式。它产生于"三农"发展的三个现实需要。

一是广大农民对科技人员的需要。由于对前沿科学知识与先进农业科技的获取、习得、应用与推广等多层面存在的阻碍,加之农业生产实践中实际问题存在极大差异性,广大农民急需科技人员在知识普及、技术示范及实际问题解决上的引导与辅助。

二是农业生产与产业发展对科学技术的需要。在新技术持续更迭与社会进步的相互作用之下,农村地区信息传播的低效、技术应用的滞后已经严重限制了农业的生产实践与产业发展。农村地区急需新型技术的介入,以驱动农业产业的创新发展,满足广大农民对于美好生活的渴求与广大乡村对于经济振兴的期盼。

三是广大农村地区对于热爱农业、有情怀的农业人才的培养需要。近年来,随着我国农业技术与农业管理水平的不断提高,农村基层地区对于具备一定理论知识、具备较强的解决农业生产实践问题的科技人才的需要不断增加。为解决适应区域农业的针对性、长期性需求,能够长期躬身于基层从事科技服务复合型人才尤为重要,也因此产生了科技人才具备农业情怀、农业关怀的内在需要。

在科学研究、科技推广以及人才培养与农村农业实践的长期脱节的背景下,催生了"科技小院"这一基层农业推广实践模式。

2009 年,中国农业大学资源与环境学院依托曲周县中国农业大学高产高效技术示范基地,建立了扎根于农村一线的"科技小院"基层科普服务模式。中国农业大学教授、中国农村专业技术协会副理事长张福锁将初期形态的科技小院界定为：科技人员长驻农业生产一线，进行科学研究、人才培养、社会服务的综合平台，并称之为"科技小院 1.0 模式"。

2018 年 11 月，由全国涉农院校、科研院所、各省级农技协以及各地科技小院自愿组成的中国农技协科技小院联盟于广西南宁成立，并开始在全国各地复制这一模式，由此开启科技小院建制化的发展步伐。科技小院的官方界定也更迭为：新时代农业科研、科技服务与人才培养有机融合，助推农业产业发展和乡村振兴的有效模式（中国农村专业技术协会，2020）。截至 2022 年 5 月 26 日，科技小院联盟官网数据显示，我国黑龙江、辽宁、河南、湖北、江苏、福建、广东、四川以及新疆等地已累计成立了 314 个科技小院。

7.1.6.2　主要做法

（1）多方力量与多元主体参与

科技小院在其模式构建之初就吸引了多元主体的参与，在科技小院建制化发展时代，参与性主体的多元性与丰富度更为明显。现有科技小院的建设与发展中主要涉及以下主体与功能。

① 科协主体。作为科技工作者集结的科技社团，中国科协自身的专业性与官方性质，为科技小院建设与农业技术服务提供了官方背书。此外，作为国家推动科学技术事业发展的重要力量与实际科普工作推动的社会主要力量，中国科协还在制定基层产业发展、基层科普相关规划，出台相关政策等方面发挥重要作用。省级科协是中国科协在省级行政单位开展工作的主要抓手。在科技小院建设发展中，一方面省级科协需要为创建科技小院提供资金保障；另一方面，省级科协需要根据产业发展方向和依托单位需求，组织各级科协、农技协、涉农院校、科研院所、技术推广机构等共建单位共同派驻专家、科技人员，组成专家团队，指导科技小院常驻研究生开展工作。

② 高校主体。高校在科技小院服务模式中发挥着人才供给的重要角

色,为科技小院不断输送高校专业硕士研究生生源与研究生导师。研究生在导师和专家团队的指导下开展学习与实践,一是以地方产业为服务对象,每天观察作物生长情况,并进行相应记录存档;二是根据观察中发现的问题,结合生产模式的创新、推广高产、优质技术,在田间地头实际操作、反复检验,取得经验,结合生产,培训农民,实现新技术的示范、推广、应用,达到增产与优质、增收与环保有效统一。

③ 在地主体。依托单位由地方龙头企业与合作社组成。作为地方特色农业产业发展基地,依托单位需要具备优势产业与行业引领地位,有一定的生产资料、运行经费以及项目经费,并为科技小院提供物质支持,包括食宿场所、实验场所以及交通支持等。

此外,在科技小院的建设与发展中,还需要农业农村厅揹提供政策项目支持。农业科学院的科研人员作为研究生校外导师与兼职导师,还需提供智力支持与技术支持。

(2) 多元诉求中科普的有机嵌入

既往的科普实践一般认为,在科学家、公民、科研人员和从业人员等多个角色之间创造共同点是一种挑战和现实困境。在科技小院的模式中,多元主体的多元诉求和多元目标达成了有机平衡。在此基础上,科学普及与农业技术推广也成为其中的重要一环。"科技小院"脱胎于农业生产的实践需要,其最根本的诉求在于农业问题和农村发展问题的解决,解决农业问题的需要也为农业技术研究提供了实践样本。在"前科技小院"时代,中国农业大学便与河北省邯郸市曲周县产生关联。早在 1973 年,周恩来总理提出"北方干旱半干旱地区水资源合理开发利用"的科研任务;同年 8 月 15 日,中国农业大学(时为北京农业大学)应邯郸地委邀请组建盐碱土改良研究组来到黑龙港地区上游涝洼碱地中心的曲周县,经过初步的考察,确定在这里展开"利用改造咸水,综合治理旱涝碱咸"的科研。盐碱地治理的最终指向是服务于曲周县的农业发展,为粮食生产提供物质基础。

在科技小院服务模式中,异质性的主体产生了异质性需要,多元诉求与利益平衡(见图 7.1)为这一服务模式的长期可持续提供了可能性。在乡村振兴的战略性需求之下,科技创新服务于农业生产技术,科技人才培养服务于科技创新与技术推广的人力需要,科学普及与技术推广作为将前沿农业科技从科学家向广大农民转化的过程,成为连接技术研发与技术应用的关键环节,并嵌入"科技小院"服务模式之中。

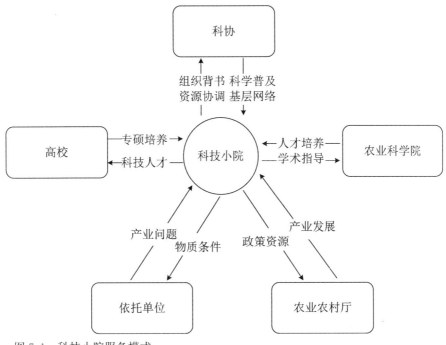

图 7.1　科技小院服务模式

7.2　科普社会化协同生态的展望

科普社会化协同生态的发展,必然与一定时期的社会政治、经济、文化环境产生关联。在我国的社会发展历史实践中,关于科普的认识从传统"科学知识、科学精神、科学方法、科学历史"的普及发展到泛在化的社会"大科普"阶段,关于科普社会化的认识从传统政府主导的科普事业为主转化为科普产业成为科普市场的主导力量,认识的演化形成了当前特殊的科普社会化协同生态。在未来的科普实践中,随着科技创新水平的发展,科学普及观念逐渐转变为泛在化的全社会、全产业、全媒体共同参与的"大科普"形态,政府科普工作思路转变为弱化政府主体作用,以市场为主导科普事业向科普产业转变的方式。科普社会化协同生态也将面临着新环境、出现新现象,这对科普社会化协同生态提出了新要求与新问题。

7.2.1　新环境

在全球博弈中,国家科普能力成为软实力。当前,我国发展处于重要战略机遇期,国内外形势正在发生深刻复杂变化,科技创新是保持国家实力和创新活力的重要源泉,全球围绕原创性科学研究和技术创新的封锁与反封锁、垄断与反垄断、脱钩与反脱钩逐渐展开,并成为大国竞争的"新常态"。作为经济社会发展的重要引擎,科技创新已成为各国竞争发展的主战场,科学创新深刻影响着社会生活,伴随着科技创新中的知识流动、技术扩散与创新要素的转移,科学创新过程中蕴含的科学精神、科学方法、科学伦理深刻影响人们的思维方式、生活方式与观念形成。社会环境的变化促使科普需求的产生,科学普及则将科学方法、科学知识、科学精神转化为公众能够理解的知识、思想、文化,公民更加能够理解科学,科技创新与科学普及作为创新的一体两面,二者价值链条不断融合。随着人类社会加速向知识社会转变,超越意识形态和社会制度的科普国际交流合作广泛开展,科学普及已逐步成为展现国家科技和文化软实力的重要载体,科学普及在提升全球科学共识、应对全球性挑战、推进全球可持续发展和人类命运共同体建设等方面的作用日趋重要(高宏斌 等,2021),科普逐渐转化成为创新生态系统构建中的一种软实力。

风险社会催生科普需求深化与快速转变。1986年,德国社会学家贝克提出"风险社会"的概念,随着社会的发展,人们对风险问题的争论不断向深层次扩展,如何规避、减少以及分担风险是个人、组织、国家以及社会维持存续与发展必须解决的首要问题(杨雪冬,2004)。科学普及通过对全社会公民科学文化价值观、科学知识体系理解能力、科技知识应用能力的培养,提高全社会公民的科学素养与综合能力,提升社会的抗风险能力。风险社会催生出的科普需求不断深化,对于技术风险的科普需求包括对于技术的复杂化和技术应用的不确定性的认知,科学技术的快速发展,提升了技术的复杂性,而对科学技术对应的科普能力的需求也不断深化。例如,在生物科学领域,基因技术的快速发展导致基因编辑问题频出,公众由于缺乏对技术的了解会产生大量"谣言"问题,由此产生了大量关于生物科学知识的科普需求。在互联网领域,"网络暴力""谣言"等网络技术风险产生于网络用户间的交互行为,公众对于社会转型过程中风险的无序释放缺乏了解是催生网络风险等现实动因。从社会风险来看,2020年,新冠疫情蔓延全球,全球各国在进行病毒防控、协同治理的同时,在抗击疫情的第二战场——舆论场,各类谣言传播、舆情问题的出现更是对全球科普工作的一次突击大考,推动了科普需求的进一步演化。

从科普需求端来看,随着社会经济的发展,人民对于科普的热情日渐高涨,传统科普的灌输式科普模式已演变为全民参与的"大科普"格局。国家创新能力依赖于国家公民整体科学素养的提升,技术的快速更迭和社会的快速发展催生科普的深化,科普需求面临新的拓展形势,因此坚持全民参与的"大科普"与"科学普及和科技创新共同发展"十分重要。从供给端来看,中国社会经济正加速步入高质量发展阶段,科技创新产出大量的科技成果,亟须将前沿的科技成果向科普资源转化,通过全社会的"大科普"提升公众的科学素养,进一步促进科技创新能力的提升。

7.2.2　新现象

在科普社会化协同生态的新时代,本着"科技创新与科学普及同等重要"的基本原则,科普成为全社会的共同责任,成为各行各业、各个部门的共同工作。全社会"大科普"的格局日益显现,出现了全社会、全产业、全媒体"大科普"的新现象。

社会科普氛围逐步提升。自《科普法》《全民科学素质行动计划纲要(2021—2035 年)》颁布实施以来,科普工作取得显著成效,表现为:大众传媒科技传播能力大幅提高,科普信息化水平显著提升;科普基础设施迅速发展,现代科技馆体系初步建成;科普人才队伍不断壮大;科普国际化实现新突破;建立以科普法为核心的政策法规体系;构建国家、省、市、县四级组织实施体系,探索出"党的领导、政府推动、全民参与、社会协同、开放合作"的公民科学素质建设模式,公民科学素质水平大幅提升,2020 年具备科学素质的比例达到 10.56%,进入了创新型国家行列(全国政协科普课题组,2021)。在科普社会化协同生态演变中,公民的科普理念由过去被动地接受科学知识、了解科学方法演变为主动树立科学观念、培养科学精神,整个社会呈现出对科普的热情,全民科普成为一种价值观在社会中传播推广,公民了解科学成为公众理性思维和行动的自觉逻辑。科普服务均等化将逐步实现,不同地区、不同人群的公民主动参与科普服务,公民和科技工作者作为科普社会化协同生态中的生产者和消费者互相切换,社会总体呈现出崇尚科普、崇尚科技创新的氛围。

科普需求充分激发,科普服务市场主导。公众对于科普理念的认识,对于科学普及与科技创新关系的认知,有助于引发公众主要寻求科普信息的行为,从而将既往公众隐性的科普需求充分激发,使之转变为显性的科普需要。与之相适应的前景广阔的科普服务市场的出现,并随之要求市场主导科普市场的发展,成为科普市场发展的决定性力量。自 2002 年《科普法》颁布以来,规定"科普是公益事业,是社会主义物质文明和精神文明建设的重要内容。发展科普事业是国家的长期任务",明确了政府要承担起发展科普事业的主要责任。政府每年在科普领域投入的人力、物力、财力有序增长,但依然无法满足人民日益增长的物质文化需要,必须调动政府组织以外的其他社会力量共同参与。政府通过立法、减税等机制鼓励科普主体探索科普事业与科普产业融合发展的有效路径,提倡科普事业向科普产业转化,利用市场调节科普产业的发展以满足公众精神文明需求和提升公众科学文化素质的需求。科普社会化协同生态逐渐演变成科普事业向科普产业转变,政府主导向市场主导转变,达到公益性科普事业与经营性科普产业并举发展,共同推动科普社会化繁荣发展的新现象。

媒介技术的高度发展引发科普变革。21 世纪以来,知识经济时代的到来和全球化的快速发展推动媒介从移动互联网时代向智能媒体时代跃迁,媒介技术的变化带来信息传播方式的变化、科普对象存在形式的变化。技术可以被定义为人为了满足需求而强加于自然的改造(吴国盛,2008)。从信息技术发展的角度来看,技术的快速发展致使信息的存在方式、传播方式都发生了改变。信息的载体变为"0/1",信息存储介质变为了"云空间",传播行为也逐渐演变为赛博空间的链接行为,媒介不再是信息的载体。媒介技术拉近了媒介与肉身的关系,媒介环境成为人的"生存环境",技术与人的关系愈发紧密,成为"身体的延伸"。从社会发展的层面来看,第五代移动通信技术、社会化媒体应用技术、互联网技术、大数据处理及存储技术、云计算技术等为媒介的智能化提供了基本的技术铺垫,而人工智能技术、物联网技术等为媒介的智能化提供了新的动力,区块链、元宇宙等泛媒介化的概念不断涌现,出现了"万物皆媒""人机合一""自我进化"的新趋势(彭兰,2016)。环境的变化导致信息传播方式的变化,而科普信息传播的格局也发生改变,我们的身体也越来越多地投向媒介,将媒介的呈现内容和呈现方式默认为我们自己身体的感知(芮必峰,孙爽,2020)。科普的传播渠道逐渐数字化,传播方式的变化引发传播的形式与内容发生改变,新的科普协同化生态中科普内容的生产者更多借力新媒介的形式,利用新媒体的优势,打造一个更先进、更开放、更具有时代特征的科普平台,获得更好的科学传播效果。例如,中国科协构建的科普中国平台,聚合政府部门、高校、企业、媒体、公众等多元主体。新媒介平台的建立,使得科学团体及科研工作者等科普内容生产者可以实时发布科学信息向公众进行科普,迅速通过平台获取科普消费者的反馈并予以解释,科普消费者科学知识获取成本降低,公众也可以参与科学传播的讨论过程,在交流中发表意见、提出观点。就科普社会化生产者而言,不仅仅是科学精英、政府机构,"草根"也成为科普内容生产的重要参与者。

麦克卢汉曾提出"媒介即讯息",新媒介的出现预示着社会的变革,从媒介发展史的角度来看,每一次新兴媒体的出现都会导致社会的变化,造就基于媒介形态的"社会人"。从"电视人"到"低头族"再到"互联网原住民",随着元宇宙技术与元宇宙媒介环境的出现,新一代的技术使用与规训者将成为"元宇宙原住民",互联网时代逐渐向元宇宙时代演化。元宇宙是一个虚拟与现实高度互通且由闭环经济体构造的开源平台,具有四大核心特征:第一,与现实世界的同步性与高拟真度;第二,开源开放与创新创造;第三,永续发展;第四,拥有闭环运行的经济系统。元宇宙通过沉浸感、参与度、永续性等特性的升级,激发多元主体采用诸多独立工具、平台、基础设施、各主体间的协同协议等来支持其运行与发展。元宇宙时代的媒介形态将为科学普及的未来应用场景和表现形态增添无穷的想象力与实践空间。从应用场景来看,在元宇宙中,科普消费者的存在方式逐渐转向数字化和虚拟化,科普消费者通过数字替身的方式进入元宇宙中,元宇宙中的场景可以由科普内容生产者和消费者共同决定,场景的最终目标是基于特定场景提供信息或服务。在元宇宙科普中,科普内容的生产者可以依据消费者的需求主动切换场景,科普内容的消费者可以通过碎片化的时间、自身所处的情境自由切换视角与内容,以达到更好的科普效果。从表现形态来看,元宇宙科普给予科学普及活动更多的可能性,由于元宇宙与现实世界高度的仿真性,可以在元宇宙中建立元宇宙科普基础设施,将单一信息化的科普资源转变为元宇宙式的科普资源。现实世界由于时间和空间的阻碍,科普消费者无法亲身参与,但在元宇宙中,可以通过场景切换迅速进入并参与科普活动。科普内容也可以与元宇宙环境相匹配,通过数字建模、人工智能等方式获得现实世界无法满足的科普需求,如火灾科普、疫情科普、核泄漏科普等。

7.2.3 新要求

基于社会科普氛围逐步提升、科普事业向科普产业不断演化、媒介技术高度发展引发科普场景从要素型、线性化、条块状的社会跃迁转变为融合化、交互型、协同性的"新生态"。《全民科学素质行动规划纲要(2021—2035年)》,从生产者层面来说,需要深化科普供给侧结构性改革,提高供给效能,推动科普内容、形式和手段等创新提升,提高科普的知识含量,满足全社会对高质量科普的需求。从分解者层面来说,需要通过科技资源科普化工程、科普信息化提升工程、科普基础设施工程、基层科普能力提升工程、科学素质国家交流合作工程五项重点工程的开展,构建主体多元、手段多样、供给优质、机制有效的全域、全时科学素质建设体系。从消费者层面来说,应激发公众参与科普活动的热情,构建政府、社会、市场等协同推进的社会化科普大格局。

(1) 对生产者的要求。科普社会化协同生态中的生产者是指具有科普信息生产职能的主体。生产者具体包括高校、企业、科研机构等科技创新主体与公民科学传播者。科普社会化协同生态演化中要求生产者从观念到行为层面进行彻底的变革。在科普观念层面,首先,生产者要以"科技创新与科学普及同等重要"为基本原则,在相同的要素基础和主体格局下,把科学普及摆在与科技创新同等重要的位置;其次,顺应社会发展规律,将传统科普观念转变为全民参与的社会化"大科普"观念;最后,明确未来科普市场将起主导性作用,优先发展具有社会需求的科普产业。在科普能力层面,生产者角色泛化,所有参与前沿科技创新的主体都应具备科技资源科普化的能力。在科技知识科普化层面,进行科技创新的主体都期望投身于科普实践活动,将科学知识顺应社会的媒介环境进行科普转化。科普生产者需要解决的问题是科学普及与高质量发展相匹配的问题,以及科普创新发展的难题,要求普及在满足大众普遍认知需求的基础上实现个性化发展。第一,研究科普社会化的内容、形式、渠道,在科普信息化的背景下适应媒介变化;第二,常态监测公众科普需求的内容、形式、目的和变化,探索如何引导和激发人民群众的科普需求,让群众有更多的科普获得感;第三,探索公众与科普社会化协同生态系统生产者与分解者的供给机制,促进科普服务供给与公众需求有效耦合,保障科普服务供给的精准性和公平性;第四,探索如何更好地推进科普事业与科普产业并举,更好地满足公众科普需求。

　　(2)对分解者的要求。科普社会化协同生态的分解者是指将科学知识分解再通过适当的方式进行科普,分解者的主要职能包括进行科学普及和提供科普相关服务。在社会"大科普"的格局下,社会要求科普者具有全媒介的转化能力,要求科普服务与科普需求精准链接。在新生态中,对于分解者的要求包括科普人才培养、科普基础设施建设、科普渠道搭建与科普方式推广优化。在科学普及层面,新阶段下的科普社会化协同生态要求分解者具备专业或习得一定的科普能力,包括科普理念、科普方法与科普伦理,具备科普产品的全媒介形式转化能力。在科普服务层面,社会"大科普"的格局下要求分解者提供科普实际的基本方法,面向市场培训专业的科普人才,基于政府工作提供基础性科普服务需要。首先,接受系统性科普能力培训成为未来专业科普者的必要性通道。从我国当前的科普实践来看,大量的科技人员进行科学普及之时,并未经过专业的科普能力训练,缺乏对基本的科普方法的了解,也缺乏对形而上学层面的科普理论的了解和对科普伦理与道德的认识。市场主导下科普需求的满足,要求科普者所具备的技能能够满足市场模式下的科普需要。因此,科普能力的专业训练是未来科普人员与当前科普人员之间存在的显著差异。其次,未来社会媒介形态的多样化,要求科普人员具备将某一形式的科普知识转变为任一其他媒介形式的能力。媒介形式的特性往往与一定的受众群体相关联,传播渠道的多元建设有助于形成媒体矩阵以尽可能最大化扩展媒介渠道,而媒介载体的不同,对媒介内容的呈现形式提出了不同的要求。例如,视频化的呈现方式可以在未来仅仅针对某一部分群体,年轻的受众群将向更为新颖的媒介平台迁移,因此视频内容的二维呈现就有可能需要向多维度,甚至沉浸式转化。再次,面对科普市场的人才需要,专业科普人才培养需要在高等教育体系中得到体现。在以信息化、智能化为基本特征的新科普环境中,科普市场需要多元化、层次化的科普人才。高校不仅作为连接社会需要与人才培养的桥梁,同时也作为科普社会化协同生态的分解者,承担着系统化、批量化培养科普人才时期作为分解者重要的角色功能。不仅如此,在多元化的科普人才市场需求下,需要将科普人才进一步细分,包括科普研究人才、科普创作人才、科学教育人才、科普管理人才等不同培养方向。最后,政府需要发挥基本的科普服务功能。政府作为撬动社会多元力量的中介,面对市场需要营造良好的科普产业发展环境。面对科技创新主体,需要引导形成科技资源科普化的良性机制。面对公众,在应对如公共突发事件时,政府需要紧急调动资源进行应急科普。此外,面对科普服务的结构性不均衡,政府还要通过政策或行政措施,引导科普资源向薄弱地区与重点人群倾斜。

(3)对消费者的要求。科普社会化协同生态的消费者一般是指科普知识传递末端的所有公民。在社会大科普的环境中,科普内容的消费者逐渐转变为科普内容的生产者,观念与角色发生的变化也导向理念与行动层面的变化。从理念层面来看,应树立社会"大科普"的意识,坚持"科技创新与科学普及是实现创新发展的两翼"的原则,相信市场在科普活动中占主导作用。从行动层面来看,在社会"大科普"的氛围下,科普基础设施建设完善,公民科学素养显著提高,全社会积极参与科普,消费者与生产者之间的界限逐渐模糊并开始相互转换,消费者可从各类信息化平台中积极主动获取信息,参与到科普内容的传播和科普服务的提升中。在产生社会变动与社会风险时,主动寻求信息,降低自身环境的不确定性。

7.2.4 新问题

在以新冠疫情为代表的突发公共卫生事件中,科普之于人的全面发展、社会治理体系与治理能力现代化、服务创新发展的功能受到了空前的挑战,科普服务人类命运共同体建设的价值使命得到充分体现(全国政协科普课题组,2021)。当代中国科普社会化协同生态系统的构建中,我们仅仅思考了中国的国内实践,而《全民科学素质行动规划纲要(2021—2035 年)》中提出要令科学素质行动建设服务于构建人类命运共同体,如何在科普社会化的中国实践中形成对外开放的新格局,将科普作为深化科技人文交流、增进文明互鉴的重要桥梁,使中国人民的科学素质建设成为全球示范并融入人类科技文明的发展进程之中,是未来科普社会化协同生态发展与科普社会化实践需要进一步思考的方向。

第8章
中国科普社会化协同的评价理论

　　科普理论的要义在于为科普实践提供理论指导工具,而科普实践的发展又将为科普理论研究提供源源不断的动力与研究素材。应当说,科普理论与实践作为我国科学素养建设的一体两面,二者不可偏废。本书在对科普社会化协同的理论进行探讨之外,还尝试在科普实践层面,对以科技创新主体为代表的社会力量进行科普试点评估,尝试发现科技创新主体介入国家总体科普能力建设以及科普社会化协同生态建设过程中呈现出的基本现状与典型问题,并阐发相关思考。

　　中共中央办公厅、国务院办公厅印发的《关于新时代进一步加强科学技术普及工作的意见》中,明确了以各级党委和政府为代表的八类主体的科普责任。其中,科技创新主体作为具有科技创新能力、聚集前沿科学技术资源的创新群体,在科普社会化协同生态中肩负着前沿、高端科技资源科普化的职责。在社会化、多元化主体加入我国科普能力协同建设的过程中,科技创新主体在外部规定性(法律与社会责任)与内部规定性(科技前沿性与科技资源聚集性)中均应成为科普能力建设的先锋力量,并在科技创新主体与社会的多元互动中发挥关键作用。

　　前文构建了宏观视角下我国科普社会化协同的生态结构,本书认为,在微观层面各主体内部也形成了社会化协同生态。本章将沿着理论逻辑,结合前人研究,尝试设计针对具体类别的科技创新主体的调查评估工具,充分掌握一手的定性与定量资料,把握其科普工作开展的现状,分析其科普社会化协同生态的内部网络结构,通过专家询证、反复探讨得出科技创新主体介入国家科普社会化协同生态建设的阻碍与建议。

　　由于研究广度与深度的限制,本书在不同类型的科技创新主体中选取学会进行试点的评估与调查,虽难以概览科技创新主体的科普能力建设全貌,但作为一项探索性与开创性并存的工作,对学界与业界或有一定的启发意义。更具统计意义的样本及更系统全面的调查评估有待科普研究人员持续跟进与完善。

8.1　评价理论

8.1.1　评价背景

　　在科学还没有成为一门专业,科学家也并未成为正式职业之前,科学家往往凭借个人的爱好开展科学研究,并向公众积极地普及和扩散其最新的研究成果。在 19 世纪,科学普及总体上是科学家和专业传播者的"分内事"(Bernard et al.,1994)。同时,一些学会也积极地开展相关的科普工作。例如,美国科学促进会的大多数成员在 19 世纪晚期,常在科普杂志上发表科普文章(Massimiano,Brian,2008)。而后,科学家逐渐发展成为一种职业,科研与科普逐渐分化,而科学记者这一职业的出现加剧了科学家无暇顾及科普的现象(伯纳姆,2006)。例如,法国天体物理学家奥杜兹(Jean Audouze)自述其于退休后才开始涉及科普(Patairiya,2013),面向公众传播科学并非科学家优先考虑的事情。一些主要的学会甚至拒绝接纳热衷科普的科学家成为其会员,并拒绝给予他们应当的奖励(Massimiano,Brian,2008)。如今,科技发展的触角已经延伸到公众日常生活的各个方面,科学技术越来越社会化,而在这个过程中,"科学家积极主动地了解社会公众,促进公众理解科学,取得广大公众的认同和支持,与公众携手推动科学与社会的发展,已成为现代科学事业发展进步的必然要求"(朱效民,2000),因而科学家需要就自己的研究项目进行科普工作。另外,科研经费主要来自纳税人,因而纳税人有权知晓相关的科研情况。从科学家的角度来说,为了获得科研经费以开展研究工作,他们需要向公众解释科学,开展科普工作,因而在经历了结合—分离之后,科学研究与科普再次出现融合的趋势,科学家群体和科学共同体也越来越重视科普工作,一些机构还出台了相关的措施来鼓励科学家开展科普工作。柯林斯(Harry Collins)在其"第三波(The Third Wave)"理论中提出了"专家知识",即对特定科技事件的专业性认识程度,指的是排除政治、社会、文化等因素,仅以技术标准作为唯一的衡量标准。"专家知识"可分为"普遍性专家知识"和"专业性专家知识",二者在知识体系和知识要素中具备各异的地位与功能、分布形态与转化机制(王彦雨,2013)。学会作为科学共同体的重要组成部分,具有将"专业性专家知识"推介给其他专家的义务。

科普评价具有科普理论研究价值,要求运用科学的方法收集评价资料,并对评价资料进行系统分析、评判,因而评价结果对于探索和解决科普上的种种问题能起到积极作用,是科普理论体系建设的需要(朱效民,2006)。在大多数拥有现代科学体系的国家,科普已成为科学政策议程上的标准项目。正如詹森所说,对不同科普形式的评价通常较差(Jensen,2014),尽管各个组织都强调科普的重要性,但针对其评价的研究仍显不足。评价最重要的指标包括参与者或访问者的数量,对不同科普形式的满意度,关于参加特定形式和是否再次参加的动机,对特定科普人员的满意度,对其他科普主题、形式的建议等。至于科普政策和战略目标,因其过于笼统,无法通过可靠的评价方式对其成败进行评价(Weingart,Joubert,2019)。但仍可以发现,评价使用的指标很容易衡量,如对科学的兴趣或态度。多年来,"覆盖人数"仍然是大型公众参与科学计划成功与否的最重要指标,南非国家研究基金会(National Research Foundation,South Africa)在此基础上又增加了两个指标——"科普的实际投入"和"创造的互动(或事件)数量",即投入指标,而非有效性指标(National Research Foundation,2016)。

8.1.2　评价理论

评价是评价主体根据一定的评价目的和标准对评价客体的价值进行的认识评定。评价的实质是价值认识与评定(李善波,熊琴琴,2011)。科学是对世界如何运作的系统探究。评价科学是对旨在如何改变世界的干预措施以及如何发挥作用的系统调查。评价科学涉及通过遵循科学规范,包括采用逻辑、使用透明的方法、对发现进行审查,以及提供证据和明确的理由来支持基于理性解释、评价和判断(Patton,2018)。

评价为对优点和价值的判断提供了进一步的见解。其中,优点是指内在价值;价值是指外在价值。有些东西可能本质上是好的,但对个人或实体没有价值,更具体地说,一个程序可能有优点(即它被认为质量好),但它可能对特定环境没有价值,"价值"的概念本质上是评价必须具有"效用"的想法。评价在历史上一直遵循两个流派:一个流派专注于测试和测量,最受教育领域认同;另一个流派是社会科学方向,专注于社会研究方法的使用。这两个流派在评价使用的早期历史上是截然不同的,但现代已经在很大程度上融合了。在美国,评价研究协会和评价网络于 1986 年合并组成美国评价协会,标志着一个转折点(Alkin,King,2016)。评价的五个基本问题包括:社会规划(Social Programming,社会规划和政策制定、改进和改变的方式,特别是在社会问题方面)、知识建构(Knowledge Construction,研究人员了解社会行为的方式)、价值(Valuing,可以附加到程序描述的方式)、知识使用(Knowledge Use,社会科学信息被用来修改计划和政策的方式)、评价实践(Evaluation Practice,评价者依据专业判断,针对某一案例给定约束条件)。围绕这五个概念问题积累的知识体系构成了评价的独特理论,解决和理解这些问题的具体方法是区分特定评价理论的原因。评价理论树为评价的知识体系提供了概念框架和图像,其基于对评价使用、评价方法和价值的关注,即该理论的三个分支树(Alkin,Christie,2004)。

科普能力的内涵是指在特定时期内,由当下的科普资源状况和经济技术决定,各种科普生产要素综合投入形成的,可以相对稳定实现的科普产品或服务的产出能力(陈昭锋,2007)。《关于加强国家科普能力建设的若干意见》将国家科普能力定义为国家向公众提供科普产品和服务的综合实力,包括科普工作社会组织网络、科技传播渠道、科普创作、科普人才队伍、科普体系以及政府科普工作宏观管理等方面。科普能力评价就是运用科学的方法、原则及程序,对各类科普工作的能力和影响力进行有效测度。

8.2　评价标准系统

评价者似乎不会在评价中制造伦理问题,而其他相关利益方却经常如此。在大多数情况下,被评价者要么会做出不符合伦理的事情(如隐瞒报告、压制负面信息、骚扰他人等),要么迫使评价者做一些不符合伦理的事情(如破坏设计、重新关注数据收集、担任不适当的角色等)。评价者倾向于采取保持态度开展初期评价。随着分析的进行,一些更有经验的评价者不再采取案例描述的表面价值,希望以对所有相关方的利益进行更平衡地分析。评价者由于缺乏远见和周密计划,可能在最初选择了不恰当的评价设计而造成了伦理问题。评价者的任务是与利益相关方共同构建解决方案,在适当伦理行为范围内满足各方需求。伦理问题本身是不可避免的,它不断出现在评价实践中,然而,许多评价者认为,通过良好的沟通建立牢固的关系以及行之有效的计划和前期工作,可以减少出现某些伦理问题的可能性。

将原则和标准作为确定评价中伦理行为的唯一基础是不可取的,评价者在代表权力较弱和地位较高的声音方面的作用并未出现在指导原则或标准中,评价者有权利和义务来确定哪些群体在评价中处于最不利的地位,并采取行动保障他们的利益。在确定伦理行为时,应该优先考虑更高的伦理价值,即关怀伦理(Smith,2002)。它取代了原则和标准中体现的价值观。尽管原则和标准是重要的指南,但评价者在分析这些评价实践场景时,有时会超越它们来确定伦理行为的性质。

伦理哲学大致可分为三个立场,分别是义务论立场、正义论立场和目的论立场(Bunda,1983)。目的论认为,伦理行为可以被理性地论证,而行为的正确性是由其后果决定的,一种行为的正确程度在于其能带来最大的公共利益;另一方面,义务论者认为某些行为方式本身是好的,但在某些情况下不考虑行为的后果。此外,以这种方式行事的决定所依据的理由不一定是合理的,而是某些行为规则表面上的义务,不必理性地加以辩护。目的论者建议,最基本的原则必须是不偏不倚的,即每个人都应被平等对待。这与罗尔斯的正义论原则形成了对比,如果处于社会或经济规模较低的人获得了较大份额的利益,则公平原则允许分配不公平。

卓丽洪等(2016)在构建地区科普驱动力评价指标体系时,认为指标的选取要具备全面性、客观性、易获取性。毛发青(2006)将评价的原则分为目标一致性原则、可测性原则、整体性原则、可比性原则、可行性原则。佟贺丰等(2008)认为地区科普力度评价指标体系应具备数据可获得性、科学性、相对稳定性、平衡性等原则。俞学慧(2012)在构建科学规范的科普项目支出能力评价指标体系时遵循以下原则:明确性与系统性相结合原则;经济性、效率性、有效性相结合原则。CRAAP 测试评价标准包括及时性(Currency)、相关性(Relevance)、权威性(Authority)、准确性(Accuracy)、目的性(Purpose)(Myhre,2012)。美国教育工作者在做教育评价时遵循四个基本原则:实用性、适当性、可行性和准确性(Stufflebeam,1994)。本书将学会科普能力的评价原则分为可测性、系统性和灵活性等,同时,从认识价值、逻辑价值、功利价值等方面,对学会科普能力评价的价值构成进行剖析。

8.2.1　可测性

科普互动是将多个人的价值观、假设、世界观和意义创造过程结合在一起的复杂过程。科普领域对其评价目标并未达成共识,其有效性并非明显、一维、客观和易测的。因此,在开展影响评价时,关注和完善科普目标始终是一项关键挑战。一旦目标被细化,如何在有限的资源下进行评价便成了第一要务。科普组织倾向于利用外部专家进行评价,以填补内部科普知识和能力的差距,但这通常无法为这些科普组织提供高质量评价研究。科普组织有时会将非科普内容纳入科普统计中去,旨在获得更好的正面评价。这并非有意义的评价,但是在具体评价当中,这种非科普内容有时会被混为一谈。这会导致调查和相关评价程序经常存在缺陷,调查设计和抽样存在基本错误,数据分析和解释方面的局限性加剧。评价通常以数字形式(如成本、风险)表达所有结果,以便计算预期结果,优先考虑易于量化的指标,创建一个"可计算"的分析模型需清晰的思维。

定性研究已被广泛用于评价对话和参与活动,但是这种方法存在许多限制,定性评价和研究需要广泛的培训才能有效地进行。首先,需要对学会科普进行更系统的定义,以便第三方机构可以使用它来始终如一地评价学会科普活动。其次,定性研究并不总适合比较和跨文化研究,学会从定性研究中受益在方法和实践上都存在局限性。从这个角度来看,更广泛地使用定量方法将有助于克服用于评价学会科普的定性研究的结构限制。从如何制作面试问题到如何记录背景和进行定性数据分析,定性研究技能利用了大量的方法论文献。有效的定性评价可以提供定量方法无法实现的深度洞察力,但科普领域缺乏社会科学研究培训,使得这种类型的评价应用相对罕见。

8.2.2　系统性

目前,对学会的大量研究关注的是整体评价和单项科普活动的评价,未建立系统方法来评价学会的科普工作,以加强国家科普政策与学会科普目标的一致性。在学会层面,存在分散的评价环境,一些学会的评价仅限于评价科普活动满意度。系统化的方法是在国家层面根据学会的需要加强对科普能力的评价,并定期提请相应学会采取最佳的科普方式。建制化方式对改进评价工具、收集有效数据和优化传播系统等均有裨益,学会间在科普数据收集、方法和使用方面公开协调评价可以提高科普成果的可比性。开放的协调方法可能有助于获得可比较的结果,并制定共同的高标准。

8.2.3　灵活性

在大部分评价表现中,灵活性需要一定的试探性。评价者有能力通过改变评价设计、增加科普评价顾问来提高专业知识和公正性,增加全新的评价指标组成等措施,使其更加稳健地应对意想不到的争议。这种试探性也适用于在作出绝对判断时需要谨慎,因此,强调尽可能具体、精确和经过验证的观察,不仅因为它们往往更准确和有用,而且因为随着政治价值观随着时间的推移而变化,它们更难以挑战。在此,我们减少了总括性限定词的配额,如成败、好坏等。此外,应及时沟通,尽快或在最相关的时候将科学信息带给受众。

8.3　评价的价值构成

8.3.1　认识价值

8.3.1.1　解释

科学计划的实施离不开公众的支持、理解和参与,从而使科技社会化程度更高。科学与社会是交互演进的(王明,郑念,2018)。在科普能力评价框架中引入的科技社会化概念是指加强科学、技术和社会之间的相互联系,意味着科学和社会不能被视为独立的实体,这也意味着社会化是科学的一个目标,需要提高对加强科学在社会中地位的重要性的认识,反之亦然,而这只能通过有意识地促进这种关系并考虑社会过程和价值观对社会化的重要性来实现。社会化需要不同行为者的广泛参与,以制定具体的流程和政策,缺乏社会化不仅会给学会经济和竞争力带来相当大的风险,也会给文化和社会关系带来巨大风险。由于对科学技术缺乏控制感,学会的科技社会化仍然薄弱,具体表现为抵制、对科学机构的不信任、科学家地位较低和资金减少。更高程度的科技社会化可能会解决这些问题,从而解决亚洲新兴经济体竞争力下降和缺乏风险的问题——这是公众不愿支持科学努力的结果。科技社会化机制的关键之一是评价(Kalpazidou,2009)。随着全球形势的变化而出现新的挑战,科技政策传播与科普能力评价之间需要更紧密的联系。评价可以解决社会对透明度和问责制日益增长的需求,使活动合法化,从而加强科学技术与公众之间的联系。科普能力评价在使科技参与者社会化、解决科学对社会的开放和管理影响、确定高风险领域和帮助提高政策质量等方面均有潜在的利用价值。

针对科普是否有效,评价者需要研究产出、结果和影响指标之间的潜在关联,并重建潜在的因果关系。重构的科普能力评价理论,应充分代表评价者、被评价者和其他利益相关者,针对干预到影响的整个因果路径提出主要假设,通过考虑现有的解释性理论来进一步丰富或检验关于干预环境、变化过程和潜在影响等问题。首先,评价研究的实质性理论在某种程度上有助于预测这些影响,随后可以通过额外的数据收集来考虑这些影响。其次,理论的重要作用在于加强因果分析,分析目标变量的变化如何以及在何种程度上可以归因于政策干预。相关的实质性理论可以阐明干预措施与(非)预期变化过程之间因果关系的性质,并有助于排除对目标变量变化的竞争解释。最后,理论在解释评价结果方面具有重要作用。理论可以提供一个有用的框架来帮助我们理解为什么会发生某些变化,或者提供对可能影响结果的相关变量的洞察。

由于许多与特质相关的判断存在模糊性,通常很难区分反映认同的判断和反映解释的判断。例如,陈述某一学会科普工作很优秀可能意味着该学会科普活动丰富,或在特定情况下表现得比其他学会更优秀,或该学会举办了比其他学会更受欢迎的科普活动。

判断必然反映因果归因,这样的假设可能部分源于常见的未能明确区分归因相关信息的使用情况和因果推理的实际过程。某学会将其评价得分解释为"优秀程度",因为它在某方面的排序通常高于列表中的其他学会。这样的思维模型判断反映了使用社会背景和学会科普能力背景的参考点来解释得分的现象,然而,从归因的角度来看,人们可以认为这种判断涉及使用社会"共识"信息(或"任务难度"信息)。将学会科普工作的相关数据和文献与某些标准的比较判断,足以用来解释学会科普能力的优劣。事实上,评价者可能感兴趣的不是对表现的因果进行解释,而只是关心某学会的表现比其他学会更好还是更差。此外,评价甚至不需要涉及归因相关的信息源,可以在不涉及因果推理或使用归因相关信息的情况下对一个人的表现进行解释。这种可能性反映在对结果依赖影响的讨论中,其中人们对其表现是成功或失败的最初判断,被描述为独立于情绪的对成功或失败的解释。与刺激、表征阶段或识别阶段相比,解释阶段更可能产生情感后果,因为对个人表现的解释必然具有个人的、自我评价的意味。不同的学会对科普有不同的情感内涵,或者不同的学会可能对科普效果的好坏有不同的判断。

科普能力评价指标反映了沟通带来社会和个人变革的愿望。这样做可以向公众介绍新的和有影响力的知识和想法,审视或挑战现有的偏见,交流也可以更明确地面向行为改变。评价标准可以分为与程序的有效构建、与实施有关的验收标准、与程序的潜在公众接受程度有关的过程标准。一方面,如果评价程序是正义的,但公众认为在某种意义上它是不公平或不民主的,那么该程序可能无法缓解公众的担忧。另一方面,如果一个程序及其建议被公众接受,但最终决定的获得方式无效,那么其实施可能会在客观上对公众造成损害。由于公众参与科普活动通常由学会资助,学会的不满可能导致停止公众的科普活动参与。如果标准和指标之间的关系不明确,则需要一种程序方法来反思规范性边界条件及其与必须衡量的要求的关系,以及所考虑的事实是否可行的标准。当将指标用作评价方法时,这一点变得显而易见,如衡量科普效果。评价应该结合各种社会科学方法和指标。有许多例子表明,指标衡量可能导致对客体不谨慎的观察,以及对现象的误解。定量指标无法解释创新系统的变化。对指标的反思至关重要,因为以问题为中心的研究经常依赖指标来解决有关技术的相关社会问题。指标经常被用作分析现实世界技术问题的概念工具,而非分析问题的规范性工具,指标的选择不是规范中立的,而是由参与者使用的特定标准驱动的,这些标准提出了对问题的集中描述。指标的主要问题之一与它们的定义和构造中的多样性有关。多样性很大程度上取决于研究主题和研究目标,指标定义的变化很大程度上取决于所观察的主题、目标和预期的最终对象。指标的定义和指标本身因每项研究的主题和目标而异,指标构建中的挑战包括与综合指标或指数中指标聚合相关的问题。新指标没有经过广泛研究,可能会出现置信度低、可比性差和重叠等问题。此外,指标的系统使用可以通过将隐含的价值观同化到社会中以强加一种道德和伦理行为,这些影响的一些例子可以在系统使用中找到,如全国星级学会排名。创新指标的复杂性、解释的矛盾性、脱离语境都可能会给社会协调带来危害。

8.3.1.2　预见

理解和分析学会系统复杂性、科普社会化生态性的压力无疑是巨大的,这给学会科普能力评价带来了新的挑战,也带来了新的机遇。学会科普能力评价的复杂性包括利益相关者及异质性利益诉求,它要考虑更广泛的社会、经济、文化背景,以及科普对解决此类关键问题的影响。为了研究众多举措的协同作用以及科普政策、工具之间的相互作用,需要重新思考学会科普能力概念和新的评价方法。最近,在学会层面构建评价文化的尝试得到加强,政府在转移公共服务职能上对学会等非营利社会组织有了明显的倾斜,大量学会都将测评作为学会创收的关键。然而,尽管试图加强评价的社会化,启动政策的数量、范围和响应速度等还需要更系统的方法来实现更高的科学技术社会化水平。

影响学会科普政策的演变。在学会差异化明显的背景下,一个评价学会科普能力的共识概念框架,可以使制定和实施科普评价政策的过程更加顺畅,它可识别、验证、整合学会科普工作,并确定评价的限制,使被评价者以评价指标涉及的类似方式来感知概念、工具和标准,协调科普活动并从其他学会的经验中学习。

使用在高校、科研院所科普评价等层面积累的专业知识和经验来加强学会科普能力建设。各高校、科研院所和政策层面间的经验与专业知识交流,可支持学会中的科普资源整合,如组织科普研讨会和开展网络科普为学会获取科普需求、形成综合举措提供模仿的案例。当前的评价体系并不能很好地应对上述挑战,因为每个层面的政策干预都独立于其他层面进行评价,这是科普社会化的重要障碍。显而易见,评价者开发概念模型是一个巨大的挑战,但也是一个机会,这可能成为科普社会化和将科普评价纳入学会重点工作的有效抓手和可操作机制,只有高度社会化的科学普及,深入社会并涉及所有利益相关者,才能解决学会科普面临的复杂问题。

围绕现代科学的社会动态,传播科学的任何方式都需应对至少三个挑战:培育并吸引兴趣爱好、科学审美、关注点等各异的科普受众及科普专家,为应对新的科学突破做好充分准备;通过评价来引导学会构建融媒体时代的新型媒体基础设施;构建一套面对日益复杂的伦理、法律和社会等方面的科普能力评价技术和工具。在高度稳定的操作环境中,开发清晰明确的技术来实现目标变得容易得多。在动态的科普环境中,学会面临资金、政策环境、人力资源可用性、相关技术和公共优先事项不断变化的波动。尽管非营利环境的相对动荡与稳定性是引起学术界极大兴趣的领域,但在理解环境动荡对学会科普能力测量系统的影响方面所做的工作有限。在采用科普能力测量系统时,在动态环境中运营的学会必须有更大的能力:缓冲其组织免受外部冲击;调整其运营以适应新机遇;尽管优先级发生变化,仍保持其领域内的相关性。在这些情况下,内部科普能力、组织间科普网络可能对组织的生存尤其重要,因为它们都可以作为一种资本形式,在动态环境中为学会提供帮助。例如,跨组织的科普网络(如学会联合体)通常被视为获取信息的组织资源,这些信息可以及早通知即将发生的变化,学会可以利用其网络来识别合作者,从而使学会获得无法独立获得的新机会。

8.3.2 逻辑价值

8.3.2.1 有效性

尽管评价可以是多方面的,但它不一定是复杂才有用,而要有效和可信,它必须经过精心设计、构建和执行。所有这一切都必须在了解被评价学会运营的更大背景,以及将评价本身置于其中进行分析和报告的背景下完成。学会通过评价来获得其他人对其工作的认可,许多学会的领导表示,他们希望评价报告能够帮助其他人(包括媒体)认可他们的工作。学会可能希望通过评价来帮助他们的计划合法化。当学会想要使其组织或计划合法化时,也会出现类似的问题。在某些情况下,合法性优先于有用的评价反馈或批判性分析。

对科普计划进行全面评价对于确定长期目标是否得到实现至关重要。有效的评价可以帮助提高科普计划的迭代效率,也可以突出需要进一步加强的领域。重要的是,资助者或所在机构可能会要求提供能够证明科普活动影响的数据。然而,科普评价通常仅限于非常基本的策略,如记录参加活动的人数,以及他们是否喜欢活动。虽然这是有用的信息,但它对于确定倡议的目标是否已实现并不是特别有用,这使得围绕此类倡议建立影响案例研究变得更加困难。价值目标的选择是要寻求和确定主题活动所要达到的目的。价值手段是保证目标得以实现的活动方式以及各种条件的总和。前者是解决"做什么"的问题,后者是解决"怎么做"的问题。科学的价值选择,除了在价值目标的选择上坚持上述原则外,还应该做到价值目标和创造价值的手段的有机统一。价值目标和价值手段二者本身也是相互决定、制约、选择的。首先,价值目标选择价值手段。任何手段的创造和使用,都是主体为了在某种对象性活动中达到一定的目的。手段自身的质的规定性注定了它总是服从于、服务于主体目的的,离开了主体的目的,它就失去了意义。其次,手段制约着目的的实现程度,目的随着手段的发展而发展。在一定条件下,目的实现的程度如何,取决于人们的手段所达到的水平;目的和手段之间的矛盾,是随着手段的发展而不断产生并逐步得到解决的。

有效的科普需要将具有与决策者相关知识的科学家聚集在一起,将这些知识转化为有用的术语,建立可信的双向沟通渠道、评价过程,并根据需要对其进行改进。有效的科普可能需要来自具有不同规范和实践的专业社区的专家之间的合作。这些专家包括了解主题的科学家和了解与人们如何交流的科学家,他们包括知道如何创建可信双向通信渠道的从业者,也包括知道如何通过它们发送和接收内容的从业者,还包括跨越这些领域的专业人士。有效的科普要求采用系统方法来招聘和协调具有这些技能的个人，并将他们与他们可能服务的人联系起来（National Academies of Sciences，Engineering，and Medicine，2017），这旨在适应许多从事科普的组织的有限资源。该方法的概念框架基于西蒙（Herbert Simon）解决复杂问题的两个一般策略（Newell，Simon，1956）。一是"有限理性（Bounded Rationality）"，寻找问题的可管理子集的最佳解决方案，同时故意忽略某些方面。二是"满意（Satisficing）"，即在各方面考虑的同时寻找合适的解决方案。

8.3.2.2　包容性

将历史、价值观和过去研究纳入评价过程需要一定的包容性。这是为了确保新的评价足够完整和平衡，既能在当前的科普环境中获得公信力，又能适应未来的变化。这种包容性不仅包括对利益相关者在科普政策或科普计划的认识，还包括对利益相关者立场的认识。对于五类科普重点人群来说，他们的观点对于修正科普能力评价指标很重要，但往往被评价者忽视。

在以高度关注方法而闻名的评价领域中，成本领域构成了一个独特的例外。在评价过程中包含成本问题可以提高对研究可信度的认识，帮助评价抵御政策风险，并增加随着时间的推移被使用的可能性。

如果要在政策环境中进行可信评价，那么我们需要扩大视野，而不是缩小视野。近年来，评价方法的发展使评价者能够应对多场景的评价手段，包括问责制问题，有时看似相互矛盾的需求既来自评价项目的复杂性，也来自特定文化中产生的用于指导评价工作的标准、原则和规范。

假设知识不是中立的，而是受利益影响的，所有知识都反映了社会内部的权力和社会关系，那么知识建构的一个重要目的是帮助人们改善社会。从学会的角度来看，过度依赖科学方法导致评价没能解决流程、实施和改进的问题。传统的评价很可能会对更复杂、更全面的学会科普能力评价产生负面影响，更好的建议是让评价者了解和反思适合的替代范式和方法，如解释/建构主义范式。

　　包容性评价涉及对计划或系统的优点或价值进行系统调查,目的是减少决策中的不确定性,并对促进弱势科普人群、提升科学素养作出积极变革。因此,包容性评价是基于数据的,但数据是从利益相关者中生成的,某些边缘化群体的科普诉求会缺失或被误传。包容性评价有可能有助于增强断言真实性、客观性、可信度、有效性和严谨性的能力,因为它能包容被忽视或歪曲的观点。评价界存在紧张关系,即评价在识别边缘化声音和伴随的权力和特权问题方面的适当作用,以及被视为评价标志的客观和中立立场实践。弥合评价结果与提升学会科普工作间差距,给评价者带来了新的挑战。

　　技术增强评价工具的局限性。使用数字工具,尤其是智能手机,可能会在特定人口类别中出现障碍,尤其是在年龄和社会阶层方面,如农村人口、老年群体等。每种数字技术都有自己的参与/排斥模式来产生数字鸿沟,如"全球"(发达国家和发展中国家之间)、"社会"(国家内部的不平等)和"民主"(将数字技术用于公民或公共目的和那些不这样做的人)(Norris,2001)。鉴于科普机构与其他文化机构一样,倾向于不成比例地为那些已经拥有经济优势和受过高等教育的人提供服务,数字鸿沟是评价需要关注的一个重要问题。尽管存在数字鸿沟,但有两个考虑因素支持使用数字技术进行评价。第一,关注来自代表性不足的少数群体、被排斥和文化上被剥夺的(潜在)社群受众的利益,让科普采取更加循证的方法,并结合针对学会的其他评价。这种基于证据的方法可以通过数字技术实现。此外,具有明显少数群体代表性不足的组织应启动进一步深入的定性研究,以补充自动化系统并确定可以在哪些方面进行改进以增强社会包容性。例如,中国地震学会的科普对象为具备一定专业素养的人群,由于专心于物理学的理论科普受众群体人数必然少于医学健康类受众,那么,通过百度指数等技术工具获取的数据显示的关注度必然更低。由此,通过定性等其他方式弥补自动化系统的缺陷便显得尤其重要。第二,与数字鸿沟有关的这一重要问题通过电子邮件或在线系统可得到部分缓解,因为这些是更普遍的数字技术。此外,这种自动化系统的某些功能可以增强受众研究的社会包容性。因此,每次建立新的评价体系时,都需要仔细权衡这种风险。要考虑的关键问题包括当前的受众概况、收集反馈的替代方法,或评价对那些没有获取科普内容途径的受众的影响。

8.3.2.3　开放性

开放性指科普社会化生态需要不断突破闭环,提升外部延展性。在一定的空间范围内,科普社会化需要与外界进行物质、能量与信息的交流,才能维持系统的发展。在科普社会化生态中,多主体在协同科普实践过程中,通过与环境之间进行知识、资金、人才等的交流,促使科普协同体系不断发展。同时,在系统交流中呈现的动态变化的特质要求多主体须对环境的不确定性以及自身能力的变化作出动态回应并及时调整,以实现内外诸多组成因素的匹配。

科普本身就具备开放性特征,其通过各种媒介以简单通俗的方式向公众传递自然科学或社会科学的知识,推广科学技术应用,倡导科学方法,传播科学思想,弘扬科学精神等。科普实践本质就是一种知识共享与扩散行为,科普社会化生态的建构则强化了开放性。首先,科普社会化生态系统是一个开放的系统,该系统与整个社会系统存在着密切的联系,与经济、政策、文化、制度等都存在着多种形式的交往。在科普实践中,科普主体需要不断从外部环境中获得科普发展所需的各种资源,也需要向外部输出科学知识、科学文化、科学思想等。其次,科普社会化生态要求系统中各要素相互作用,主体通力协作,构建科普网络,同时在科普动力系统的保障下实现科普社会化。这就意味着系统内外一直处于相互交流的状态,造成系统内部始终处于动态之中,具体表现为科普主体有自身成长发展的内部活动,同时还需要根据外部环境的变化,采取不同的科普策略。

作为公众接触科学、认知科学、对话科学的重要桥梁,科普社会化生态起着传播科学文化的"窗口"作用。其开放合作,不仅有利于实现科普资源的"互惠共享",还能拓宽科普的发展道路。科普社会化生态中的开放性一方面可以避免孤立,获得更稳定的环境条件,有助于通过环境输入有用的能量、物质、信息等,以构建一个稳定交流的科普生态环境。另一方面可以在更大范围内发挥协同竞争机制,使得在系统中交换的物质、能量、信息可以更好地被利用以及转化。例如,在协同竞争中,各科普主体能够积极应对市场科普需求,达成有效的系统内外交流,实现有针对性的科普实践。另外,开放性带来的协同增效还可以体现在主体间的关联。例如,在科普经费协同机制上,通过系统内部开放交流,政府的科普经费可以起到催化剂的作用,进一步吸取民间资本力量,通过政策引导、税收优惠等激励企业增加科普投资力度。《关于"十四五"期间支持科普事业发展进口税收政策的通知》(财关税〔2021〕26 号)中指出,"十四五"期间科普进口税收政策取得多处突破,相关进口单位可按照海关有关规定,办理清单上进口科普用品的减免税手续。这些政策推动了科普社会化生态的可持续发展,同时为公众打破思维壁垒、开阔眼界,实现"人类命运共同体"贡献力量。其开放合作的重要意义由此体现。

8.3.3　功利价值

8.3.3.1　便利性

有时会遇到诸如复杂策略评价之类的词,但复杂的不是评价,而是评价的策略。评价复杂性的前提是,传统上在评价中采用的语言、概念化和因果关系测量是不相关的。这就导致了复杂的评价方式是不可知的,是无法事先预见的。由此,简单、标准化的评价干预措施虽然会表现出一些不确定性且无法准确预测其程度,但抽象化、概念化的评价概念模型将学会科普能力的评价纳入一个简洁又突出重点的考核标准中。

有学者认为,评价复杂性的整体框架和案例确实能更好地体现评价复杂性。这个结论并不是一种攻击,而是一种澄清。本书提供了有关如何评价复杂干预措施的指导性示例。归因、贡献、解释、理论、与政策制定者合作、评价者的可信度和严谨性的概念方法都有助于评价复杂性。多个合作伙伴、多方面、跨部门的协作努力旨在通过基础广泛的联合努力来影响已确定的结果。伴随此类举措启动的言论都是关于合作努力,旨在通过独立评价的具体结果来实现重大系统变革的商定优先事项。鉴于基于线性和机械变化模型的孤立的、自主的和狭隘的项目级干预措施普遍会失败,这种大规模、协作、多部门的干预措施代表了一个合理的替代战略方向。当然,评价者需要有适当的方法来评价复杂性。通过综合方法设定多个目标,依赖多层次的治理结构和关系,要求不仅评价结果,而且主要评价实施过程。复杂的干预表达了一个愿景,而不是具体的目标;没有综合方法或正式的治理结构,而是随着工作的出现而自我组织;过程和结果都是非标准化的、上下文可变的、变化的、适应性的和涌现的。

评价者重新集中在价值的实质而不是方法上,从而重新引导我们的集体评价专业知识和精力,为社会改善和社会正义服务(Greene,Henry,2005)。

8.3.3.2 公正性

评价应促进公平,避免精英主义。保持公正立场或进行公正判断的能力是各个领域的核心问题。在这些领域中,公正性在很大程度上被概念化为获得"更好"或更合适结果的一种手段。它体现了人们可以在不受个人偏见或偏见影响的情况下进行判断的概念。在设计和实施评价程序时,直观地进行公正判断的能力成为一个核心问题。公正性对于避免偏见是必要的,独立于与政策制定以及发展援助的交付和管理有关的过程,降低了评价自己的活动可能产生的利益冲突的可能性。评价结果通过程序独立性、透明度和专业知识变得可信。对独立性的强调意味着应该报告失败和成功,并真诚地整合关键输入以支持组织学习。这种政策语言强烈暗示独立性是有助于评价者公正的条件。独立性作为评价中公正的条件,与参与式、包容性和建构主义评价方法相反,后者认为有用和有效的反馈需要利益相关方的积极参与。不同立场凸显了这样一个事实:公正性不等同于独立性。在评价的背景下,独立性是指评价者相对于主题(如项目或计划)的状态。此外,公正性是指代理人本身的特征或状态,并注入了公平和正义的概念。

评价者能系统地、基于数据进行真实评价并不容易,通常隐藏在微妙的复杂性后。若没有足够的评价资金来揭示这些复杂性,那么该计划将不会被了解和采取有效的科普措施。如果某些受众比其他人从学会科普计划中受益更多,并且如果评价没有足够的资金来发现这种不公平现象,那么该科普计划就无法在未来更公平地转化成效益。

评价应覆盖全体科普受众。很多科学家认为科普的策略倾向于特定群体,但同时他们似乎也认为其提供的信息是(或应该是)中立的(Donovan,2018)。评价者尊重受访者、项目参与者和其他评价利益相关者的安全、尊严和自我价值,阐明并考虑到一般以及可能与评价相关的公共利益和价值观。某些声音(通常是更有权力的精英)会主导评价,导致弱势群体的利益受损。例如,资金不足的评价者很少有机会调研居住在偏远地区的农村人口,甚至随机抽取居住在附近的公众。这些受访者通常对项目及其影响持积极态度,但人们可能会怀疑,未被项目选中的人的观点是否也同样积极。由此,不同因科普而受益的受众和其他利益相关者提供发言权会产生伦理影响。

透明度。该指标结合了透明度的各个方面,涉及传播科学和传播过程。人们普遍认为参与过程应该是透明的,以便更广泛的公众可以看到正在发生的事情以及如何作出决定。通过保持透明度,公众对赞助商及其动机的怀疑可能会得到缓解。透明度可能涉及发布有关程序各个方面的信息,如从选择公众参与者的方式到作出决定的方式再到会议记录。如果出于敏感或安全的原因需要向公众隐瞒任何信息,承认隐瞒的性质和原因很重要,而不是冒着被发现这种机密的风险,以及随后的不良反应而故意隐瞒。透明度的选择不仅可能导致新的替代评价手段的产生,而且还可能引发科普评价者与习惯于运用有限指标的利益相关者之间的重大争议。事实上,利益相关者群体可能习惯于根据他们的文化规范和/或他们的经济政治利益使用指标来界定问题。在这种情况下,选择新指标可能会引发争议。因此,指标的选择程序需要透明度和反思,通过开放政策选择并减少不必要的争议空间。

8.4　评价的价值判断

在价值问题上获得更稳固立足点的第一个障碍是试图使事实结论免于价值问题的负担。此类典型的主张是事实和价值代表不同的主张,几乎没有或完全没有重叠。理解这种事实、价值二分法的负面影响的关键是认识到经验主义者和建构主义者都假定价值主张本质上是主观的。为了客观,传统的社会科学家避免了价值问题,声称他们只能确定因果主张。建构主义者致力于看似主观的价值判断的中心地位,强调所谓的因果关系事实主张的主观性,因此被迫接受相对主义。还有一种选择是效仿普特南(Hilary Putnam)这样的现实主义者,认为事实和价值本质上是交织在一起的,而这种交织不一定会导致相对主义。普特南指出,那些具有相反意识形态和政策立场的人在事实上的分歧可能与在用于判断政策价值的标准上的分歧一样大。因此,在评价中对价值观形成一个合理的立场是有可能的,尽管它们具有主观性,尽管关于世界的理论会影响我们的价值观,价值观仍能影响评价活动。

英国哲学家拉蒙特(W. D. Lamont)在《价值判断》一书中对价值判断作了专门研究。他认为一般的价值判断有三种具体形式,即道德判断、功效判断、审美判断。价值判断不是关于事物及其性质的判断,而似乎是关于事物的存在、保持和消亡的判断。换句话说,在价值判断的内容中参照的是"目的"或某种"目标",在根本上是对一种意动倾向的表达(拉蒙特,1992)。他把价值判断分为绝对的价值判断和相对的价值判断:绝对的价值判断表示一种需要或维持某物存在的意向;相对的价值判断则是在所有被比较的事物都具有某种程度的好的情况下,对好的程度的判断。

评价是一种自然的思维过程,使人类能够评价他们的环境。评价是人类适应世界的主要策略。价值观来自我们彼此之间以及与世界的互动,是我们思维过程的组成部分。核心思维是评价性的,包括快速和慢速的思维过程等。快速思维以直觉方式运作,并致力于检测与正常情况的偏差;慢速思维通过分析的方式运作,出现在有偏差时。

科普评价的三个主要挑战包括:第一,缺乏对目标和目标群体的精确定义,这使得对项目成功的评价变得复杂;第二,评价方法很少能对影响进行科学有效地评价,缺乏比较的基准点,以及部分无法通过自评价报告获取指标是这方面的关键问题;第三,很少有评价过程是透明的,而且形成性评价设计很少见,这表明人们倾向于将评价理解为项目的最终呈现结果,而不是学习过程。除了这些基本的方法缺陷之外,科普评价中的关键调查线(如非访客、长期影响、超出科普教育基地物理范围的数据收集及负面影响的可能性)在科普评价中通常被忽视。这种忽视掩盖了科普作为实践领域的愿景,因为它隐藏了提高包容性、影响力和观众体验所必需的重要信息,也为科普评价普遍缺乏质量提供了许多借口。例如,"评价"和"研究"是完全不同的概念,被用来为科普评价普遍未能达到研究标准开脱。事实上,评价只是一种研究框架,它关注的是一组目标是否实际上已经实现。

对学会科普能力评价的价值冲突探索,有助于理解科普评价的弱点和该领域的需求,能为实践、研究、资金和科普管理中的利益相关者提供该领域未来改进的动力。

8.4.1　理论与机制

现如今,在社会、行为、政治和经济科学中,关于"机制"和基于"机制"的理论构建方法作用的研究越来越多,确定将因果关系联系起来的机制对于发展对社会现象的更深、更细的解释至关重要(Astbury,2010)。这种跨社会科学学科对基于"机制"的解释已经慢慢开始渗透到政策评价领域中,如"现实评价理论"强调了项目的"情境—机制—结果"理论(Pawson,Tilley,2001)。尽管理论评价者在很大程度上认同"机制"很重要,但其对于基于"机制"如何与理论结合似乎仍存在困惑。

理论驱动的评价的一个关键目标是解开程序化的"黑箱",并解释程序为何,以及如何在不同的环境中体现出不同的利益相关者的诉求。它可以帮助以理论为导向的评价者更准确地阐明过程及其预期效果之间的因果关系。当科普评价者谈论"黑箱问题"时,他们通常指的是主要根据科普效果来看待科普活动成功与否的做法,而很少关注这些效果是如何产生的。

"机制"可能意味着不同的事物,具体取决于特定的知识领域和使用它的场景。首先,我们讨论了哪些不是"机制"。机制过于频繁地以无法解释的"因果箭头"的形式出现,认知、情感、社会反应中的任何一种都可能是导致预期结果的机制。其次,更复杂的问题是评价者直接将机制与变量等同起来。机制有时被视为独立的因果变量,或控制变量(或中介、调节变量)以试图解释自变量与因变量间存在的统计相关性。与变量不同,机制通常并非是可观察的,它试图解释为什么变量是相关的。相反,控制变量(或中介、调节变量)只是对机制进行经验测量的尝试。

可以肯定的是,关于机制的变量与理论观点之间存在一些相似之处。例如,统计测量和分析可以帮助识别和描述实施变量和项目结果之间的因果关系。此后,这种定量因果建模的结果为解释如何构建具有统计关联性机制的理论模型提供了依据。尽管变量和机制在评价研究中可以发挥互补作用,但重要的是避免将二者混为一谈,因为这可能会失去机制的解释力。

机制是在特定环境中运行的,以产生倾向性结果为目的的架构、过程或结果。在"对机制的现实主义解读"中存在三个基本线索:机制常是隐蔽的;机制对场景的变化很敏感;机制产生结果。将现实主义学者观点的学者通常强调机制是潜在的,因此通常是不可观察的或隐蔽的,这很好地解释了社会规律(或计划结果)的想法。不能完全依赖重复观察,深入到经验领域中统计相关性的表层描述之下,就会发现评价方式的潜在规律性显得尤为重要。例如,我们无法通过简单地清点科普活动的人数来判断该活动的组织效率和效果,在大型场馆举办的活动人数显然会多于某场科普讲座的受众数,这并不能代表科普讲座质量不高。机制可能是不可观察的,至少在直接的经验意义上是不可观察的。机制使评价者能够通过确定问题和数据收集方法,以验证理论在实践中的有效(或无效)性。例如,科普政策制定者将诸如科普活动的情境机制确定为向公众传递信息的重要渠道,系统地调查科普成效的方法是考虑信息到达个人和社群受众的及时性。

长期以来,我们存在这样的观点:传播科学是一件重要的事情,公众的知情权有利于其作出更好的决定,认为知识多总比知识少好,存在"为知识而知识"的境况。所有这些都从道德层面上赋予了科普正义感,但传播制造生化武器知识与推广新型农业技术在道德上并非同样值得称赞,不是所有的科学都是有益的。

科普是各学科领域的混合体(Hornig,2010),这导致了科普存在明显的优势与劣势,这些不同学科领域经常朝着不同方向发展。鉴于科普主题,默顿的科学规范为我们指导伦理规范提供了良好开端,即社群主义(科学知识为整个科学界共同拥有)、普遍主义(科学主张的有效性应该基于普遍的标准,而不是社会政治特征)、公正性(科学工作应该是为了共同的科学事业的利益,而不是为了个人利益)和有组织的怀疑主义(科学主张在经过严格审查和测试之前不应该被接受)。虽然这些规范旨在指导科学本身应该如何进行,但在某些特定情境下,同样与科普的目标产生了共鸣。科学知识不仅应该为科学界所拥有,还应该为更广泛的社会所拥有。对于我们希望得到指导的许多问题,这些规范几乎没有什么实际价值。拥有科学知识并不意味着所有知识都需要进行平等地交流,如原子弹、生化武器等。这些规范没有说明科普时机的重要性,太早科普可能会被指责为"炒作",而太晚则会被指责为"掩盖",如转基因等。为此,科普领域急需构建一套更实用的规范,如借鉴新闻伦理。新闻伦理的准则有很多,虽然它们之间存在差异,但都有共同的核心元素,包括报道的真实性和准确性(要求记者在规定时间范围内尽可能做准确、独立的信息核查工作)、损害限制原则(要求新闻工作者权衡公众对信息的需求与公开信息的潜在危害),以及独立原则(记者的首要职责是为公众服务)。再如,科学新闻中的"原创内容"和软文(Carlson,2015)。原生内容是一种广告风格,与它所出现的平台的形式和功能相匹配。一篇由某一高校出资撰写的文章见诸报纸,内容涉及几乎任何科学领域,并在正文中提及这一高校的相关研究以及其他国际研究。这篇付费软文的表征并不明显,因为文章的风格读起来像一篇正常的文章。学会经常资助科普,这对新闻独立的概念提出了挑战。另一潜在的规范来自传播研究。道德交流通过促进真实、公平、责任、个人诚信和对自己和他人的尊重来提高人的价值和尊严(Smitter,2004)。在这一前提下,新闻伦理关注的是我们如何合乎道德地传播现实问题,而传播伦理关注的是将传播作为一种行善的力量(增强的人类诚信、责任等)。这与科普动机产生了共鸣,尤其是对话模型。科普的大量工作在于说服和吸引观众接受科学。关于使用叙事来达到这一目的的伦理问题已经被提出(Dahlstrom,Ho,2012)。科普应对各种异议的"容忍度"边界又该如何界定。例如,一些科普实践者和理论家会把不愿意接种新冠疫苗作为可行的异议。科普伦理面临的一个现实问题是,该领域既有规范性的一面,又有描述性的一面。优质的科普可描绘出异议的大致脉络,甚至阐明不同的非共识立场及其理由,从而将人们的异议达成和解。但是,在描述不同意见时,多元化是一回事;当交流不同意见所产生的各种信息时,多元化又是另一回事。所有这些,都让科普处于一个奇怪的伦理空间。

科普不能简单地要求任何"现成的"伦理指南,因为从根本上说,科普既不是科学,也不是新闻或者直接的传播。构建科普的伦理基础,需要我们明确科普的核心是什么,以及科普与这些领域之间的关系。

8.4.2　定性与定量

定性与定量都存在明显优势和不足。许多人主张可以同时使用这两种方法。然而,尽管这两种方法很可能对项目评价有所贡献,但它们的贡献领域并不相同。这两种方法在它们寻求实现的目标上无疑存在重叠,但它们并不能相互替代(Mohr,1999)。定量设计或方法特别适合影响分析。定性设计主要与其他评价功能相结合,如实时分析、过程分析、社群自我分析以及对经验的解释和理解。定性方法在一定程度上比定量方法更好,是因为它的特定目标或功能比影响分析的目标具有更大的价值。定性研究在长期公认的外部效度方面也有其自身的优势。定量方法通常在数量上具有优势,而定性方法通常在理解上具有优势。不幸的是,很难同时协调这二者,因为它们在实践中往往会相互对抗。定量研究试图追求深度,但有限的资源、数据会限制这种努力。

在许多情况下,可以将定量和定性测量混合起来,以实现完整的结果和效果框架。此外,评价期间与相关学会进行了对面的访谈同样重要。评价可能必须考虑不同学会间完全不同的结果。评价设计考虑了衡量科普活动实施和结果的定性和定量研究方法,使用一组变量来收集数据,评价者可以确定学会举办的科普活动次数与受众参与度、满意度之间的特定联系。不同的因素构成了作为"提供一组通用变量以用于设计、收集、分析和应用调查结果的标准"的框架。通过遵循这个程序,研究者应该能够测量不同阶段的效果以及达到预期结果的程度。评价是一个循环过程,可以从一些目标开始,在相关参与者的帮助下检查、收集不同观点,并根据评价中学到的经验重新规划新的活动。因此,有效的评价需要能够控制这个循环过程,为每个元素分配适当的权重。

评价者的偏见很常见。评价人员可能会因为过于同情错误的人或对缺失数据一无所知而得出错误的结论。科普能力评价中一些指标存在共线性,如科普场馆建设和科普资金投入两项指标,此时若采用数量化方法,将导致一些具备共线性的指标出现权重过低的情况(高畅 等,2019)。本质上,对假设和实际示例的不断测试和修改,直到结果与分析前的直觉一致似乎有所改进。从技术上讲,由于这一点,加权变得可以避免。对于使用价值的最终度量,人们可以简单地减少不太重要的维度上的尺度。例如,在评价学会科普能力时,科普专职人员和科普兼职人员的重要程度并不相同,那么权重值便会有所不同。科普兼职人员的重要程度的最大值为5,而科普专职人员的重要程度的最大值可以达到10。我们在传统的加权求和方法中对方法论进行了不同的分割,因为我们希望保留一个标准来评价每个维度的能力的范围(类似上述的科普兼职人员、科普专职人员的重要程度分别为1~5 和 1~10);然后必须通过压缩或扩展范围上点的重要性来对此进行补偿。但是,尽管这二者可以等效,不系统地执行此操作仍是错误的主要来源。

李婷在国家科普能力定义的基础上对地区科普能力进行界定。由于已有的科普统计内容中没有科普支撑条件的内容,在其评价中假定科普支撑条件对不同地区科普能力的影响一致(李婷,2011)。量化评价把科学理论运用到学术评价之中,需要强调科学理论可适用的范围和边界。具体而言,量化评价在自然科学评价中可以应用,但需要注意学科的差异性;量化评价在社会科学中应当谨慎应用,不仅要注意学科之间的差异,而且还要分析指标的有效性;量化评价有控制人为因素的问题。在对人为因素的控制上,量化评价模式并没有降低标准,反而是提出了更加严苛的要求,不仅要求研究者的自律和评价者的"职业"自律,而且还要求价值及其评判标准是恒定的。社会科学和人文学科缺乏高度发达的概念框架,自身消除错误和纠偏的能力较弱,容易受到群体压力、政府操纵、利益集团、个人偏好等的影响(李冲,苏永建,2017)。只有经过"显著性"测试的指标才被视为有价值的产品(Cronbach,Shapiro,1982)。从数据到最终的评价判断是评价调查的独特问题。对社会科学价值中立概念的最后辩护在于否认需求评价作为评价调查的一部分的合法性。评分技术包括列出所有相关维度,根据相对重要性对它们进行加权,在每个维度上为每个指标分配能力分数(如李克特量表)。每个条目的总分只需将权重乘以性能分数再将它们相加即可获得。这是一种至关重要且有用的方法论,之所以重要是因为除了直观的整体综合之外别无选择,而有用是因为它可以极大地改善单一判断。需注意此过程涉及不止单点的价值决策。显然,权重反映了价值。如果使用原始数据,几乎每个维度都有不同的指标,并且无法有意义地组合它们。每个维度的表现都是一个小型评价。毕竟,选择这些维度只是因为它们代表了评价者的价值表现,如何成为最高/最低分数等必须来自对价值的评价。理想的量表似乎是最好的,因为它们可以同时完成这两项工作。与此同时,也必须注意量表条目的过度复杂化(即是否因考虑全面性而设置了大量指标)。

即使在资源最丰富的科普机构中,也经常采用低质量的评价方法。这导致有问题的数据、似是而非的结论以及科普实践的质量和有效性的增长受阻的产生(Jensen,2014)。良好的学会科普能力评价活动需要前期的宏观规划、学会科普的明确目标、相关的评价技能以及基于评价证据改进实践的承诺。如何才能知道科普是否成功地为公众提供了有价值的东西呢?分享高质量评价可以有效地为学会提供发现科普计划发挥作用的方式、场景以及影响。科普教育基地在设计和实施游客调查和其他评价程序方面一直处于领先地位,旨在为他们自己的实践提供信息和改进。然而,这些机构的"行业标准"受众调查和评价程序提供了调查设计、抽样和分析方面的基本错误和不良做法的目录。多年来,低质量的评价一直在向科普系统提供有问题的数据和结论。

科普机构通常是评价研究时不加以批判的消费者和生产者,它们很快就相信衡量复杂的结果可以很简单。例如,想知道孩子在科普教育基地度过一天后是否学到了很多科学知识,便会设置"你今天参观科普教育基地的时候学到了科学知识吗"这样的问卷题项,受众仅需选择"是"或者"否"即可。更有甚者,由家长陪同的科普基地体验活动中,儿童的注意力和理解能力无法完成问卷时,父母变成了"发言人"并代替儿童填写问卷内容。衡量科学学习、态度和其他关键结果变量实际上并非如此简单。假设儿童对问卷题项回答"是"时,儿童很可能是在迎合科普基地的意愿来填写。这个问题强加了一种不切实际的期望,即受访者能够准确评价他们访问科普教育基地前自身具备的科学知识,确定访问期间发生的任何收益或损失,并以李克特五级量表提倡的五分制正确地反馈其结论。实际上,调查需要(至少)直接测量访问者在干预前后的想法或态度。科普中更常见的问题评价实践还包括教师或家长代表他们的学生或儿童汇报学习或其他成果。如果教师和家长只是猜测参观科普教育基地中的儿童会说什么,那么通过简单的选项准确测定受众态度便成了天方夜谭。事实上,由于这个问题可能适用于多个孩子,如果教师和家长发现群体的部分孩子讨厌科普教育基地,那么应该如何来反馈结果便存在价值冲突。此外,对于不清楚李克特量表的受访者应该如何解释"5"或"7"这些数字的含义,成为了一大难题。不过,顶级科普机构中拥有数十年工作经验的专业评价者仍经常使用这种调查设计方法。

采用多种视角、多种结果衡量方法以及定性和定量方法来收集和分析所需信息。项目目标多样且复杂,许多评价中使用的数据源和方法容易出现相当大的测量误差。因此,有必要采用多维方法来收集和分析数据,以帮助确保评价结果具有足够的范围和可靠性,通过适当的交叉检查,并且推论和结论是有效和有意义的。科普能力评价研究包括一组指标来衡量这些问题。指标的选择是一个敏感而关键的过程。一方面,科普评价者以与其文化和规范背景以及经济和政治利益相对应的方式来界定问题及指标。在这些情况下,指标的选择可能会涉及非中立甚至是有倾向性的选项,从而为"指标政治"创造一个隐含的、有争议的空间。另一方面,科普评价专家也会使用指标来评价行动和决策的选择。技术评价专家与其评价对象处于"相对距离",他们通常必须依赖学会使用的指标,但也要对这些指标提供批判性观点并评价是否合适。此外,科普事业的演变速度极快,指标的选择和演变研究是一个敏感和关键的过程,可以揭示正在解决的问题的范围和质量。

因此,指标应被视为任何科普评价研究的基石,它们代表问题的效果相关方面。这种中心性表明从业者应该反思指标的使用与否。科普评价在指标使用上必须从被动选择转变为反映选择的论点。事实上,技术评价必须更彻底地反思指标构建和应用的逻辑,以提高自身的专业素质。

8.4.3　相关性与普遍性

整体性是指系统不是各种要素的简单相加和偶然堆积,而是各要素通过相互作用构成的统一体,其存在的方式、目标、功能等都表现出整体性。系统的整体性是相对于外部环境而言的,一个系统具有整体性就意味着该系统内部具有一致的运行规律,是该系统区别于其他系统的重要标志。学会科普的整体性表现为在各要素的相互关联、相互制约、相互作用的协同机制下,整个科普系统所具有的系统性质、系统功能、运行规律等已经与各要素在独立状态下所具有的性质、功能完全不同。科普社会化发展的核心就在于主体要素之间在发挥各自作用、提升自身效率的基础之上,通过机制性互动产生效率的质的变化发挥出"1+1>2"的作用。整体性实际上就是对系统构成要素特性的扬弃,要素间自身个体特性相互协调,在系统中达成和谐一致。而只有内部要素高度分化、多样化,才会有多元协同的实际意义,这样的要素相互作用才可以促成整体的新质涌现。例如,当下的科普作品已由单纯生产精神产品发展为生产物质产品,如教育模型、电脑软件、电脑游戏、高科技玩具、高科技展品等多样化的表现载体。但仍然很难全面评价此类活动的影响,这些活动通常会产生远远超出每个项目既定意图的"涟漪效应(Ripple Effects)"(Bandelli,2014)。

公众参与者应包括受影响公众的代表性样本,而不是简单地代表一些自我选择的子集。为实现真正的代表性,应征求所有受影响社群的成员。代表还应该考虑观点的相对分布:在一个小样本中,使用代表每个观点的参与者可能会导致那些持有多数观点的人的影响力相对减弱。实现良好代表性的方法之一是选择受影响人群的随机分层样本。另一个可能涉及通过问卷来确定对某个问题的态度传播,以此作为按比例选择成员的基础。实际上,抽样中出现的任何偏差都可能会破坏这项工作的可信度。尽管代表性是一个重要标准,但实际限制可能会限制其实施。为了公平地代表公众中的所有利益相关者,需要大量样本,但群体无法在成员众多的情况下有效运作。因此,似乎可能存在一些偏见,虽然只是多少的问题。

打造一个"品牌"有助于让一项倡议显得更专业,也有助于简化未来的活动。作为独立的科普人员,个人科普品牌开发出自己的数字科普作品集很重要。创建视觉形象体系是确保所有营销和广告材料一致性的有效方法。这个标志代表了一种很容易被观众识别的方式来识别个人品牌的计划,它也可以用于数字品牌。

学会科普能力评价中,要求做到重点与全面的结合。注意价值的整体效应,作为价值客体的科普实践本身是一个相互制约、相互协调的统一整体,不能片面、单一地看待价值客体。

8.4.4　总结性与形成性

评价本身应进行总结性和形成性评价,以便其行为得到适当指导,并且在完成后,利益相关者可以仔细检查其优势和劣势。总结性评价(也称为"事后评价")更为常见,往往侧重于企业行为完成后的影响。形成性评价是指在企业实施之前或实施过程中进行的评价工作,目的是评价绩效,并可能在此过程中对其进行改进。它需要分析参与者之间的互动模式,并监测可用资源的使用情况。如果目标和评价设计一致,评价也可以在沟通过程(总结性评价)结束时有效,从而有机会监控沟通干预前后的差异。作为一种测试科学家的工具,科学公共传播中的写作技巧被用作基线调查,以便在分析框架内评价书面交流。该研究有助于更好地了解科学家的沟通技巧,揭示在某种程度上他们需要学习一种新的科学语言,即将"科学的公共传播话语"作为与公众互动的一种手段。当想要检查科普活动预期变化时,很容易采用易于使用且对受访者影响较小的标准调查工具。这是复杂性的典型降低;评价的标准工具往往基于对信息的狭窄选择(Pellegrini,2014)。形成性评价可以在评价研究前进行改进,而总结性评价可以增加最终结果的可信度。

总结性评价和形成性评价在适当的情况下都是有价值的。总结性评价比形成性评价更可取,也更重要。形成性与总结性的相对重要性并不是问题,就像数量和质量方法的相对重要性。大多数行动所依据的项目评价可能都是在没有任何专业委员会的建议的情况下进行的,其中许多都是基于压倒一切的成本、资源或政治考虑。总结性评价称判断性评价的倾向是一种误导(Scriven,1996)。它并不总是出现在评价中,有时仅仅是观察性的。但是判断通常是存在的,就像它存在于整个科学的所有解释性讨论中一样,它存在于形成性评价中,也存在于总结性评价中。在某些情况下,成分评价可以算作整体评价。例如,对学会的长处和短处进行分析,而不进行整体的综合判断,以此形成目的评价。形成性评价的目的在于改进,这一事实确实导致了这些概念之间存在一个典型的差异。形成性评价更可能受益于分析方法(通常是指标选择方法),而非总结方法。总结性评价有两个共同的功能,即决策支持和知识(研究或调查)支持。总结性评价可能是一种更简单的评价形式。这显然不是说形成性评价就没那么有用或有价值,而是意味着它有点困难,并不意味着形成性评价可以避免符合被评价的逻辑标准。尽管需要非常仔细地分析,能力指标可以在形成性评价和超越性评价中发挥有用的作用。不是所有的形成性评价都为总结性评价做好了准备;只有很少的总结性评价能够足够及时地影响政策或预算决策。形成过程可以被用来协助更频繁的政策和管理决策,从而导致旨在改进现有政策和计划的增量变化。总结性评价和形成性评价在某些情况下都是有用的,在不了解背景的情况下声称一种类型的评价优于另一种是不会有结果的。

　　形成性评价和总结性评价的区别不是相互排斥的。形成性评价不限于过程评价,总结性评价不限于结果评价。形成性评价和总结性评价之间没有本质区别,其区别取决于语境。这种区分作为一种二分法太过泛滥,在应用上必然会造成混乱和争议。一种可能的解决方案是,严格地使用这种区别,只用于区分评价目的,如能力评价或项目改进。这样的语境表达方式之一就是将形成性与总结性、分析性与整体性横切开来。另一种方法是将评价目的和项目阶段之间的概念区别整合到更多不同的评价类型中,供评价者选择。例如,将过程评价和结果评价结合在一起。

第 9 章
科普社会化协同评价案例：学会科普能力评价

学会科普能力是指学会在科技知识的传播、普及和推广方面的能力，即学会能够有效地将科技知识传播给公众，提高公众的科技素养，推动科技发展的能力。学会科普能力的评估包括科普规模、科普内容、科普受众、科普影响等。学会科普能力的评估首先要考察学会科普的规模，包括学会科普的频率、范围和规模等。学会科普能力的评估考察学会科普内容，包括学会科普内容的科学性、有效性和创新性等。科普受众方面考察的是学会科普受众的广泛性等。学会科普影响包括学会科普影响的深远度、满意度。

学会科普能力评价主要考察学会成员的科普知识、科普技能、科普素养和科普表达能力等方面。首先，考察学会成员的科普知识，要求他们对学会的科普活动有一定的了解，能够熟练掌握学会的科普内容，并能够准确地回答有关学会的科普问题。其次，考察学会成员的科普技能，要求他们能够熟练运用各种科普技术，如实验、演示、讲解等，以及熟练操作各种学会科普设备，如实验仪器、投影仪等。再次，考察学会成员的科普素养，要求他们能够正确认识学会的科普价值，并能够以正确的态度和方式参与学会的科普活动。最后，考察学会成员的科普表达能力，要求他们能够清晰、流畅地表达学会的科普内容，并能够有效地吸引受众的注意力，使学会的科普活动更加有效。

综上所述，学会科普能力评价是一种有效的评估学会成员科普能力的方法，它可以帮助学会组织者更好地发掘优秀的科普人才，从而提高学会的科普能力。

科学共同体由大量重叠的专业和研究网络组成，这些网络在自身内部以及与其他社会实体或网络的相互作用中正在发展或改变社会结构（Mulkay，1977）。它由接近范式概念的科学专业的实践者组成，即科学共同体成员之间共享一套价值观和规范（库恩，2012）。通过教育和培训以及研究和实践中共同元素的联系，科学界的成员将自己和其他人视为追求共同目标的群组。这样的社群通常以群体内（相对于群体外）相对更频繁的交流和网络为特征。虽然所有科学家都可以被视为在更高层次上形成一个共同体，但其主要学科群体（如物理学家、化学家等）是各类学会，并可进一步区分各类子群体。例如，它不仅存在中华医学会，也同样存在中华口腔医学会、中华中医药学会。

本书探讨的学会指的是中国科协所属学会、协会和研究会等。学会属于非营利性社会组织中的"学术性社会组织"，全称为"全国性自然科学专门学会"（此前相当长一段时间称"学会"），是按照理、工、农、医、交叉学科、综合学科组建的，涉及科学、技术、工程以及管理、普及各个方面的科技性社会团体。

2006 年，中国科协业务主管的学会占学会的 80%，涵盖了自然科学及产业部门的大部分学会（王锂，2010），中国科协主管的学会在一定程度上可以代表学会的一般情况。截至 2022 年底，中国科协主管的学会共有 216 个，包括 46 个理科学会、80 个工科学会、16 个农科学会、29 个医科学会以及 45 个交叉学科学会。

《中国科协关于新时代加强学会科普工作的意见》（科协发普字〔2021〕61 号）强调，"世界一流学会"的建设必须依靠"一流科普"，应强化学会科普工作职责、彰显科普价值引领作用、打造特色科普品牌、搭建科普工作平台、发展壮大科普工作队伍、组织实施学会科普工作专项、加大科普表彰奖励力度、抓好科普阵地建设、加强科普规范化建设、开展科普国际及港澳台交流合作。

在学会科普活动中，可以把行动者分为三类：学会成员、受众和政府机构。学会成员是核心行动者，负责组织科普活动、收集信息、准备资料、宣传活动等。受众是学会科普活动的主要受益者，能从科普活动中获得知识和技能。政府机构是学会科普活动的支持者，提供资金支持、技术、宣传支持等。

关于学会的研究主要集中在两方面：一是理论和机制研究，如体制机制建设、模式、规制、产业化等；二是实证研究，如核心竞争力的评价与分析等。学会作为科技创新的另一主体，虽然目前有相关的评价方式，但还未在科普领域形成切实有效的评价工具体系。中国学会发展速度快，在参与国际竞争中提出了建设"世界一流学会"的目标。围绕中国特色世界一流学会建设的"五大能力"和"八个重点建设方向"，引导学会做强内涵、做大规模、做出品牌，不断向中国特色世界一流学会目标迈进。

针对学会的评价研究较为丰富。朱梅梅、周献中（2009）运用粗糙集理论（Rough Set Theory）对江苏省120个学会样本从组织建设、学会管理、科普活动、办公条件与经济实力、社会服务和工作创新、学术交流等7个方面进行考核。王习胜（2002）从社会学、心理学、管理学、科学学等角度，总结了科技团体创造动力、科技团体主体（个体）的创造力、科技团体创造成果、科学家集团创造力评价中的关键与方法。傅世侠等（2005）将团体成员创造力、团体氛围和团体研究课题探索性等来反映科技团体创造力。李建军、王鸿生（2008）认为学会评价的关键指标主要有学术交流能力、会员满意度、社会服务能力、社会资本增量、自立和发展能力。杨红梅、吕乃基（2013）对学会运用内涵性指标与外延性指标构建包括核心要素、关键业务、综合影响力等三方面的评价指标体系。孟凡蓉等（2020）以SPO模型为逻辑参照，以引领力、组织力、影响力、凝聚力四要素构建了世界一流学会的综合能力评价框架。

目前，我国鲜有针对学会科普的专项评价研究，科普能力评价更显欠缺。实现科普工作理念、工作方式和工作机制的创新和转变，需要树立以投入产出绩效链为导向的科普发展新理念，需要切实加强学会科普能力评价。基于这样的新时期要求，针对学会科普能力的研究不仅要对科普能力的内涵和影响要素进行研究，而且还要对学会科普能力进行评价研究，包括指标体系设计、指标赋权方法、评价模型等方面，提炼出可以对学会科普能力科学评价的理论方法。本书拟从价值论角度出发,探讨学会在科普能力评价方法构建过程中,应该注重的价值标准、价值判断与价值冲突,旨在为学会科普能力评价体系建构的发展起到理论支撑作用。学会科普评价首先是评价其目标实现程度,并使用评价结果来修改该学会的科普策略,以期继续、改进或终止。无论根本原因如何,有效的评价都有助于了解学会在评价指标体系的衡量下的成果,寻找改善学会科普的方法,并向公众传递该学会科普的实现目标以及程度。由此,评价结果也为学会提供基于证据的信息,以便其判断科普项目是否存续。

9.1　行动者网络理论

20 世纪 80 年代中期,以法国社会学家拉图尔(Bruno Latour)、卡龙(Michel Callon)和劳(John Law)为核心的科学知识社会学(Sociology of Sciantific Knowledge,SSk)的巴黎学派对实验室研究遇到的"内部"和"外部"、"认识"和"社会"、"宏观"和"微观"问题进行了分析,结合实验室人类学研究及法国后结构主义提出了一种新的研究纲领——行动者网络理论(Actor Network Theory,ANT)。针对这一理论,国内多数学者主要是通过科学知识社会学(Sociology of Scientific Knowledge,SSK)来完成其评述的。拉图尔批判了以布鲁尔(David Bloor)、巴恩斯(Barry Barnes)为主要代表的爱丁堡学派在解释科学知识成因时提出的四条"强纲领"(Strong Programme)原则。

本书将行动者网络理论作为一种应用方法来看待学会内外的行动者。行动者网络理论将社会和自然世界中的所有互动和关系视为一个不断产生影响的网络。这些关系内外的一切都在创造自己的现实和形式。应用行动者网络理论的实践探索了社会和自然世界的网络,并描述了发生的关系。

行动者网络理论可能被用来描述关系,并被用作描述和干预这些关系的方法。它考虑个体、对象和信息,并试图理解它们在网络中的相互作用。行动者网络理论不是对某物的描述,而是一种追踪理解行为的方式,行动者是所有实体,发生在行动者之间的联系形成了网络(Patrick,2017)。行动者网络理论打破了主体与客体、自然与社会、人与非人、物与非物的根本界限,重新描述在科学活动中各种存在所起的作用,用"行动者"来代表这些存在。行动者网络理论认为科学与社会是交互演进的,并将科技发展归因于人的因素(人的行动者,Human)和非人因素(非人行动者,Non-Human)共同作用的结果,所有因素统称为"行动者"(Actor)(王明,郑念,2018)。行动者网络理论反映机构内外的参与者之间会发生复杂的相互依赖交织。随着网络的发展,它从一个异质性系统转变为不可分割的同质性关系形式。网络是可转换的,能从异质的理解走向同质的理解。当网络中的行动者与焦点行动者更加一致时,就发生了翻译。此外,翻译是一个协商和重新协商表象或现象的过程,为了使它们的行为符合网络要求。通过分析网络出现方式、网络中涉及的对象,以及行动者的观点,可以以一种允许主要行动者调整网络的方式来理解网络。行动者网络理论使用"翻译"的概念来演示现实是如何通过网络中的关联和联盟构建的。对于某一技术的接纳意愿和接纳程度与"人的行动者"关联成的网络联盟息息相关,并与"非人行动者"形成互动,重点在于行动者间"翻译"(Translations)的有效性,吸纳新成员形成目标一致的行动。除了人和非人因素外,还存在"物的行动者"和"非物行动者"因素,且将"翻译"分为"翻译语言"和"翻译场所"(尚智丛,谈冉,2021)。卡龙将争议过程中不同行动者的交流描述为翻译,这里他借用了米歇尔·塞雷斯(Michel Serres)的术语,将翻译定义为"通过将先前不同的事物联系起来创造趋同和同源性"的过程(Callon,Latour,1981)。换句话说,翻译是通过连接先前完全不同的元素来运作的。每一个联系行为所暗示的创造性步骤都是行动者网络理论的基本分析单位,它意味着运动、扭曲和变形。塞雷斯借鉴信息论将翻译描述为一种传递和扭曲信号的交流行为,一种不可避免地改变正在传递的信息的中介,从而在发送者和接收者之间创造一种新的、差异化的关系(Brown,2002)。卡龙重新诠释了这个概念,通过描述某个实体来作为其他实体的代表或代言人不断重新定位的过程。

对于对科学知识生产进行社会学分析的支持者来说,行动者网络理论将能动性归因于"非人行动者"是向朴素的科学现实主义或技术决定论的倒退。行动者网络理论揭示的非人类行动者的模式通常是由赢得相关争论的科学家识别和描述的。行动者网络理论与科学知识社会学的争论归结为对"对称"原则的理解不同。布洛认为,对称性是"对公正性需求的改进",并要求社会科学家使用相同的解释记录来解释争端的双方,不仅必须解释真假信念,而且同一类原因必须产生两类信念(Bloor,1973)。针对行动者网络理论,"对称"描述了一种相当不同的方法论,即拒绝在人类和非人类行动者之间,或者在属于社会的元素和属于自然的元素之间存在先验性的区别。相反,自然和社会被理解为一种更基本的活动形式的副产品,如网络的建立、准对象的流通,旨在防止预先确定哪种行动者可能获得代理权。卡龙和拉图尔强调他们拒绝诉诸社会因素来解释技术科学争议的解决,不对任何事物作出社会解释,试图解释社会、事物、事实和技术人工物是其中的主要组成部分(Callon,Latour,1992)。尽管行动者网络理论早期被称为"翻译社会学",但在最初对技术科学世界的探索中,几乎未曾上升到主流社会学领域。与一些社会学家认为的相反,行动者网络理论不是对科学和技术领域的社会学解释模式的阐述或应用。行动者网络理论不是社会科学的一个分支,它已经成功地将其方法扩展到科学活动,然后扩展到社会的其他部分。正是社会理论在解释技术科学中任何具体的、富有成效的和有趣的事情方面存在根本的不足,才促使行动者网络理论在科学事实研究中避开"社会"解释。

卡龙对行动者网络理论中"理论"一词的使用提出了质疑,认为正是这一点赋予了它力量和适应性(Callon,1999)。Alcadipani 和 Hassard(2010)将行动者网络理论称为一种方法。正如拉图尔(1983)所指出的,行动者网络理论最初是从致力于实验室人类学分析的研究中发展起来的。拉图尔的《实验室生活》(《Laboratory Life》)是对美国加利福尼亚州拉霍亚索尔克研

究所的仔细考量,表明传统类别的社会学的解释和情境化并没有达到科学
在行动中所展示的丰富性、情境性和技术质感。行动者网络理论从中而来,
成为对技术实践和科学知识创造之间的纠缠得最深远和最成功的解释之
一,即技术科学的世界(Strum,Latour,1987)。拉图尔反对运用社会建构主
义的社会科学解释模式。在《实验室生活》一书中,拉图尔将实验室视为许
多不同元素(如化学物质、小动物、人、打字机、铅笔、复杂机械等)聚集在一
起的场所,这些元素被转化为包含"真理"和"事实"的科学报告和期刊文章
(Latour,Wodgar,2013)。实验室最初的研究致力于了解在转化过程中发
生了什么,是什么"处理"将一系列不同的元素转化为有序的、连贯的合成
品。实验室研究通过说明科学知识的社会政治起源来揭露科学知识的主观
性。拉图尔认为这些研究将为社会生活秩序的社会学提供思路,将科学知
识作为一种可展示的社会文化产品,从而追溯社会和知识的根源,这些知识
被理解为社会秩序的一种影响。拉图尔、卡龙和劳尔试图发展一种新的社
会理论来理解科学和技术(科学知识社会学的一条线),他们挑战了围绕人
类和非人类分类排列的社会的不对称特征,他们主张从过程的角度分析非
人类和人类行动者之间的相互作用,以产生对由异质行动者组成的社会构
成的新见解(Callon,Latour,1992)。这导致了科学知识社会学领域的学者
之间的摩擦、分裂。行动者网络理论在应用和翻译过程中被多次修改,导致
一些学者质疑行动者网络理论的基本原则的科学性。

　　由拉图尔、卡龙和劳开发的行动者网络理论变体为理解社会的构成提
供了具体的本体论见解。根据拉图尔的说法(Latour,1984),社会是"通过
每个人的努力来定义或解释它而实现的"。这与社会学视角不同,后者的分
析始于一个隐含的假设,即社会是构成的或预先确定的(Latour,1999)。根
据这种方法,社会的组成包括一系列的关联,即异质元素之间的各类联系。
它不是一个特定领域,而是一种"非常特殊的重新关联和重组运动"
(Latour,2007)。由于行动者网络理论假设知识也是行动者排序的结果,它
可以成为追踪知识创造政治的有用方法,来理解过去的知识创造作为异质
行动者网络的影响。行动者网络理论表明,对社会构成的理解可以通过努

力跟踪行动者形成网络的过程,以及跟踪网络成为"行动者"的过程来达到。具体来说,它是关于构成社会结构的要素如何结合在一起创造、复制或改变社会模式的思维方式。行动者网络理论假设社会是由行动者构成的——行动者被定义为那些有能力对他人采取行动或改变他人的人(Law,1984)。拉图尔认为,行动者通过参与、动员和转化其他行动者的利益,不断参与工作,最终招募到行动者从事同一事业。当行动者及其利益被转换(即通过一个行动者展示其将角色分配给其他行动者的能力,而使利益趋于一致的过程),事业就会变得更加强大。在某种程度上,构成网络的行动者能够根据一个总体的原因维持极端的利益一致。如果一个网络能够维持其行动者的"极端"对齐,即它能够作为"一个人"行动,它就会被视为一个行动者,而不是一个网络。

9.2　学会科普社会化协同网络分析

"科普社会化"的基础内涵指向的是多元社会化主体通过协同方式共同参与到科普工作的开展之中。当有关多元社会力量介入科普事业发展的理解中时,国外并没有明确提出"科普社会化"以及更基础的"科普"这一概念,而多以科普为基本框架术语。社会网络是指在社会结构中社会行动者及其间关系的集合。社会网络包含两个基本要素,一个是行动者,另一个是行动者之间的关系。社会网络是由多个点(人的行动者)和各点之间的连线行动者(非人行动者)之间的关系组成的集合,它强调每个行动者都与其他行动者有着或多或少的关系。整个社会是由一个相互交错或平行的网络所构成的大系统。根据行动者网络理论,本书将学会科普网络的行动者分为包括政府、科学技术协会、学会、企业、媒体、科技工作者、公民等"人的行动者"和包括学术交流、政策咨询、项目、报道合作、会议、文献、科普读物、活动参与等"非人行动者"（汤书昆 等，2022）。

政府是科普工作的制定者和协调者。在科普的全流程链中，政府承担着统筹规划、管理监督等方面的职责。其中，科协组织在承接政府转移职能或向政府提供服务和智力支持上起到关键作用。学会是科技工作者的会合体，为科普内容的生产提供科普知识和科普产品。此外，这三类机构常以科普智库的角色承接政府委托的科普政策咨询项目，开拓并发展科普理论，并通过论文、专业书籍等形式进行传播。这类机构具有丰富的科学知识生产的禀赋和与生俱来的公益属性，是学术交流和高端科技资源科普化方面的主要推动力量。

媒体是科普过程的扩音器，专注于科普内容的呈现和分发，起到舆论引导和新闻造势的作用。新媒体及不断涌现的智能媒体通过高效便捷、精准智能推送、超大容量存储、全流程多元循环互动等特点迅速发展成为颠覆传统媒体的新力量，也快速打造了公众参与科普的全新空间。各种新兴自媒体平台让每个人在法律的界限内紧握传播的自由，主体单向灌输型科普的围墙被彻底打破。媒体从业者和媒体平台是科学家与公众沟通中最重要的桥梁，通过与其他主体的报道合作，他们将包含专业术语或语言表述的知识、方法、理论、公式等科学知识"翻译"成科普读物等科普资源，并通过多种现代化科普方式向公众提供易于理解、接受和掌握的科普内容。公众即科普产品、服务的需求者和使用者。传统媒体纷纷开创新媒体平台，不同新媒体间相互融合，实现了大众传播与小众传播的互相配合。近年来，微视频科普的全民化爆发消费，实质上已经带来了全新的科普内容传播语言体系。

公众是科普社会化的推动者和参与者。公众具有最迫切的科学知识产品化服务的消费需求，不同的公众对科普内容的需求不同，单一科普主体很难匹配相应需求，政产学研媒各方协作则能起到聚合作用。公众是科普社会化的全方位推动者。此外，公众也是科普社会化的多元参与者，部分公众具备较强的科普创作与内容供给能力，他们不但能产出通俗易懂的科普产品，而且能运用大众传媒或自媒体工具进行科普内容的高效传播。科普始终处于动态循环交互中。这种嵌套式、多主体的特征使得科普主体间成为一个循环系统,"行动者"间的相互关联与作用,造就了科普高度活跃而复杂的局面(陈鹏,2012)。

不同"行动者"组成的完整科普结构是实现科普内容"翻译"的基础生态,通过"翻译语言"与"翻译场所"实现科普价值的创造与增加。首先是"翻译语言"的协同。科学知识的形象化与通俗化,一直是高端科技资源科普化的难点。从科学专业术语到大众科普读物,往往需要借助"人的行动者"对语言进行多次"翻译"。科学知识和科技发明经由企业、学会等机构的科学家、工程师发现、发明,"翻译"成科学专业术语,再经政府、媒体等"翻译"为以图文、视频、动漫等媒介形式呈现的生动语言,最终到达公众的视域中。政府、学会、媒体等"行动者"间通力合作、相互配合,才能在协同链上与生态圈里实现科普内容的有效传播。针对社会热点和重大科技事件,多主体加强和媒体的通力协作,有助于引领正确的科普导向和保障科普的真实性。其次是"翻译场所"的协同。不同的"人的行动者"在进行科普知识的"翻译"时,采用了各具特色的"翻译场所"。高校将全国科普日与科技活动周作为向公众开放科普活动的重要窗口;学会则擅长举办会议;媒体以便捷的传媒工具见长。在科普社会化的框架下,不同的"人的行动者"相互"借船出海",实现对科普场景的重新创造。

9.3 学会科普能力行动者网络分析

本书针对中国科协所属的部分学会的专家和工作人员进行了访谈,内容包括:所在学会科普的体制机制优化、管理模式转变、经费管理改革等;在学会科普政策的执行过程中,通过学会层面存在的问题,研究制定的整改思路和工作措施,在健全制度、完善政策、改进管理、优化流程等方面提出具体的建议。在与25家中国科协所属学会中对学会科普工作有较深入了解和思考的专家、学会具体科普工作负责人的访谈中（见表 9.1），形成了 40 万字的资料。

表9.1　学会科普访谈对象信息表

学会分类	学 会 名 称	受 访 人 情 况
理科	中国气象学会	科普部处长、科普部项目主管
	中国心理学会	心理学普及工作委员会主任、秘书长、秘书
	中国地质学会	综合协调处处长、成果和人才评选处干部
	中国环境科学学会	科普部主管/高级工程师、科普部高级工程师
	中国地震学会	副秘书长、办公室主任
工科	中国核学会	科普部部长
	中国计量测试学会	副理事长兼秘书长、科普部副主任、科普部科员
	中国电机工程学会	科普部主任、科普部副主任、科普部专员
	中国航空学会	科普部高级工程师
	中国机械工程学会	常务副理事长、科普与评价处副处长、项目主管
	中国颗粒学会	副秘书长、干事
工科	中国汽车工程学会	副秘书长、科普文化中心高级工程师、科普传播中心传播总监
	中国生物医学工程学会	常务副秘书长、办公室主任、科普部主管
	中国食品科学技术学会	副秘书长、科普部部长
	中国水利学会	学术交流与科普部主任、教授级高级工程师
	中国通信学会	普及与教育工作部副主任、普及与教育工作部主管
	中国指挥与控制学会	副理事长/秘书长、秘书长助理
农科	中国林学会	副秘书长、科普部主任/高工、科普部工程师
	中国农学会	科普处副处长、干事

学会分类	学会名称	受访人情况
医科	中华医学会	科普部部长
	中华口腔医学会	科普部部长、项目主管
	中华中医药学会	科普部负责人
	中华预防医学会	科普信息部副主任、科普信息部职员/助理研究员
	中国药学会	科技开发中心副主任、科技开发中心科技传播部经理
交叉科学	中国科普作家协会	工作人员

　　与此同时,对访谈内容进行了若干深度挖掘、分析和价值点提炼,总结了学会科普工作的现状和问题,并对若干值得关注的问题提出了思考对策,得出了本书的核心范畴(见表9.2)。

表9.2　学会科普能力的行动者

科普经费	自筹科普经费
	上级单位科普经费
	社会科普经费
科普人员	科普专职人员
	科普兼职人员
	学会注册科普志愿者数
科普制度	科普工作管理制度
	科普人员激励措施
科普产品	网络科普平台
	科普自媒体
	科普期刊
	科普图书
	科普课程

续表

	科普(技)讲座
	科普(技)竞赛
科普活动	研学活动
	科技教育活动或实用技术培训
	公众科普品牌活动
	创新类科普活动

根据行动者网络理论,本书将学会分为科普专职人员、科普兼职人员和学会注册科普志愿者数等三类人的行动者,以及科普部门或机构、科普经费、科普制度、科普产品、科普活动、网络媒体等非人行动者。

9.3.1　科普部门和机构

学会的一般办事机构为秘书处,下设各类管理机构,如科普部等。以中国煤炭学会为例,设立了科普教育部以承担如下工作:贯彻实施《科学素质纲要》,促进行业科普;普及煤炭科技知识和安全生产常识,宣传行业先进理念和技术成果;承担科普期刊(《当代矿工》)的指导和科普宣传资料的编发制作;"全国科普日"活动的组织参加与宣传;实施煤炭技术工艺与装备设备展览展示活动的组织筹备与策划;联络协调科普教育专家推荐与科普教育基地;开发科普资源、优秀科普作品的评选推荐;组织煤炭行业专业技术培训、知识更新和技能认定等教育培训;编写煤炭专业技术人才培训相关教材。科普部门常与学会的科普工作委员会合署办公。

工作委员会是针对特定事务成立的学会分支机构,包括学术工作委员会、科学普及工作委员会、期刊编辑工作委员会等。科学普及工作委员会的设立初衷为负责组织会员面向社会公众开展科学普及工作。大多数学会都以"科学普及工作委员会"或"科普工作委员会"命名,少数学会将科普融入教育、出版、培训等其他领域中。例如,中国机械工程学会设立了科普与评价处科普工作委员会,中国植物学会设立了科学传播工作委员会,中国环境诱变剂学会设立了普及及出版工作委员会,中国兵工学会设立了科普咨询与教育培训工作委员会,中国睡眠研究会设立了科学普及宣传调研工作委员会。

与工作委员会相比,学会在设立科普相关的专业委员会的意愿明显偏弱,仅有少数学会设立了相关部门。中国遗传学会设立了科普委员会,中国药理学会设立了教学与科普药理专业委员会,中国麻风防治协会设立了麻风健康教育与科学普及专业委员会,中国医学救援协会设立了科普分会,中国科学学与科技政策研究会设立了科学传播及普及专业委员会,中国卫星导航定位协会设立了科技普及专业委员会。许多科普机构将自己视为学习型组织以及支持他人学习的组织,其中,评价是实现这种自我学习的一种手段。

9.3.2　科普经费

长期以来,学会一直在资源稀缺的环境中运作,因此受当前和潜在资助者相当大的影响。资源是组织战略、结构和生存的基础。了解能力衡量对外部利益相关者有象征意义;为考虑非营利组织如何根据其筹资模式定制能力衡量组合提供了基础。学会资金来自个人捐助(如会费、捐赠)、企业捐助、政府财政、挂靠单位经费等。考虑这些不同受众的独特兴趣、优先事项和价值观,为未来研究他们对科普能力测量设计的影响提供了独特的视角。作为公共资金的管理者,政府筹资模式更可能受到公共部门在组织产出和成果中的问责和公平价值观的影响。企业捐助可以作为帮助企业在当地和更广阔的市场中获得更大忠诚度和善意的关键战略。因此,企业捐助可被视为是一项重要的营销资产。同样,私人捐助者是学会争夺关注和知名度的另一个市场,这使得有效沟通影响的能力成为一项关键能力。

学会划分为直属学会、主管学会、委托管理学会和无主管上级学会等四种类型。直属学会指办事机构挂靠在中国科协系统的学会，如中国自然辩证法研究会、中国科普作家协会、中国农村专业技术协会等。直属学会办事机构多占用中国科协系统的场地、编制及经费，对内是中国科协系统的内设机构，对外是直属学会的秘书处。主管学会是指中国科协作为其主管单位或业务指导单位，但办事机构仍挂靠在中国科协以外的单位（如国家部委、科研院所、高校、大型企业等）的学会。例如，中国口腔医学会的主管单位是卫健委，挂靠单位为北京大学口腔医院。委托管理学会是民政部委托中国科协作为其业务主管单位，且办事机构挂靠在中国科协之外相应单位的、非中国科协团体会员的学会，如国际数字地球协会、国际动物学会、中国科技馆发展基金会。无主管上级学会，即没有业务主管单位、没有挂靠单位的学会。学会办事机构挂靠单位性质的不同，使得学会在获得经费资助上形成明显差距，这也会显著影响相应学会在科普领域的投入。

9.3.3　科普人员

学会是团结科技工作者非常有力的行业组织，如能通过能力专业化和岗位专职化机制建设，进一步强化学会切合"两翼理论"要求的责任建设，其科普产出无疑会更显著。目前，受专职岗位工作人员严重不足的影响，其成效未能整体发挥出来。

部分学会积极挖掘科普专业、专职人才到岗到位，拓展高标准发展所需的创新人才及岗位支撑。中国气象学会科普部专门聘用有丰富科普运营、管理实务经验，同时又经过科普高端学历教育（如科普专业硕士试点培养毕业生）的专业人才承担科普平台运营管理职能。中华医学会面向社会公开招聘专业能力强的科普部副部长，助力实现学会科普新目标。

部分学会探索有成效的科普人才开源协同的工作模式创新。中国药学会有长期开展科普项目的年轻专职团队，团队动态保持在 10 人左右。同时,为进一步激发年轻队伍创新潜能,药学会正在积极推进量身打造专职团队评价激励机制。中国心理学会利用学会的联系动员机制团结全国广大心理科普工作者,建立服务端点延伸到最基层的心理服务协作网,创新性举措是在全国范围内遴选与培养"心理服务基层科普讲师",在全国基层科普上的带动和激励效果很好。

不少学会科普工作团队体量过小,专职在岗人才匮乏非常突出。绝大部分学会的科普在岗人员一人身兼多职,既是学会日常工作统筹衔接者,也是科普与行业学术管理等多元业务的兼职者。在身兼多职的情况下,科普人员每年常态科普工作开展已较难兼顾,拓展和创新的科普活动则几乎力不能支。按照"两翼理论"精神全面强化学会科普担当,本应积极承接日益增多的科普专项服务,但多数学会均表示在现状之下难有作为。当前学会承担科普职能人员分为三类:科普专职人员、科普兼职人员、学会注册科普志愿者。科普专职人员分为在编体制内专职和社会招聘入职专职,编制数目十分有限。因此,在学会科普工作现状中,科普兼职人员(借调、兼职社招、外部人员培训后调用等)承担着量大面广的科普工作。但是,由于从原职业转岗、外部门借调,科普人员对于学会科普的专业性难保证;且工作负荷很大、薪酬满意度与晋升通道缺失等机制缺陷问题,导致人员流动性大,对稳定性和长周期成长产生严重阻碍。学会注册科普志愿者多出自学会注册会员,主要职责是提供临时性知识服务,目前对其科普技能和科普专业性的要求并不多,也缺乏持续培育计划。学会科普部门或岗位上的工作人员缺乏科普一般性专业训练较为普遍,提升性培训则更少。科普人员专业化与职业化程度的不足很典型,在相当程度上限制了学会科普能力提升和科普工作成效显现。

驻会资源投放差异大,学会科普队伍发展失衡。医科和工科类学会更具有科普专职在岗基础力量,其他类学会科普人才在岗力量明显不足。在相同学科中,不同学会的驻会队伍发展也很不平衡,如汽车工程学会的科普专职人员达17人,远超同类其他学会,而同属工科的中国颗粒学会则没有科普专职人员。多数学会从业人员难以支撑日益增多的科普能力需求,部分学会驻会人员规模过小,科普专职人员调度、配备难度大。

9.3.4 科普制度

在科普社会化生态管理的形成机制方面,从目标共识以及体制设计上明确学会追求科普社会化的目标以及作为科普主体的职能定位。国家级以及省级的相关政策都对学会在科普实践中应当发挥的作用提出了明确的要求。例如,在 2019 年印发的《中国科学技术协会学会全国组织通则(试行)》中提出学会的主要任务包括弘扬科学精神,普及科学知识,推广科学技术,传播科学思想和科学方法,提高全民科学素质。再如,江苏省在 2013 年发布的《省政府办公厅关于进一步加强省科协及所属科技社团科技服务职能的意见》中指出需进一步强化学会的科技服务职能,其中包括科普基础设施建设、科普传播能力建设、科普产业发展等。聚焦于学会本身,组织内的规章制度中也重点突出了学会的科普职能。如中国航空学会发布的《中国航空学会事业发展"十四五"规划(2021-2025 年)》中在学会发展目标中提出了要开创科普工作格局,实现品牌活动科普教育重点突破,并将开创航空科普新局、提高全民航空科学素养水平作为学会的重点工作任务。中国农学会的章程中则规定了学会的业务范围,其中包括开展农业科普教育活动,提高农民科学文化素质。中国药学会则每年都会在官网上公布科普工作总结和科普工作计划,已经形成完备的科普制度体系。

学会能够助推科普社会化形成的原因就在于其具备的特点:首先是柔性的组织体系。学会的形成是依赖于某个特定目标由科技工作者自愿组织建立的,不存在人事上的隶属,不存在强制性,因此学会的组织边界是动态的(刘松年 等,2008),这也就奠定了其与外界协同的机会。其次是丰富的学科领域。在实践中,隶属于中国科协下的学会就有涵盖理、工、农、医、交叉学科在内的五种学科大类,五大类下则是细分了超过 200 个学科,学科的多元性为科普社会化生态系统带来的则是丰富的科普资源、科普人才资源,并能够在整合链接资源的同时实现要素整合。例如,中国自然科学博物馆协会秉持着"协同共享,场馆互惠"的宗旨,通过整合全国的科技馆、博物馆等科普设施资源实现协同效应。再次是多元包容的价值理念。这不仅促使组织内部形成开放平等的交流机制,促进内部思想交流,也带来了与外界沟通交流的机会。例如,在中国汽车工程学会章程中就包括在开放包容的氛围下促进学术交流、思想碰撞,突破局限思维,拓宽与外界沟通交流的渠道。在以上特点发挥作用的基础上,学会可以实现与各其他学会、高校、企业、科研院所、媒体等科普主体的协同机制。例如,中国汽车工程学会与高校合作开展的中国大学生方程式汽车大赛,至今已有十年之余,成为全国标志性的科技赛事。中国药学会以"科海扬帆,梦想起航"为主题的品牌科普活动,正是学会通过走进高校,组建大学生科普志愿服务队的方式实现了与高校科普资源的整合。中国人工智能学会举办的人工智能大会,聚集包括政府、科研院所、高校、科技企业的领导、专家、科技工作者等进行学术思想的碰撞。

科普活动考核与激励机制未能健全,科普工作"抓手"乏力,科普活动缺乏激励机制是导致科普工作难以推动的共性短板。科普不应仅强调传播专家和志愿者单方面的付出,还需要在更宏观的社会层面及时给予其激励,才能最终促进科普团队的常态化、有序化发展。学会联系动员的科学家参与科普工作没有被列入考核和激励的范围,直接影响了学会发挥科技工作者之家的资源优势,削减了最重要的"抓手"的功能。

9.3.5 科普产品

从社会的角度来看,科普本质上是一种科学的"广告"。它的意义不是为人们增加具体科学知识的数量,而更像是一种"市场培育"和"文化熏陶"。面对任何问题,即使公众不了解具体细节,至少也能达成共识,即在科学的框架内寻求解决方案。如果更多的成年人开始阅读科普,自然会引导更多的青少年对科学产生兴趣,从而走上真正的科学研究之路。这对整个社会来说显然是一个积极的影响。当然,很多人会指责过于前沿的科普现实意义不大,反而会造成对科学的误解,产生一些"流传于民间的科学"。对此,首先我们承认科普对提高全民科学素质的作用是有限的,不少人对科学的认识具有片面性,由此形成的对科学的崇拜其实是盲目的。但是我们也要认识到,科普内容与其他信息间存在互斥关系,科普内容未吸引到的注意力自然会被其他信息占据。如果每个人都能够深刻理解科学到底是什么,能够彻底理解科学作为一种特殊方法论的有效性和局限性,这自然是最好的,但显然目前并不现实。在这个前提下,与其让各种社会浪潮激荡,不如让科学抢占大众思想市场的份额。"大众科学"一词通常意味着在某种媒介上试图使非专业观众能够理解科学思想。一方面,它不是期刊中出现的技术科学;另一方面,与"流行科学"不同,它与科学的非虚构表现有关。它是对真实的科学事件、科学家以及科学思想的再次创作。普及是与专业科学传播分开的活动,科学家应对可被视为知识的规范版本负责。随着学科的发展和分化,越来越多的科学变得容易受到数学形式化的影响,科学变得更专业化,科普作品的数量和种类都在增加。科普作品存在三种主要类型:叙事性产品涉及科学史上的一个插曲或一位科学家的生活,说明性产品主要关注特定学科;调查性产品在风格上更具新闻性且涉及争议话题。其中,说明性产品往往被作者、出版社和发行商等归类为"大众科学"。

科普视频正在成为一种流行的消费和交流科学材料的方式。大多数科普视频侧重于科学主题的普及使对专业科学知识的触达变得民主化。科普视频可以帮助学术界的许多隐性知识(常通过学术社交网络的对话传播)变得更加明确。民主化伴随着生产的民主化——科普视频相对容易用较少的资源进行创建。在视频时代之前,广播是大规模分发音频的主要选择,传统媒体平台上的科学交流机会通常提供给知名学者,这就造成了知名学者被反复邀请的"马太效应"。在这种效应中,杰出科学家有更多机会来提高知名度。科普视频可以通过提供一种可访问的方式来分享研究和讨论学术界广泛关注的主题,从而绕过这一障碍。

科普教育基地主要是指依托教学、科研、生产和服务等机构,面向社会和公众开放的具有特定科学技术教育、传播与普及功能的场馆、设施或场所,是开展社会性、群众性、经常性科普活动的有效场地。科普教育基地和科技馆有效地促进了公众的科学能力维度和参与科学维度和发展。科普教育基地对加强科学能力的研究已取得丰富的研究成果,不过在支持公众参与科学维度仍有很多需要深入研究的地方。科普教育基地参观者可以在科普教育基地内外发挥"中介"的作用,通过他们所联系的组织和个人构建线上、线下科普社交网络。从制度层面来看,如果要论述科普教育基地对形成科学文化的作用,探讨公众参与机制是值得的论证(Bandelli, Konijin,2013)。《中国自动化学会科普教育基地管理办法》规定:科技、博物场馆类(科技馆、博物馆、动植物园、自然景区等)科普教育基地,每年开放日不少于150天;科研机构、院校实验室、工程技术研究中心和企业类科普教育基地每年开放日不少于60天;各类科普基地每年对青少年实行优惠或免费开放的时间不少于20天(含法定节假日)。

9.3.6 科普活动

科普活动将特定的信息或意识传授给受众,但这并不能被认为是真正的双向沟通。双向交流意味着从事科普活动的科学家在科普的同时也需倾听和学习与他们交流的受众的反馈意见。与此类似的是,在科学会议上口头陈述可以引发听众的评论,而这些评论反过来可能会影响发言者对自己会议作报告策略的迭代工作。科普活动应朝着建立科学家与公众的对话模式方向去努力,以便让公众对其参与的科普活动有更高的自主权,从而对科学产生更大的兴趣。值得注意的是,科学家也将从这种对话中受益,如了解公众的关注重点,以及公众对科学的理解上存在的障碍。与其他类型的活动一样,科学活动广泛使用反馈表做满意度调查,这样的反馈可能比网络平台的点赞更能说明问题。

中国药学会提及学会可以作科普理论研究。学会是具有专业性的,在某个领域做科普理论研究更有禀赋。一项对澳大利亚科学传播者(Australian Science Communicators)组织科学传播情况的调查表明,科学传播者常见的工作是科普创作(94%)、编辑(80%)、网络科普(70%)、科普活动组织(56%)。中国机械工程学会表示,在成立科普部门时考虑到后续科普的发展脉络,将该部门命名为"科普研究与传播中心",围绕机械行业开展从物到人的机械史脉络、工业遗产等的研究,"这种研究不像科普纯理论的研究,应结合着学会所属行业的工作,是很必要的"。

9.4　学会科普能力评价方法建构

能力评价的方法种类繁多,对科普的各要素需进行综合评价。通过文献分析常用的综合评价方法主要有专家打分评价法、层次分析法、主成分分析法、模糊综合评价法、数据包络分析、灰色综合评价法、神经网络评价法、TOPSIS法、Fuzzy-AHP等。在对科普能力评价研究中常用的方法有专家打分评价法、层次分析法、模糊综合评价法、多元统计综合评价法(包括主成分分析法、因子分析法、聚类分析法等)(王刚,郑念,2017)。此外,还有其他综合评价方法。由日内瓦研究中心于20世纪70年代提出的决策试验和评价实验法,基于图论和矩阵论对复杂影响因素进行分析,通过计算各因素间的互影响度确定权重(Hsu et al.,2013)。本书基于评价框架,主要运用专家打分法确定指标、标准和可观察量等。

艾尔肯等从方法、价值、应用三个维度对评价理论做了分类(Alkin,2004)。美国"项目评价工具"(Program Assessment Rating Tool,PART)的应用包括确定项目类型,进行PART评价,计算项目得分和确定项目级别(高军,张世伟,2015)。亨利提出了确定共同利益、选择行动方案以及调整行动方案等3个评价在追求社会进步上的功能(Grasso,2003)。Scriven

提倡一种迭代的、非线性的过程来解释需求、标准和性能。但同样清楚的是，他认为综合过程至少通常在分析之后，并且通过对他的定性权重和综合方法的反复和详细描述，他认为理想的价值评价更应是数学运算而非判断过程(Stake et al.，1997)。王磊(2017)运用"成本—收益"的分析方法，探讨了评价对象、信息搜集方式和评价方式。王萍等(2020)根据"环境—投入—产出—效果"的评价框架，建立涵盖保障能力、队伍能力、设施能力、产出能力、活动能力5类26项指标的基层地震科普能力评价指标体系，选用"AHP—熵权法"计算指标的组合权重。

构建评价框架时，虽然想要达成理想状态下的"应为"状态，但是由于"实为"所限，只能采取折中方法，如张良强等在实际的科普资源共建共享评价中，受统计资料可得性的限制，科普资源共建共享水平、科普资源品质水平和媒介资源科普效果没有相应的统计口径，只能将这三个指标舍弃(张良强，潘晓君，2010)。Olesk(2021)使用了一种概念映射方法，涉及各种科普利益相关者团体的代表协同工作，以提出一个分为可信度和科学严谨性(Trustworthiness and Scientific Rigour)、表现和风格(Presentation and Style)、与社会的联系(Connection with Society)等三个维度的质量框架。国家科学文化社会组织模型从投入和产出两端评价一个国家的科学文化发展水平(Godin et al.，2000)。张义芳等(2003)将科普评价框架设计为战略规划/计划、重大活动/项目、组织/管理能力。王芳官、王淼(2009)基于公众科学素养提升工程，将评价分为静态内容和动态发展两部分。张立军等(2015)考虑指标的变异性和指标间的冲突性，将CRITIC法(Criteria Importance Through Intercriteria Correlation)运用到区域科普能力评价中。科技部引进国外智力管理司综合与科普处为了掌握国家科普资源基本状况，了解国家科普工作运行质量，从2015年开始，针对国家机关、社会团体和企事业单位等机构和组织，开展科普统计，从科普人员、科普场地、科普经费、科普传媒、科普活动、创新创业中的科普等六个方面进行统计。民政部于2007年发布的《民政部关于推进民间组织评价工作的指导意见》中针对学术性社会团体构建了由4项一级指标、16项二级指标、48项三级指标组成的评价指标。"科学普及"指标包括"社团举办的社会科普活动次数、参与政府重大科普项目数、连续性科普活动"(中华人民共和国民政部,2007)。中国科协将学会评价分为"组织建设、为科技工作者服务、服务创新驱动发展、学术交流活动、科技期刊、科技开放与交流、科学技术普及活动、青少年科技教育、科技传播、科技创新智库建设"等。其中,科学技术普及活动包括"举办科普宣讲活动、宣讲活动受众人数、流动科技馆巡展受众人数、播放科技广播/影视节目、举办实用技术培训、实用技术培训人数、推广新技术、新品种、参加活动科技人员总数、参加活动的学会、协会、研究会、覆盖村、覆盖社区等"(中国科学技术协会,2018)。

学会科普评价的框架包括:承认科普能力评价有多种目的;采用综合影响评价数据收集方法和信息来源(定性和定量);超越绝对影响,包括相对影响;促进科普项目影响评价结果的比较;随着时间的推移累积增强框架,对学会科普工作起到解释和预见作用。本书构建了包括科普基础条件、科普工作、科普产出等三方面的学会科普能力评价指标体系。

9.4.1　学会科普能力指标体系

评价将运用自评价与专家评价相结合、定性分析与定量分析相结合、案例分析与统计分析相结合等研究方法。根据学会科普能力评价指标体系中几个典型的着重点,聘请多名科普领域的专家学者,对各科普能力指数拟采用的统计指标进行权重设定,并经过多轮修正,最终确定学会科普能力评价指标体系各指标的权重分配。

本书构建出"基础条件""科普工作""科普产出"等 3 个一级指标(具体模型见表 9.3)。

表9.3 学会科普能力评价指标体系

一 级 指 标	二 级 指 标	三 级 指 标
基础条件	科普部门或机构	/
	科普经费	自筹科普经费
		上级单位科普经费
		社会科普经费
基础条件	科普制度	科普工作管理制度
		科普人员激励措施
	科普人员	科普专职人员
		科普兼职人员
		学会注册科普志愿者数
	学科分类	/
科普工作	科普产品	网络科普平台
		代表性科普自媒体品牌
		科普期刊
		科普图书
		科普课程
	科普活动	科普(技)讲座
		科普(技)竞赛
		研学活动
		科技教育活动或实用技术培训
		公众科普品牌活动
		创新类科普活动
科普工作	科普基地	/
	科普理论研究	/

续表

一 级 指 标	二 级 指 标	三 级 指 标
科普产出	具有代表性的科普传媒产品	/
	网络媒体运营情况	/
	科普产品收益	/
	科普荣誉	/

9.4.2　基于德尔菲法的权重确定

方案设计和专家组选择。该阶段侧重于问题的定义和技术的设计。由评价研究小组确定要遵循的过程阶段以及专家对评价标准的选取，收集意见的工具的特点（标准、指标、范围和结构）、与参与者的沟通系统、过程执行日历和结果评价系统。由于指标体系的初稿过于复杂，为了从中选取重要程度高的指标，邀请专家对估指标体系的"重要性""判断依据"与"熟悉程度"进行打分，并反馈对于相应维度和指标的修改建议。专家包含三类，分别为学会的主管部门工作人员（如中国科协学会部、科普部）、科普研究人员、学会内部开展科普工作的专业人员等共31人，研究主题涉及公共科普、科普、社交网络等领域。之所以选择公共科普、社交网络领域的专家，是出于对创建一个经过科学验证的工具的兴趣，可以发现公众是否通过互联网参与由科学机构推动的研究项目，这种参与的方式极具有效性。为了汇集有助于提取此信息的所有标准和指标，专家的指导至关重要，他们从实践和理论的角度了解该渠道的优点和缺点，以使科学与社会之间的互动对双方都有效。

问卷设计与专家交流。本书创建的问卷基于科学文献，围绕标准构建的学会科普能力概念的定义和方法，开展进一步的专家交流。例如，经过与中国药学会的交流对接，与上述学会对接人员和部门进行了研讨和测试，基本摸清了上述样本学会科普工作的现状和成效,对学会开展科普工作的问题与不足有了更深了解。

共识的结论和沟通。在德尔菲法的发展过程中,当满足所谓的饱和标准时,迭代过程达到顶峰。这是由共识(被理解为个人估计的收敛水平,平均最低得分为 5 分中的 3 分)和稳定性(被理解为连续轮次之间专家意见的不变性,独立于收敛水平)。专家权威系数根据专家对问卷内容熟悉程度和判断依据的自评结果评价。熟悉程度分 5 级,从"非常熟悉"到"非常不熟悉"计 1～0.2 分;判断依据为实践经验、理论依据、同行了解、直觉,分别计 0.8、0.6、0.4、0.2 分。熟悉程度和判断依据得分均数为权威系数,大于 0.7 时可认为专家权威程度较高。专家意见协调程度采用 Kendall 协调系数 W 评估,当 $W < 0.05$ 认为协调程度不好,W 为 0.3～0.5 时认为协调程度较好,$W > 0.5$ 时认为非常好。

第一轮咨询专家熟悉程度平均分为 0.832,判断依据平均分为 0.769,专家权威系数为 0.801;第 2 轮专家熟悉程度平均分为 0.869,判断依据平均分为 0.754,专家权威系数为 0.812。第二轮咨询 $W = 0.314^{***}$,说明专家意见已达较好的一致性。第 2 轮咨询 $W = 0.343^{***}$,表明专家意见进一步趋于一致。这两个条件都在第二轮中达到,过程结束。以 100 分为满分,计算得出各指标的具体权重(见表 9.4)。

表9.4　学会科普能力评价指标体系

一级指标	一级指标权重	二级指标	二级指标权重	三级指标	三级指标权重
基础条件	31.45	科普部门或机构	6.74	/	/
		科普经费	7.75	自筹科普经费	3.04
				上级单位科普经费	2.53
				社会科普经费	2.18
		科普制度	5.16	科普工作管理制度	2.75
				科普人员激励措施	2.41

续表

一级指标	一级指标权重	二 级 指 标	二级指标权重	三 级 指 标	三级指标权重
基础条件	31.45	科普人员	6.39	科普专职人员	2.12
				科普兼职人员	2.49
				学会注册科普志愿者数	1.78
		学科分类	5.41	/	/
科普工作	41.10	科普产品	11.60	网络科普平台	2.80
				代表性科普自媒体品牌	2.26
				科普期刊	1.57
				科普图书	2.72
				科普课程	2.25
		科普活动	14.82	科普(技)讲座	3.84
				科普(技)竞赛	2.40
				研学活动	1.76
				科技教育活动或实用技术培训	2.49
				公众科普品牌活动	2.63
				创新类科普活动	1.70
		科普基地	8.64	/	/
		科普理论研究	6.03	/	/
科普产出	27.45	具有代表性的科普传媒产品	7.07	/	/
		网络媒体运营情况	6.78	/	/
		科普产品收益	5.61	/	/
		科普荣誉	7.99	/	/

9.5　学会科普能力评价结果

近年来,科普越来越受到政治和社会的关注,并已发展成为学术界的一项重要活动。在过去的几十年里,不同的科普模式在科学治理、科普实践和学术研究的动态相互作用中逐步发展起来。一种相当信息化和单向的传播方法被用来将科学知识从科学传递给普通公众,并促进公众对科学的理解,而最新的方法则分别侧重于科学的民主化和科普活动。公众参与科学模式下的科普与不同的目标相关,如传播信息、改变态度或仅仅是娱乐。公民科学等特定形式甚至旨在将非专业人士融入科学知识生产。在这种背景下,科普与学术传播之间的界限正在变得模糊。科普活动通常被嵌入学会的交流活动中。涉及个别科学家的科普活动可以由其所在的学会来组织。然而,科学家在接受采访或使用社交媒体时也可以独立于其所在的学会进行交流。这并非同质化的举措,而是离散的实践和动机的集合。因此,科普被认为是一个包罗万象的术语,不仅包括各种线上和线下形式(如科学咖啡馆、情景研讨会、科学节等),还包括在线竞赛、科普游戏和科普视频等。

科学家为科普的参与者,学术交流和科普对科学家来说都非常重要。在科学共同体之外进行交流时,学者表现为其科学组织、学科的代表。此外,他们被要求与非专业人士、大众媒体和社会精英积极接触。对科学的积极信念是在"与愿意倾听的可爱和引人入胜的科学家进行高质量互动"的基础上发展起来的。科学家的主动性和参与意愿被视为科普有效性的决定性因素。许多科学家接受并支持科普和科学民主化的理想,或者至少意识到推动公众传播。科普已经变成了工作的"规范特征(Normative Feature)"(Bauer,Jense,2011)。科学家们认为自己在公共科普中扮演着非常不同的角色,自认为是专家、调解员、公众服务提供者等。

狭义的科普是指针对非科技工作者的科学主题的参与式传播。然而，这个概念在社交媒体上界限并不容易划定，导致了混合形式的交流和学术交流、科学交流甚至私人对话的复杂交叉。从广义上讲，科学家科普是指以科学家身份进行的各种公开交流。这包括针对同行的学术交流以及针对非科技工作者的科学交流。为了处理这种多样性的情况。本书从学会的科普部门和机构、科普经费、科普人员、科普制度、网络科普、科普产品和科普活动等方面论述在评价其科普能力时的评价内容价值选择。

9.5.1　学会科普能力评价与满意度的相关分析

基于德尔菲法确定权重的指标体系，本书对 25 家访谈学会进行资料采集，组织 10 名专家对资料进行综合评价，确定各学会的得分(见表 9.5)。

表9.5　学会科普能力评价得分

学　会　名　称	得　　分
中国指挥与控制学会	61.57
中国航空学会	52.02
中国通信学会	50.59
中华口腔医学会	61.83
中国地震学会	50.91
中国气象学会	49.47
中国核学会	45.90
中国水利学会	45.90
中国电机工程学会	43.84
中国心理学会	40.52
中国计量测试学会	59.89

学 会 名 称	得 分
中国环境科学学会	39.72
中国科普作家协会	63.89
中国汽车工程学会	63.16
中华中医药学会	37.71
中国农学会	33.64
中国颗粒学会	32.76
中国林学会	48.08
中华医学会	62.25
中国机械工程学会	32.69
中国地质学会	31.69
中国食品科学技术学会	27.93
中国生物医学工程学会	26.57
中华预防医学会	17.29
中国药学会	61.83

学会科普满意度采用李克特五级量表,评价题目共五道,分别为:① 对学会科普的整体感受;② 学会科普的知识必要性;③ 工作人员互动的态度和互动后的效果;④ 学会科普是否满足个人的某些需要;⑤ 学会科普形式是否便于学习掌握。本书对受访的 25 家学会中的 24 家学会(除中国药学会)的科普满意度开展调研,共回收 1016 份有效问卷(见表 9.6)。

科普公众满意度是由以上五题打分后取均值得到的,满分为 5 分。总体上来看,22 家学会科普工作满意度得分值在 4.0 分以上,公众对学会开展的科普活动是相对满意的。

总体上来看,公众对各学会开展的科普活动是相对满意的。各学会为落实国家提出的科学普及与科技创新同等重要这一理念,努力探索公众感兴趣的科普知识以及各种喜闻乐见的宣传方式,积极开展具有代表性的公

表 9.6　不同年龄、性别、学历受众对学会科普的满意度

学会名称	总计	年龄				性别		学历		
		≤29	30~39	40~49	≥50	男	女	高中及以下	大专及本科	研究生及以上
中国气象学会	4.56	4.20	4.60	4.49	5.00	4.53	4.58	/	4.71	4.45
中国地质学会	4.19	4.39	4.21	3.99	3.97	4.15	4.29	3.00	4.10	4.30
中国地震学会	4.58	4.69	4.20	4.00	3.80	4.67	4.23	4.20	3.80	4.63
中国心理学会	4.49	4.33	4.62	4.53	4.46	4.39	4.55	/	4.42	4.52
中国环境科学学会	4.47	4.41	4.65	4.37	/	4.45	4.48	5.00	4.41	4.55
中国机械工程学会	4.29	3.80	4.21	4.26	4.49	4.14	4.39	/	4.30	4.29
中国汽车工程学会	4.43	4.32	4.78	4.75	4.30	4.33	4.60	/	4.38	4.67
中国电机工程学会	4.51	4.23	4.70	4.49	4.34	4.47	4.62	4.80	4.37	4.69
中国水利学会	4.54	4.28	4.69	4.42	4.70	4.50	4.60	/	4.70	4.42
中国计量测试学会	4.48	5.00	4.52	4.31	4.56	4.35	4.61	4.87	4.66	4.29
中国通信学会	4.66	4.80	5.00	4.64	3.96	4.57	4.74	/	4.50	4.71
中国航空学会	4.79	5.00	4.40	4.96	4.80	4.80	4.76	/	4.93	4.71
中国核学会	4.55	4.73	4.64	4.31	4.46	4.52	4.59	5.00	4.52	4.56
中国生物医学工程学会	3.67	3.00	4.00	/	/	3.00	4.00	/	3.67	/

学会名称	总计	年龄				性别		学历		
		≤29	30~39	40~49	≥50	男	女	高中及以下	大专及本科	研究生及以上
中国食品科学技术学会	4.08	/	4.20	5.00	3.50	5.00	3.47	3.50	4.40	4.50
中国颗粒学会	4.31	4.40	4.20	4.00	4.20	4.05	4.52	3.80	4.33	4.40
中国指挥与控制学会	4.80	5.00	4.70	/	/	4.70	5.00	/	4.40	5.00
中国农学会	4.38	/	4.57	4.20	4.42	4.21	4.64	4.87	4.20	4.46
中国林学会	4.30	/	4.40	/	4.20	4.20	4.40	/	4.40	4.20
中华医学会	4.30	3.50	4.80	4.23	4.00	4.15	4.90	3.00	4.80	4.40
中华中医药学会	4.43	4.54	4.58	4.13	4.00	4.43	4.40	/	4.30	4.44
中华预防医学会	3.53	/	2.80	/	5.00	2.00	4.30	/	4.30	2.00
中华口腔医学会	4.62	4.50	4.84	4.84	4.40	4.56	4.66	/	4.61	4.66
中国科普作家协会	4.44	3.00	4.15	4.95	5.00	4.80	4.20	/	4.72	4.16
总计	4.44	4.42	4.505	4.39	4.41	4.37	4.54	4.21	4.42	4.46

众科普品牌活动,从而提高公众对学会举办科普活动的满意度。在理科类学会中,中国气象学会注重加强科普与公众的亲密度。2020年,中国气象学会与新疆维吾尔自治区气象学会联合举办了"智爱妈妈"农村气象科学素质行动走进新疆活动,共同策划、创作、拍摄制作了4个气象科普视频,分别为:"童趣科普妈妈讲气象""智爱妈妈聊天记""智爱妈妈趣味知识竞赛""走入神奇的气象世界"。这一传播形式使科学知识不再晦涩难懂,而是以一种轻松、亲切的方式,通过母亲讲述的口吻来传递,很好地拉近了公众与科普的距离。学会的这些积极探索使公众更乐于参与到其开展的科普活动之中,且能提高受众的认可度以及满意度。

然而,也存在一些满意度得分较低的学会,这与其开展科普活动的能力紧密相关。首先,大部分学会都面临科普经费不足的问题,科普经费是开展科普活动的重要基础。经费不足、不固定、来源单一,是困扰学会开展科普工作的关键问题。其次,科普讲解员是科普事业中的一支重要力量,是向公众普及科学技术知识、倡导科学方法、传播科学思想、弘扬科学精神的重要纽带。各学会对科普人员缺乏一定的奖励机制,导致科普工作人员的热情不足,在与公众进行互动时积极性不高、态度欠佳,导致效果不明显,公众满意度低。再次,各学会在收集受众反馈方面有一定的欠缺,只是单方向地进行知识灌输,而没有让公众真正地参与到科普活动中来,没有建立和谐融洽的互动关系,导致学会传播的科普知识与公众所需要的内容不契合。最后,各学会之间合作交流较少,使得各种典型的科普活动形式不能相互学习、借鉴。科普工作本身内容广泛、形式多样,需要各个学会的积极交流参与,不断创新宣传方式,只有这样,才能焕发生机。

首先,评价学会科普工作是否达标,不仅需要量化的衡量指标,而且还要关注公众对学会开展科普活动满意度的评价。公众对科普活动的评价,是学会发现自身问题,完善改进科普活动组织形式的有效依据,建议学会积极组织受众填写满意度问卷,及时获取受众对科普活动的真实反馈。从中国科协层面上来讲,把公众参与科普活动满意度纳入评价体系中来,起到了一定的导向性作用,并且建议通过第三方评价的方式定期做满意度测评,来保证数据的真实性。其次,积极探索奖励机制和办法,调动科研人员开展科普活动的积极性,使受众感受到科普工作人员的热情,提高自身的体验感,更好地融入活动之中,如在绩效或者荣誉方面给予讲解员一定的奖励,并且将受众满意度纳入对讲解员的考核之中,从而起到一定的激励作用。最后,需加强与学会之间以及与其他机构之间的交流与合作,定期开展经验交流分享会,积极拓展科学知识的宣传渠道,相互学习并探索大众更乐于接受的传播方式,提高受众对自身的认可程度。

为验证学会科普能力指标体系的科学性,本书将学会科普能力评价得分与学会科普满意度进行相关分析,得到皮尔逊相关系数为 0.712[***],表明本书的构建具备科学性和合理性。

9.5.2 学会科普人员分析

学会的弱关系特性使其拥有更大的社会网络和更多的科普信息,使会员跨越所在单位的界限而相互融合,将各自群体所掌握的科普资源带到科普活动的现场,将科普信息传播给公众;同时,学会的弱关系特性,在吸纳会员方面具有广泛性和无限制性,使科技工作者乐于走出原有单位或部门,走进更为广阔的学习、交流天地,获得了在原有单位和部门无法获得的科普信息资源。学会的会员越多,异质性越强,社团网络的规模越大,弱关系特性越明显,拥有的信息总量就越多,越有利于在更大程度上和更广范围内开展科普交流,从而提高科普交流的质量。

从访谈的 25 家学会发现,有限人力资源难以支撑日益增多的工作,部分学会规模过小、人员缺乏,难以具备科普专职人员,其中理科、农科类学会体现尤甚,常态科普工作组织和开展难以兼顾。而工科、医科类学会科普专职人员数相对较多,可能与其体系较大、总工作人员数较多、更加重视科普工作有关;被统计的唯一一家交叉学科类学会科普专职人员在 20 人以上,是因为此家学会为中国科普作家协会,汇集了大量专业科普作家。中国核学会的受访者表示："科普活动的专职人员不足，借调、培训外部人员又难以保证效率和稳定性，建议增加专职人员。"

学会科普专职人员岗位的设立受自身学科特点、基础保障影响较大，科普专职人员较多的学会要积极探索有效的科普人才聚集模式，实现科普工作常态化、有序化发展；体量较小、人员不足的学会要充分利用资源优势，组织协调专家团队、会员单位、志愿者队伍，打造可依托、可集聚的科普力量。多数学会拥有独立的科普部门或与其他部门归并的科普部门，有条件的学会应依托科普部门，督促科普专职人员找准自身定位、明确职责，发挥学会的科普职能。学会可采取社会招聘和购买社会服务的方式，扩展学会科普专职人员队伍，提升科普工作的专业化程度，同时可将部分创收收入用于提升此类编外人员的科普能力，以促进科普工作有序化、专业化发展。

与专职人员相比，总体上兼职科普人员数量上相对更多。在专职人员数量受人员编制、学会负责人对科普重视程度高低限制较大的情况下，应着眼于协调发挥专兼职科普人员的力量，扩展兼职人员来源群体。

志愿者在学会科普中发挥了重要作用，但多数学会并没有科普志愿者，这可能由以下4种原因导致：① 对科普志愿者所能从事的工作还不熟悉，没有认识到志愿者在科普工作中能发挥怎样的作用，未能有效发动志愿者；② 认为志愿者专业水平有限或者流动性较强，因此对志愿者需求也较少；③ 学会科普志愿活动没有连续性，未能常态化开展。志愿者是学会科普活动中最具活力与热情的群体，引导志愿者参与科普工作能有效弥补学会自身科普资源不足的问题。学会对志愿者参与科普活动的管理较为松散，对志愿者作用的意识还不够。

9.5.3　学会科普部门或机构分析

学会不同于政府或企业等组织，具备非官方性、非营利性、独立自治、灵活多元的特点。其柔性的组织体系、丰富的学科领域、多元包容的价值共识等组织优势在助推科技创新发展的同时也对科学普及的发展发挥着重要作用。学会作为典型的科普主体在实现科普社会化过程中充分发挥了组织优势。中国大多数国家级科技型学会由中国科协管理。中国科协按照理、工、农、医、交叉学科对其进行分类。

学会有多种角度的不同分类方法：从社团的管理形式分类，可以分为政府部门直接领导的官办社团、半官半民的社团、组织上挂靠但业务上自立的社团、完全独立的社团；从学会包含的主体来看，学界有一定的共识，即主要有各类学会、协会和研究会。以科学报道为例。科学报道是记者、科学家和科普学者非常感兴趣的话题，引发了诸多研究和评论。科学新闻绝大多数以印刷为导向，并专注于生物医学主题。Bauer 追踪了 20 世纪下半叶英国报刊上的"科学新闻的医学化"（Bauer，1998），Pellechia（1997）发现一组精英美国报纸在同一时期更多时间关注医学和健康，并存在超过 70% 的科学故事。电视媒体通常非常关注自然、历史和环境问题，但医学和健康问题也经常占据主导地位（Palen，1999）。Bucchi 和 Mazzolini（2003）等在对一家意大利报纸 50 多年来的科学报道进行的研究中发现，生物学和医学占报道的一半以上。不过，科学的医学化在为该报特刊和栏目撰写的报道中尤为明显，而头版的科学新闻则以物理和工程报道为主。因此，医科类学会在科学报道上的优势明显，运用相同的指标和权重评价所有学会显然存在弊端。

学会科普工作通常由科普部门和科普工作委员会共同承担。学会科普部门设立情况分为三种，分别为：独立科普部门、与其他部门归并的科普部门和无科普部门。25 家学会中，设立独立科普部门的学会有 15 家，与其他部门归并设立科普部门的学会有 7 家，无科普部门的学会有 3 家。其中无科普部门的学会因其驻会专职人员数量少，缺少部门运作的最基本的人才调配与储备（见表 9.7）。

表9.7　学会科普部门设立情况

独立设置 科普部门	中国电机工程学会、中国林学会、中国航空学会、中国环境科学学会、中国计量测试学会、中国农学会、中国气象学会、中国汽车工程学会、中国生物医学工程学会、中国指挥与控制学会、中华中医药学会、中华口腔医学会、中华医学会、中国心理学会、中国核学会
与其他部门归并 设立科普部门	中国水利学会、中国机械工程学会、中国食品科学技术学会、中国通信学会、中华药学会、中华医学会、中华预防医学会
无科普部门	中国地质学会、中国地震学会、中国科普作家协会

　　独立设置科普部门是学会近年来大力加强科普工作的重要进步，若干学会根据自身工作特点将科普职责内容并设为新的部门，对提高科普工作地位的积极促进意义依然是显著的。例如，中国机械工程学会将"奖励与评价处"改为"科普与评价处"；中国水利学会将科普与学术归并，成立"学术交流与科普部"；中国核学会归并为"科普宣传部"（见表 9.8）。

表9.8　部分学会将科普与其他部门归并情况

学　会　名　称	部　门　名　称
中国水利学会	学术交流与科普部
中国机械工程学会	科普与评价处
中国核学会	科普宣传部
中国食品科学技术学会	科普与会员管理部
中国通信学会	普及与教育工作部
中国药学会	科技开发中心科技传播部
中华预防医学会	科普信息部

　　学会科普工作委员会与科普部门相辅相成，兼有多种运行设计模式，如中国药学会探索性建立并运行了科普专业主体——科学传播专业委员会。科普部是行政办事机构，依靠科学传播专业委员会落地顶层设计，科学传播专业委员会是科普工作的咨询与执行机构。同步成立企业性质的学会实体

机构——科技开发中心,中心包括新媒体事业部、科技传播部、科技服务部等,承担了学会量大面广的日常工作及市场拓展性科普工作。

部分学会没有设置行政性的科普专业部门,采用依托科普工作委员会开展科普工作的方式落实科普工作。如中国地质学会设有地质科普工作委员会,并委派专人负责科普工作,中国地质学会内部驻会科普岗位人员仅2人,但以驻岗指导形式,弥补了科普部门人力资源弱的不足。这在一定程度上体现了学会对科普职能落地的重视,同时为内部人才不足积极摸索解决办法,并构建了自上而下或自下而上地传播经验的交流机制。

9.5.4 学会科普经费分析

国家级学会中,以自收自支为主要经费来源方式的学会占据主导地位,财政差额拨款单位次之,全额拨款单位的学会体量最小。在学科方面,理科与交叉学科类学会中,科普经费尽数由学会自身提供,大部分工、医科类学会的科普经费也主要由学会自身保证收支;在农科类学会中,以财政全额拨款与财政差额拨款为经费来源的学会数量相当。由学会自身承担科普经费投入与产出为目前学会科普经费的主要来源渠道,这可能是受到社会组织如协会、商会与行政单位脱钩改革的政策环境影响:2015 年,中共中央办公厅、国务院办公厅印发了《行业协会商会与行政机关脱钩总体方案》(中办发〔2015〕),2019 年国家发改委与民政部等九部委共同下发了《关于全面推开行业协会商会与行政机关脱钩改革的实施意见》(发改体改〔2019〕1063号),继续推动学会脱钩改革。多家单位受访人也表示,学会与政府行政单位脱钩正在推进中,由此发生的行政体制上的变化导致了自收自支逐渐成为学会科普经费及学会总体经费的主要收支方式。同时,由于不同学会的发展历程、管理模式、与所属上级行政单位关系以及历史原因等多种因素,部分学会转变为差额拨款单位,即挂靠单位仅提供必要的人员经费维持学会正常运营,少量学会仍为全额拨款单位。尽管目前在政策趋势上,学会有可能将完成全部脱钩，但由于不同学科、不同学会间存在巨大的差异，不建议所有学会"效仿"协会、商会等社会组织实现脱钩。部分学会由于政社分开及自身的非营利性组织的定位，导致项目经费、科普活动开展受限。因此建议有自身造血能力的学会完成与上级单位的脱钩，通过承接社会功能等方式提高自主经营能力，保障科普经费供给与正常科普活动开展；缺乏经营管理能力及涉及保密的学会由上级行政单位保留一定的经费支持，在合法性与合理性的前提下充分发挥行政体制与学会的双重优势。同时，国家级学会需起带头作用，摒弃科普工作"纯投入，无收益"的传统思维，开展学会间的科普产业化交流活动，活化科普创收思维，通过科普收益为科普工作提供经费支撑。

多数学会的自筹科普经费不高于80万元：一方面，科普工作虽然是学会的主要工作之一，但由于其投入大并且不能带来即时收益的特点，长期以来被边缘化，因此学会对于自行筹措科普经费缺乏相应的自主能动性和积极性；另一方面，受到学会总人数特别是科普专职人员数的限制，学会在日常工作之外难以投入更多的精力进行科普经费自筹。就目前而言，学会科普经费自筹在很大程度上是通过科普创收实现的，一部分学会的受访人提到了学会自身"非营利组织"的定位以及科普工作的公益性特质，这反映了学会在运营管理上的惯性思维，也在一定程度上导致学会对于科普创收未能有清晰的认识和明确的规划。从访谈结果来看，大部分学会对于科普创收持较为谨慎的态度，仍处于探索阶段，产业化还很不成熟。此外，不同学会因为挂靠单位性质的差别，导致市场化程度、对于经济活动的需求有较大不同，这就使各学会自筹科普经费的情况有较大出入。目前，各学会对于科普经费自筹总体上处于探索阶段，思路不是很清晰。

多数学会的上级单位支持的科普经费不高于100万元，有学会反应由中国科协派发的各类项目中，学会能够申请的数量较少，资金数额也较低。不同学会的上级单位支持科普经费有一定差别，这是由于不同学会挂靠单位的性质、财政状况存在差别，以及学会自身的产业转化、科普创收情况也存在较大差异。学会上级单位支持科普经费金额在一定程度上受到学会自身特性的影响。产业转化适应性强、科普创收效益好的学会应继续扩宽经费来源,通过多元的社会捐赠、规范的单位自筹和项目拨款机制的再设计等形式提升经费额度。对于在现阶段科普创收还不是很成熟的学会而言,应在向上级单位申请拨款以维持学会科普工作正常开展的同时,积极进行科普产业化的初步探索。中国科协应考虑为学会提供更加多元的项目申请平台,建议通过购买服务的形式,为学会提供适当项目补贴。

多数学会带动社会投入科普经费的金额不高于 50 万,基数相当低。从学科上来看,医科和工科类学会带动的社会投入科普经费金额高于农科和交叉学科类学会。这可能与学会的学科类别有关,一些学会属于受大众较多关注的学科类别,如人们通常会更加关注医学方面的科普知识,而对于农科方面的科普知识关注相对较少。因此,一些学科类别的学会,其地位与作用并不为人们熟知,社会的关注度严重不足,导致其带动社会投入科普经费金额较少。此外,这可能也与学会的外向性不同有关。不同学会与其他学会、机构之间的交流和合作程度存在差异性,拥有较强组织协调能力、外向性高的学会,则有可能获得更多的社会投入科普经费。

各学会的带动社会投入科普经费金额尚存在较大的可提升空间,学会应向社会大力宣传科普的重要意义,致力创造全社会积极投入科普的氛围。同时,应当更加积极进行本学会的科普,寻找贴合公众需求的宣传内容和方式方法,宣扬本学科科普知识的重要作用,提升学会在社会公众中间的关注度与认可度。此外,拓宽多元化科普经费筹集渠道,需要制定相应政策,通过众筹、项目共建、捐款捐赠、举办竞赛拉取赞助等形式,通畅筹集社会资金的渠道,鼓励和吸引社会资本投入科普事业的发展中。最后,科协可以发挥好桥梁纽带作用,通过举办关于如何更好带动社会投入科普的会议或者论坛,打通学会之间交流学习的渠道。

9.5.5　学会科普制度分析

学会科普工作管理制度初步建立,制度建设的自主性不足,制度内容建设有待加强。本书所探讨的中国科协的学会中,有科普年度工作计划或科普年度工作总结的学会有 12 家;有科普五年规划等中长期规划的学会有10 家;有教育基地管理办法或者科普基地评选办法的学会有 7 家。

总体上,学会已初步建设实行的科普制度,但其中有过半的学会科普制度只有 1～2 项,基本覆盖有差距,这在一定程度上说明多数学会的科普制度建设不够完善,未形成体系化;一半以上的学会没有科普五年规划等中长期规划,表明学会存在缺少对于科普工作的中长期规划安排的问题;六成学会有科普年度工作计划或科普年度工作总结,而此两项工作皆为科协下派的常规统计工作,表明大多数学会科普制度建设的自主性不足。一些学会囿于既有编制、人员、经费等限制,存在一人身兼多活的情况,而科普制度规章建设虽然是其工作之一,但往往由于紧急性或重要性低,处于边缘地位。这在很大程度上导致科普基本制度建设未能落地。

各学会应推进科普制度体系的内容建设,加强对于科普运行机制的改革。科普制度建设主要问题在于制度建设的完善度,如何建立健全科普制度内容建设体系是各学会应该考虑的问题。一半以上的学会没有形成中长期科普工作规划,表明学会在长远规划方面的工作有待加强。各学会应当树立长远思维,形成系统的、规范的科普工作办法,这样才能促进学会科普工作的可持续发展。同时,如何确切落实与巩固已建立的科普制度,也是各学会需要注意的问题。科普制度的设立需要与各学会常态的科普工作、科普项目等紧密联系,结合实际情况,设立兼具科学性和可落地性的科普制度,这样才能促进科普制度的良性发育。

科普工作考核与激励机制缺失明显,科普人员晋升渠道不通畅。多家学会反映科普工作缺乏激励机制,从事科普对个人无实际激励,导致科普工作难以推动,这是当前国家级学会开展科普工作存在的共性问题。学会成员参与科普工作不被列入考核和激励的范围,影响了科技工作者联合体推进科学普及工作的力度。科普考核与奖励措施的普遍缺失引发了三方面的问题:一是科学家、科技工作者作为学会重要的智力资源,科学研究、论文发表、成果转化等已占据大量时间与精力,在无激励的情况下,发动科学家、科技工作者加入科学普及工作存在基础动力上的困难;二是学会内部科普人员工作的积极性不高,现阶段科普职业工作者的职业晋升通道尚未系统打通,加之科普活动服务性强、独创性弱,易支出、难创收等特点,科普人才在个体层面自我价值的实现易受到天花板低的限制,在群体层面不易受到上级领导的重视与提拔,进一步影响了科普人员对于科普工作价值实现的认可度与积极性;三是在学会推进科普工作的过程中,由于缺乏相应的激励手段,与科普基地、研学基地、企业等单位之间多数未能形成配合密切的有效联动,影响了科普工作的实际推动进程与科普效果的高效产生。

目前,部分学会正在探索建立科普工作激励机制,在评优、职称评定中对优秀的科普工作者予以适当倾斜,如中华预防医学会学术部发布了专门的分支机构管理办法,其"五个一"指标中包含科普活动,并将其作为年终评优的考核指标之一;中国水利学会于 2019 年成立科普工作委员会,2020 年在大禹奖中增设科普类奖,2020 年发展第二批水利科普专家 6 人;中国航空学会也设有科普工作杰出贡献奖,表彰对学会科普工作作出突出贡献的科技工作者。此外,还有学会正在探索物质层面的激励,对编外人员做科普进行补贴,如中国气象学会的创收收入可用于编外科普工作人员的奖补。总体而言,目前学会的科普工作主要靠工作人员自身兴趣和社会责任感,内生动力不足,科普激励机制仍有待建立和完善。

大部分学会已初步形成并实行科普制度,但普遍未形成系统化、规划性的管理制度,大部分已成文的科普管理规定多分布于学会工作规章制度、科普基地管理办法等中,制定科普五年规划等中长期规划的学会仅占学会的一半以下,缺少从科普角度出发的具有整体规划性、考核性等长期、全局性的规章制度。这与学会无实质性管理部门、缺少专职科普工作人员有关。

学会要加强科普制度建设,同时加强科普部门及专职岗位设置,使科普职能部门和工作人员有制度可依,使管理制度不形同虚设。在科普制度建设中,各学会缺少自主性的中长期科普规划工作,应树立长远思维,依托一支专业性团队,组织中长期的科普规划建设工作,开展有规划、有总结、可持续的品牌科普活动。

学会的主要职能是开展学术交流、提供技术咨询等。科普工作虽然是学会的主要工作之一,但由于其投入大、短期收益小导致被边缘化,在缺少激励机制的情况下,少有学会将精力放在建立健全科普制度上。同时,囿于编制、人员、经费等限制,体量小的学会普遍出现一人身兼多职的情况,这在很大程度上导致科普制度建设未能落地。这些与“两翼理论”的要求相悖,而这种现状也亟待改变。

激励机制的建设应将物质激励与精神激励相结合。由于相关规定和经费限制,学会难以对科普工作人员进行物质奖励,在已制定与实施激励机制的学会中,表扬与年终评优是多数学会的选择,也有极少数学会在职称评定时,将科普工作纳入评定标准中。物质激励与精神激励是学会科普工作的重要推动力,将科普工作纳入绩效考核与职称评定中是目前学会科普工作人员的急切需求,将大大激励科普工作制度的落地实施。

9.5.6　学会科普产品分析

所有学会都设有科普网站或学会官网科普专区。从总体上来看,理、工、农、医、交叉学科都十分重视科普网站或学会官网科普专区的建设。受学科类科普需求影响,学会建设多个科普网站或在学会官网上设立科普专区。以中华医学会和中国药学会为例,它们在设有专业科普网站的基础上,还通过多种合作形式,如在“科普中国”搭建科普专题、为“果壳网”提供专家审核等,在多个第三方网站平台设立科普专区。

受制于传播形式的影响,很多学会认为传统的科普网站或者网站上的科普专区浏览量有限,内容分发渠道也十分有限。囿于人力资源限制,在做科普内容推广时,绝大多数学会倾向于投入较少的时间和精力放在传统的网站内容建设上;同时,多数学会科普工作以举办科普活动为主,科普活动的举办和宣传较多依赖微信公众号等新媒体平台,通过传统网站宣传科普工作相对而言比重较少,规划科普工作时也较为轻视。

在网络科普中,以微信公众号为代表的新媒体运营平台和以科普网站为主阵地的传统科普模式是做好网络科普的两大抓手。其中,科普网站应该扮演着新媒体科普内容承载平台的角色,绝大多数新媒体平台的科普内容主要以推文和短视频为主,形式碎片化,用户阅读集中于内容发布初期。将新媒体科普内容沉淀、留存于官方网站上,做好官方科普网站上的内容搜索功能,可大幅度提升科普内容重复阅读率,扩大科普内容传播时间段,受众可以在自己需要时通过针对性搜索快速查找到自己所需的内容。

无论是理、工、农、医科还是交叉学科都十分重视微信公众号建设。其中,理、工、医类学科设立的微信公众号平台要多于其他类型的学科公众号。受微信公众号平台推送规则限制,很多学会的微信公众号平台主要用于学会的工作宣传,如活动举办、学术活动情况介绍等,科普内容夹杂在这些推送内容之中,篇幅有限,系统性规划较弱。对微信公众号的建设工作,大多数学会均十分重视,但科普内容在总体内容占比上有限,科普工作均重视有限。

微信公众号平台对很多学会来说属于集成类、综合性宣传平台,运营效果良好的微信公众号平台需要有健全的运营团队,学会对科普工作的重视程度直接影响科普内容在微信公众号平台内容推送中所占的篇幅。但总体来说,运营成效好的学会官方微信公众号在科普内容建设上也卓有成效,官方微信公众号平台背后也有一支综合实力强硬的宣传队伍。建议科协可搭建新媒体运营技术分享平台,促进各学会新媒体科普平台建设与运营的经验交流与分享。

相对微信公众号和网站平台建设,理、工、农、医和交叉学科对微博这种平台建设不太重视,50%的学会没有建设官方微博。在已经建设官方微博的学会中，又以理、工、医科为主。因公众对理、工、医科有较大的科普需求，故理、工、医科类学会在新媒体科普平台建设上探索较多。新浪官方微博虽然浏览量较大，但真实浏览量难以计算，绝大多数学会认为新浪微博的科普效果难以评价且操作较为麻烦，故选择此平台进行科普宣传建设的学会数量较少。

新浪官方微博对很多学会来说属于可有可无的新媒体平台，几乎没有学会将新浪官方微博做出品牌、成果的典型案例。大多数学会认为，新浪微博作为新媒体媒介，内容多聚焦于娱乐新闻或民生热点等方面，且粉丝运营和流量推广需要大量经费维持。总体来说，多数学会未选择新浪微博作为科普平台建设是出于客观原因的限制。

15 家学会未曾开通抖音、快手等短视频号。中国汽车工程学会和中华中医药学会开通了 2 个短视频号。从总体上来看，理、工、医、农科学会在抖音、快手等短视频平台的科普建设上欠佳，视频类科普内容制作难度较大、成本较高，多数学会有限的科普经费难以支撑视频类科普内容制作。同时，多数学会科普工作以定点、定向的传播为主，通过进社区、进学校等形式对固定区域内的受众进行科学普及，抖音、快手是以短视频形式面向社会大众的一种传播方式，学会正面临线下定点科普向线上规模科普的转型。工科和医科学会在抖音、快手短视频平台的科普建设较好，一方面充足的科普经费为视频类科普内容制作提供支持保障；另一方面工科、医科类学会更接近社会生活，与市场的关联度较高，更具有使用新型媒体平台的敏锐度和需求。部分学会短视频科普传播成效较好，如中国航空学会的抖音粉丝量已高达 20 万。理科学会更关注高端人才层面的学术交流。短视频媒介形式满足大众快速获取信息的需求，与科普面向的群体是一致的，但多数学会缺少独立运作短视频平台、制作科普视频的能力，推进媒体公司与学会之间的合作或许是短视频制作与运维困难问题可行的解决方式。同时，抖音、快手的算法推荐技术可以实现精准科普，提高科学普及效果的最大化，但多数学会内部缺少新鲜活力的劳动力。在网络科普中，学会以微信公众号和科普网站为主阵地，创新思维与内容趣味性有待加强，因此加强对学会的网络素养培训是有必要的。

9 家学会开设了其他网络科普平台,平均每家学会有 1.28 个网络科普平台,4 家学会有超过 2 个其他网络平台,3 家学会其他网络平台数量大于4。其中,医科类学会中的中国药学会网络平台数量最多,为 8 个。共 8 家学会提供了建设的网络平台名称,其中 5 家学会建设有今日头条网络平台。学会网络科普平台建设同质化明显,多数学会以微信公众号、网页、微博为主,辅以抖音、快手、今日头条等。新闻资讯类平台是除微信、微博、网站外学会的首要选择,今日头条、微信、微博等平台都以图文为主要形式发布信息,同质的科普内容可以多平台共享,降低了内容生产的成本。不同平台的受众各有区别,利用多个平台发布内容有利于科普内容的广泛传播。

学会的优势不在于科普表达的应用与创新,网络媒体建设不用过度追求媒体类型多样化,应考虑各类学会的性质和特色,打造学会网络科普品牌,以品牌力量带动科普传播效果。科普网络平台建设欠佳的学会应发挥其资源的组织和链接优势,与优秀的网络媒体合作,学会负责提供内容并把控成果的科学性与真实性;具有强大资金与人员的学会,应整合学会内部资源,实现学会网络平台矩阵,开展全方位的科学普及,提高学会在行业领域的科普话语权。可借鉴中国药学会旗下的"药葫芦娃"自媒体平台实践"自媒体+融媒体"的科普传播形式,拓展了"两微九端"(微信、微博、今日头条、搜狐健康、天天快报、一点资讯、搜狗号、百家号、趣头条、喜马拉雅、抖音)。截至 2019 年 11 月 20 日,中国药学会全平台累计发布的科普作品总数达69983 条,阅读量和播放量共计 9923 万次,已经成为国内药学科普的权威平台,也是医药健康科普原创内容的重要源头。

据各学会自评价报告内容,统计出 15 家学会自媒体品牌信息(见表9.9)。13 家学会将微信公众号作为科普自媒体品牌。其次是微博、抖音和今日头条,均有 3 家学会。多数学会已经在开展网络科普工作渠道建设上有系列拓展,媒体渠道的组合则各有差异,微信公众号、微博和网页为基本的标配形式,部分学会开通了抖音、快手等短视频平台。

表9.9　具有代表性的科普自媒体品牌

微信公众号	中国航空学会、中国核学会、中国机械工程学会、中国计量测试学会、中国科普作家协会、中国农学会、中国食品安全学会、中国通信学会、中国心理学会、中国药学会、中国指挥与控制学会、中国口腔医学会、中华医学会
今日头条	中国航空学会、中国心理学会、中国药学会
抖音	中国航空学会、中国药学会、中华中医药学会
微博	中国航空学会、中国科普作家协会、中国口腔医学会
官网	中国计量测试学会、中国科普作家协会
刊物、报纸、图书	中国科普作家协会、中华医学会、中华预防医学会
科普中国	中国心理学会、中国药学会
人民网	中国心理学会
网易微刊	中国航空学会
学习强国	中国航空学会
搜狐健康、天天快报、一点资讯、搜狗号、百家号、趣头条、喜马拉雅、光明网、中经网	中国药学会
哔哩哔哩	中华中医药学会

　　学会是受中国科协业务指导的群团组织,科普中国是中国科协主导建设的科普网络平台。学会具有统筹国内外科学知识、科学老师等资源的优势,由学会出品和发布的信息在真实性、科学性和前沿性上更有保证。加强科普中国与学会之间的合作联系,组织协调学会和科普中国的深度合作有利于提高中国科协的科普工作能力,实现中国科协内部资源的有效利用。二者均是中国科协开展科普活动的有力抓手,推进学会与科普中国的合作具有可行性。然而,多数学会缺少使用内部平台发布科普内容的意识,仅中

国心理学会、中国药学会将科普中国账号作为具有代表性的科普自媒体品牌。

有3家学会具有代表性的科普自媒体品牌是抖音，各有1家学会建设的自媒体品牌是喜马拉雅和哔哩哔哩视频网站，传统的图文信息传播仍旧是学会自媒体的主流，音视频类自媒体平台应用较少，尤其是音频科普模式。仅中国药学会开通了喜马拉雅账号，但每期音频听众量不足1000人，传播效果未达到理想状态。科普媒介形式单一，缺少对新型媒介技术的引用。在短视频时代，科普工作应当创新发展，以科普短视频这种更具活力的形式结合短视频平台强大的传播力量，使科普更加深入人心。音频科普形式伴随性的优点有利于实现科普随时随地进行，并且音频减少了对青少年眼睛的伤害，学会可以思考音频科普新形式。

绝大部分理、工、医、农科学会都有科普图书，但各类学会在数量上有显著差异，有8家学会仅有1种科普图书，中华医学会有20种科普图书。科普图书可以分为外文科普图书译制本和国内创新科普图书。学会主要通过组织协调高校师资力量，对科学知识进行通俗化、简单化的改写来创作科普图书，但图书质量仍有待提高。如何将前沿的、复杂的、晦涩的学术知识转化为有趣的、娱乐的、简单的科普信息是学会出版科普图书应该考虑的问题。同时，部分学会通过设置奖励激励的方式推进科普图书创作，如中华预防医学会在科技奖下增设科学技术奖，评价维度以图书音像制品为主，获奖者甚至可以由卫健委破格评选职称。

科普图书是用文字或其他信息符号记录科学知识的著作物，包括电子图书与纸质图书，是更具系统化、全方位、稳定化的科学普及方式。学会科普图书多以纸质出版，缺少电子出版意识。小屏时代下，电子图书市场广阔，符合大众移动阅读需求，制作成本更低，学会可摸索科普图书电子化道路。科普图书需兼顾趣味性与科学性，学术性人才在前沿知识的通俗化表达上仍旧存在困难，一方面可以加强对人才的科普能力培训；另一方面可以加强学会与外部企业的合作，学会科普人员负责保障科学知识的科学性，外部企业负责强化科学知识的趣味性。同时，图书也是极具衍生性的科普形式，依托科普图书，可以拓展科普视频、科普游戏、科普漫画等多种科普工作，产品的多样化衍生可创造更多的科普价值。

9家学会无科普课程，10家学会科普课程数量在10个以下，仅有2家学会有超过20个科普课程，分别是中国指挥与控制学会（26个）和中华医学会（30个），农科类和交叉学科学会仅统计了1家且无科普课程，不具有代表性。理、工、医学会均有超过50%的学会有科普课程。

多数学会有科普课程，但各类学会在数量上有显著差异，学会设计科普课程并得到第三方使用体现了学会的影响力与能力，科普课程数量上的差异一定程度表明学会的科普工作被第三方认可程度的差异，如中国航空学会针对青少年无人机、模拟飞行设计了两种校本课程，且课程考核结果与南航、北航的自主招生挂钩。

科普图书和科普课程均是体系化科普工作。不同于科普图书，科普课程是以强制性手段，面向特定的人群的科普信息传播。学会设计科普课程并得到使用依靠且体现了学会的影响力，各类学会应根据自身特点，设计相应的科普课程，如工科与农科学会应侧重应用型课程开发；理科应侧重理论型课程开发；医科可以同时进行应用型课程和理论型课程开发。在科普课程中存在隐性知识的传播，潜移默化地影响受众的科学思维、精神与方法，对于提高公民科学素养有重要作用。为降低课程开发的成本投入，提高课程资源使用率，学会可实现科普课程资源共享。

仅有2家学会实现了科普产品收益，其中隶属于理科类学会的中国气象学会的科普产品收益为293万元，隶属于工科类的中国汽车工程学会的科普产品收益为400万元。

学会作为公益性社会团体，其性质决定了学会的非营利性。党口、纪检监察、合规性等方面都有明确的规定，限制财政拨款型学会跟企业产生资金交集。此外，政府也在关于学会的收费标准、盈利方面作了相关的政策规定，因此大多数学会并不能靠科普产品实现创收。较之于财政拨款型学会，自收自支型学会在科普产品创收方面的限制条件相对而言会较为宽松，其科普产品创收对学会运营也有所帮助。以自收自支型的中国气象学会为例,该学会有自身科普商城平台,累计有 1000 种科普产品出售,另外也依靠项目收取服务费,如帮助建立校园气象站、整体气象教室等。中国汽车工程学会也是自营自收型学会,通过树立品牌意识、成本意识、营销意识进行跨界业务建设,利用科普产品创收来维持学会持续性运作。但是即使是自收自支型的学会,如中国电机工程学会,在科普产业化方面也存在一定难度。目前,针对科普产业化方面,还存在以下问题:科普产业化的人才和队伍到配套机制还不成熟;政府还未出台向从事科普产业化的公司倾斜的相关优待政策;学会在关于科普产业化的策划、执行、合作等方面,仍然有技术缺口以及渠道障碍。

学会作为非营利社团法人,在担任着提供社会服务、促进社会发展的职责的同时,其自身生存也是一项亟待解决的问题。当前的状况是财政拨款有限,无法支撑起学会开展更多活动;此外,营收限制又使得学会无法思考更多元的创收途径,学会进退维谷。因此,一方面,政府需要保证学会的科普工作拥有一条可持续路径,放宽营收限制,容许学会通过科普换取部分经济收益,以谋求更好的科普效益。此外,政府也可以对相关学会、高企出台相关优待政策,从而促进科普产业化生成更广阔的可操作空间。另一方面,学会可以加大科普资金投入,参考一些其他学会,如中国气象学会和中国汽车工程学会的运营经验及做法,思考如何在规范之内,利用现有的智库资源、科技资源,开展活动及提供服务,维持学会自身的可持续发展,并反哺科普工作。另外,学会还可以尝试科普产业创收,以市场化运作构造科普产业化体系,建立多元经营运作的管理模式,依托学会优势以及互联网平台,形成一个品牌化的、固化的产业化体系,完善延长科普产业链,寻求更多地与其他企业、平台或机构的合作机会,定期跟教育口如学校等有需求单位衔接。

9.5.7　学会科普活动分析

在科普讲座方面,理、工、医、交叉学科对科普讲座较为重视,科普讲座的场次也较为频繁。农科类科普讲座数量相对较少,主要原因在于农科类更重视实操,以农技培训为主。

因公众对理、工、医、交叉学科的学习需求比较旺盛,所以这四大类学科的科普讲座人口基数大,高频数的科普讲座占比较高。然而,由于科普工作人员较少且很多学会日常事务性工作繁重,如医学类学会,科普(技)讲座数量场次受到限制。理、工、医、交叉学科类绝大多数学会都在科协的指导下成立了科学传播专家首席团队,但科学传播专家团队因缺乏体系化的工作规划和秩序性平台,在科普(技)讲座中没有发挥应有的力量,出席科普(技)讲座次数也十分有限。科普(技)讲座是有力的科普宣传方式。对于科普需求较大的学科而言,科普(技)讲座可以更为直观地面对受众群体,培养受众黏性。科普(技)讲座的场次在一定程度上可以反映学会科普工作的积极性,参与总人数则更为直观地反映科普(技)讲座的整体质量。对科普(技)讲座的质量而言,主讲专家知名度和科普(技)讲座的举办方式、活动整体流程把控都是吸引更多人群参加学习的重要考量因素。12 家学会讲座受众总人数超过 2 万人,科普效果十分可观。所有学会均十分重视科普(技)讲座,但在统计过程中,较多学会也将学术类讲座纳入科普(技)讲座中。其中,理科、工科和医科近半数的讲座总人数超过 2 万人,交叉学科的科普(技)讲座近乎全部超过 2 万人次。举办科普(技)讲座是学会的常规性工作内容,大多学会也十分重视科普(技)讲座的举办和系列性规划建设。其中,非财政拨款型学会还会涉及会议收费问题,横向比较而言,科普(技)讲座的质量和内容总体来说差异较大。但在线下的科普工作中,科普(技)讲座以点对点、面对面的优势也取得了良好的传播效果。科普(技)讲座虽然效果较为优良,但因受众数量有限,传播范围也十分有限。在统计过程中,大多数学会将科普(技)讲座和学术会议混为一谈,主要是因为多数学会认为在学术会议的过程中,也会涉及科普问题,尤其对高精尖的学会来说,高端学术资源分享与转化也属于科普的一种形式。因此,将科普概念的再定义,以及通过网络形式扩大科普(技)讲座类的传播范围在目前看来十分迫切。

仅有6个学会尚未举办过科普(技)竞赛。其中,举办过1种科普(技)竞赛的学会占比最多。大部分学会都有举办科普(技)竞赛的意识,但频次不多,集中于1种。工科举办科普(技)竞赛的学会较多,且频次较高,这与工科实践性强、兴趣指向性强的特点密不可分。医科中举办科普(技)竞赛较多的学会是中国药学会,该学会十分重视科普组织建设,同时科普志愿者数量很多,科普传媒也产生了品牌效应,在举办科普(技)竞赛上具有组织优势和传播优势。学会举办的科普竞赛趋向分众化,如中国机械工程学会的"云说新科技"的参赛对象是高校硕博生。开展科普(技)竞赛可以通过激发竞争意识提高公众参与科普的积极性。各学科学会可以在科协的引导下,开展设计科普(技)竞赛的活动,共享资源,合力挖掘全新竞赛模式;还可以与高校合作开展竞赛,高校可以通过与学会共办竞赛招收优质生源。目前,各学科内部在举办科普(技)竞赛上的差异较大,建议经验较多的学会可以发挥更多的示范作用,通过学会间的科普工作经验交流平台,为其他学会树立典型,未开展过科普(技)竞赛的学会应该积极寻找自身学科开展竞赛的方向,汲取其他学会的经验。学会科普(技)竞赛的受众人数差距较大,出现了两极分化的现象。工科在科普(技)竞赛种数较多的基础上,也实现了较多的受众人数。科普活动逐渐常态化以及品牌化,如受众人数最多的中国核学会连续八年举办"魅力之光"杯全国性中学生核电科普知识竞赛;部分学会的科普活动在得到政府认可后,受众范围扩大,如中国科普作家学会举办的第六届科普科幻作文大赛被教育部批准为全国性中小学生竞赛活动,受众人数达16万。医科、理科的科普(技)竞赛种数虽不少,但因这两类学科竞赛专业性强、门槛高,所以受众范围小。

研学活动的参与对象以青少年群体为主,近乎所有的研学活动都旨在提升青少年科学文化素养，通过科普教育的形式提升青少年对科学文化的兴趣。学会举办研学需做好青少年出行安全保障工作。其中存在巨大的责任承担风险，部分地区甚至规定了研学活动的范围，如青少年不允许出省、出市，诸如以上综合性客观因素限制了研学活动的开展。中国林学会的科普工作负责人在访谈中表示，受限于学会的公益类性质，研学活动无法市场化。中国气象学会科普工作负责人认为主办研学活动并非工作既定任务，过高的责任承担风险对公益性学会来说是负荷过大的工作。中国控制与指挥学会举办了 317 次研学活动，在学会研学工作中表现突出。与其他学会相比，该学会自收自支的营利性质及青少年对兵器类科普的巨大需求都极大调动了该学会科普工作者的工作热情和主动性。理科和交叉学科知识较偏理论，青少年的知识水平难以支撑其真正理解高深的科学知识，现有的研学活动以参观为主，多为"只游不学"或"只学不研"，学会在策划研学活动时需考虑青少年的接受能力，摸索更适合青少年的活动形式。农科类学会如中国农学会科普工作负责人在访谈中表示，农学类知识的科普针对性群体是农民，本学会研学活动的参与对象主要为对农学感兴趣的青少年，而不是面向大众进行科普，受众范围比较狭窄，参与研学活动的人数较少。工科学会和医科学会与公众生活更为贴近，受众较广且偏向实践，参与研学活动的青少年较多。

在学会进行科普事业与产业融合联动机制的探索时，以汽车工程学会和口腔医学会这种典型性学会为例，已形成并完善了适合行业学会发展的科普产业运行模式。在科普产业运行中，又以创新类科普活动为主要载体。如口腔医学会每年的"爱牙日"活动，口腔医学会将口腔护理及牙类疾病做成科普标准化内容，以此推往贫困地区，发挥了学会在高端知识标准把控和协调智力输出方面的应有功能。汽车工程学会拥有全球知名的"大学生汽车方程式大赛"活动，吸纳行业头部车企投入，以高昂的奖金、全程实操的活动方式、对接行业标准的汽车赛制吸引了国内外大量车队参与，极大提升了青少年对汽车工程的理解以及中国工程师序列的人才培养水平。在创新类科普活动中，学会以广泛组织资源、动员力量、协调行动为核心的定位，极易开展具有各学会定位特色的创意科普活动,这些活动与科普内容宣传一起,形成了科普创新发育合力,能促使学会科普工作再上一阶。针对不同学会能力水平和科普能力方向的不同,学会科普工作和创新类科普活动不应当要求覆盖科普的全链条,应根据实际情况充分发挥学会在不同科普能力行业领域的智力优势、组织协调,并发挥科普能力的不同功能。

第 10 章
总结与展望

本书深入探讨了科普社会化协同生态的理论框架,明确了科技创新主体在其中的关键作用,并针对科普社会化协同生态面临的挑战提出了实践路径。通过构建科普能力评价体系,本书为评价和提升科技创新主体的科普能力提供了科学依据和方法。构建科普社会化协同生态不仅能够促进科学知识的传播,还能增强公众的科学素养,对社会进步和科技发展具有重要意义。

10.1　研究总结

10.1.1　科普社会化协同生态的角色功能与运作模式

本书明确了行动者之间的角色和功能。政府机构主要负责制定科普政策,提供资金支持和搭建协作平台;科研院所和教育机构则作为科普知识的内容生产者,负责科学研究和知识创新;企业通过市场机制参与科普,提供资金、技术和平台支持;媒体作为信息传播的中介,扩大科普内容的传播范围和影响力;非政府组织和社会团体则发挥动员和组织公众参与的作用;公众个体作为科普的最终受益者,通过参与科普活动提升自身的科学素养。这些行动者之间的相互关系构成了科普生态系统的复杂网络,每个行动者都在其中发挥着不可或缺的作用。

本书揭示了科普活动的内在机制和运作模式。科普活动不再是单向的知识传递,而是多方参与、互动交流的过程。在这个过程中,行动者之间的协作关系不断建立和调整,形成了一个动态的、自我调节的系统。科普资源的整合与优化配置是科普社会化协同生态的核心,通过行动者之间的协作,可以实现资源的有效流动和利用,提高科普活动的效率和效果。同时,科普社会化协同生态还强调开放性和动态性,随着社会的发展和科技的进步,新的行动者和新的科普形式会不断加入到网络中,推动科普活动不断创新和发展。这一理论框架不仅为理解和分析科普社会化协同生态提供了科学依据,也为科普实践提供了指导和参考。

10.1.2　科普社会化协同生态建设的挑战与实践路径

科普社会化协同生态作为一种新兴的科普发展模式,虽然具有巨大的潜力和价值,但在实践中也面临着一系列挑战。首先,行动者间协同机制的不健全是制约科普社会化协同生态发展的主要障碍之一。在科普实践中,不同行动者包括政府、科研院所、教育机构、企业和非政府组织等,往往因为缺乏有效的沟通和协调,难以形成统一的行动合力。

为了应对科普社会化协同生态中的挑战,本书提出了一系列实践路径。首先,加强科普政策的制定与实施是推动科普社会化协同生态的基础。政府应出台更多支持科普发展的政策,为科普活动提供政策引导和法律保障。同时,政府还需加大对科普事业的投入,为科普社会化协同生态提供必要的资金支持。其次,优化科普资源配置也是关键。需要建立更加公平合理的科普资源分配机制,促进科普资源向农村和欠发达地区倾斜,缩小不同地区之间的科普服务水平的差距。再次,激发社会力量参与科普的积极性也非常重要。通过政策激励和社会动员,鼓励更多的社会组织、企业和个人参与

到科普事业中来,形成全社会共同参与科普的良好局面。最后,构建多元化
的科普投入机制也是推动科普社会化协同生态构建的重要途径。除了政府
投入外,还应吸引更多的社会资本投入到科普事业中,形成政府、市场和社
会三方共同支持科普的格局。

　　针对科普社会化协同生态中的挑战,本书还提出了其他一些具体的对
策。例如,建立有效的协同机制是实现科普社会化协同生态的关键。需要
构建一个由政府、科普机构、社会组织、企业和公众共同参与的协同平台,通
过这个平台加强各方的沟通和协调,形成科普工作的合力。同时,促进科普
资源的均衡分配也是非常重要的。本书提出了完善科普社会化协同生态管
理机制的建议,包括形成机制、实现机制和约束机制的构建。这些建议有助
于提高科普社会化协同生态的管理效率和效果,促进科普事业的可持续
发展。

10.2　研究创新性

　　《全民科学素质先去规划纲要(2021—2035 年)》发布后,基于新的国内
外环境和社会主要矛盾的变化,中国式现代化建设新阶段的科普社会化协
同生态实证研究仍较为缺乏,缺少对科普社会化协同生态理论及应用的系
统性研究。本书面向中国式现代化和社会主要矛盾转变,从科普社会化协
同生态的视角论证了"两翼理论"的科学性,并针对科普社会化协同生态这
一全新概念,进行了全面梳理和界定,赋予其一定的学理性。因此,本书基
于前期实地调研,从大学、企业、科研院所和学会组织四类科技创新主体的
实践入手,梳理我国科普社会化协同生态的实践经验,刻画科技创新主体投
身科普社会化协同生态发展的路径,以形成科普社会化协同生态的中国
模式。

10.2.1 科普社会化协同生态的理论建构深化

科普社会化协同生态的理论建构深化,旨在通过科学技术哲学的视角,探索科技创新主体在科普活动中的互动与合作。行动者网络理论作为本书的分析工具,为理解和解构科普社会化协同生态提供了新的理论视角。科技创新主体,如企业、高校、科研院所和学会,通过科普活动与社会公众、媒体、政策制定者等其他行动者建立联系,形成复杂的互动网络。在这个网络中,各行动者通过不断的协商和调整,实现知识的传播和普及。转译过程则涉及行动者之间如何通过语言、符号和实践来构建共同的理解和目标。这一理论框架不仅丰富了科普社会化协同生态的理论内涵,而且为理解不同科技创新主体在科普生态系统中的角色和功能提供了新的视角。通过这一框架,研究能够揭示科普行动者内部工作机制、组织异质性、高端科技资源科普化能力以及科学文化价值导向等方面的问题。

本书对科普生态系统中生产者、分解者、消费者等协同角色进行了细致分析。生产者在科普生态系统中负责创造和提供科学知识;而分解者则负责将复杂的科学知识转化为公众易于理解的形式;消费者则是科普活动的最终受益者,他们通过科普活动获取知识,提升科学素养。本书通过行动者网络理论分析了这些角色如何在科普社会化协同生态中发挥作用,以及它们之间的相互作用如何影响科普效果。本书认为,科普行动者内部工作机制的问题、组织异质性、高端科技资源的科普化能力以及科学文化价值导向等因素,都是影响科普社会化协同生态效果的关键。基于这些分析,本书为科普生态系统的优化提供了理论支持,也为科普实践提供了指导,有助于构建更加高效、协调的科普社会化协同生态机制。

10.2.2　科普社会化协同生态的科普能力评估

　　科普能力评估的实证研究与指标体系构建是本书的核心内容之一。本书从科普社会化协同生态的视角出发,对现有的科普能力评价方法进行了系统的梳理和深入的分析。通过批判性地审视现有评价体系的优缺点,本书提出了一套更加科学、合理的评价方案。这一方案不仅关注评价结果的量化输出,更强调评价过程中的价值导向和决策者的价值认识。

　　在实证研究方面,本书选取了中国科协所属的学会作为试点,采用德尔菲法构建了一套科普能力评价指标体系。德尔菲法作为一种专家咨询方法,能够有效地收集和整合专家意见,构建科学合理的评价指标。本书中,专家组成员包括科普领域的学者、科普实践者、政策制定者等,他们共同参与了指标体系的构建和权重的分配。通过三轮的问卷调查和意见反馈,最终形成了一套包含科普基础条件、科普工作和科普产出三个维度的评价指标体系。这一体系不仅涵盖了科普活动的硬件设施、人才队伍、资金投入等基础条件,还包括了科普内容创作、传播方式、受众反馈等科普工作的各个方面,以及科普活动的社会影响、公众满意度等科普产出的指标。

10.3　未来研究展望

　　本书试点评估案例存在一定的局限性。尽管本书挑选了中国科协所属学会作为科普能力评价的试点,比其他主体更具协同的必要性和能力,但样本数量仅为 25 家,研究结果无法全面反映所有科普主体的科普能力状况。即使是在学会这一科普主体中,中国科协所属学会数量和门类众多,选取样本也无法全方位覆盖所有学科领域、规模和地域的学会,影响到评价的适用性。

　　建立动态更新的评价指标体系,以适应科普主体评估的需要,也是未来研究的重要方向。新媒体技术的发展会极大创新科普的传播方式,虚拟现实等新兴技术在科普中的作用日益凸显,评价指标体系应及时适应相关变化。各级政府的科普政策导向和支持措施会动态调整,这将直接影响科普活动的选题重点。评价指标体系也需与政策法规同步修改,以确保评价的合规性和导向性。此外,科普的国际化传播愈发重要,评价指标体系需要融入国际视野,将国际化传播纳入评价中来。评价方法和技术也在不断进步,如大数据分析、机器学习等技术的应用可以提高评价的精准度和效率。评价指标体系需要利用这些技术,提升评价的科学性和实用性。

一、中文文献

白列湖,2007.协同论与管理协同理论[J].甘肃社会科学(5):228-230.

鲍曼,2017.流动的现代性[M].欧阳景根,译.北京:中国人民大学出版社.

边沁,2016.政府片论[M].马兰,译.北京:台海出版社:143.

边伟军,罗公利,2009.基于三螺旋模型的官产学合作创新机制与模式[J].科技管理研究,29(2):3-6.

伯纳姆,2006.科学是怎样败给迷信的:美国的科学与卫生普及[M].钮卫星,译.上海:上海科技教育出版社.

曹荣湘,2003.走出囚徒困境:社会资本与制度分析[M].上海:三联书店:272.

陈登航,汤书昆,郑斌,等,2021.整合 ECM 与 D&M 模型的科普活动持续参与意愿研究:以高校学生为受众的视角[J].科普研究,16(6):97-105,117.

陈典松,陈志遐,邓晖,等,2018.民间组织参与科普的体制、机制研究:对广州民间组织科普创新现状的观察与思考[C]//中国科普理论与实践探索:第二十六届全国科普理论研讨会论文集:194-204.

陈建军,2008.供应链企业知识价值链模型及其管理方法研究[J].情报杂志(8):

84-91.

陈健,高太山,柳卸林,等,2016.创新生态系统:概念、理论基础与治理[J].科技进步与对策,33(17):153-160.

陈江洪,2006.PPP管理模式在科普产业中应用的思考[J].科学对社会的影响(3):35-38.

陈鹏,2012.新媒体环境下的科学传播新格局研究[D].合肥:中国科学技术大学:54.

陈套,2015.我国科普体系建设的政府规制与社会协同[J].科普研究,10(1):49-55.

陈晓莉,2014.智慧旅游时代科普旅游发展的新思考[J].科技界(26):210-211.

陈莹,2018.视频AI知识付费持续火热[N].中国出版传媒商报,2018-01-05(10).

陈勇,1997.科学精神与人文精神关系探析[J].自然辩证法研究(1):23-28.

陈昭锋,2007.我国区域科普能力建设的趋势[J].科技与经济(2):53-56.

出席全省科协系统先进集体、先进工作者表彰大会的全体代表,1983.倡议书[J].江西林业科技(2):62.

储节旺,吴川徽,2017.知识流动视角下社会化网络的知识协同作用研究[J].情报理论与实践,40(2):31-36.

丁雅涌,2019.从新中国成立之初80%的文盲率,到如今94.2%的九年义务教育巩固率:教育优先筑基发展[N].人民日报,2019-10-25.

丁怡舟,2021.数字赋能:幸福感测量的困境与出路[J].行政论坛,28(3):139-144.

杜丹丽,何扬,赵洪岩,2015.供应链知识创新过程演化模型研究:基于服务型制造模式下的分析[J].情报科学,33(5):37-41,57.

杜栋,2008.协同、协同管理与协同管理系统[J].现代管理科学(2):92-94.

方卫华,2004.政策流模型与"孙志刚事件"前后的收容政策[C]//中国行政管理学会2004年年会暨"政府社会管理与公共服务"论文集:795-801.

费尔特,等,2006.优化公众理解科学:欧洲科普纵览[M].本书编译委员会,译.上海:上海科学普及出版社:288-290.

冯立超,刘国亮,张汇川,2018.基于生命周期理论的高校科协联盟的组织模式研究[J].中国科技论坛(12):16-27.

冯梦黎,2018.中国经济高质量发展与创新系统研究[D].成都:西南财经大学.

傅世侠,罗玲玲,孙雍君,等,2005.科技团体创造力评价模型研究[J].自然辩证法研究(2):79-82,111.

高畅,刘涛,李群,2019.科普发展综合评价方法研究[J].数学的实践与认识,49(18):89-97.

高宏斌,付敬玲,胡俊平,2015.高校科普研究进展[J].科技与企业(4):186-188.

高宏斌,周丽娟,2021.从历史和发展的角度看科普的概念和内涵[J].今日科苑(8):27-37.

高军,张世伟,2015.浅谈完善财政科研项目支出绩效管理[J].自然辩证法通讯,37(6):98-101.

高秋芳,曾国屏,2013.广义科普知识的划界与分层[J].科普研究,8(4):5-10.

高瑞敏,张顺,2012.建立公益性科普事业和经营性科普产业并举体制的新张力:基于中国(芜湖)科普产品交易博览会案例研究[J].经济研究导刊(1):146-147.

古荒,曾国屏,2012.从公共产品理论看科普事业与科普产业的结合[J].科普研究,7(1):23-28.

顾万建,2005.政府在科普中的角色定位[J].学会(6):49-50.

国务院,2006.国务院关于印发全民科学素质行动计划纲要(2006—2010—2020年)的通知[EB/OL].(2006-02-06)[2021-05-15].http://www.gov.cn/gongbao/content/2006/content_244978.htm.

国务院,2021.国务院关于印发全民科学素质行动规划纲要(2021—2035年)的通知[EB/OL].(2021-06-03)[2022-06-01].http://www.gov.cn/zhengce/content/

2021-06/25/content_5620813. htm.

国务院办公厅,2016. 国务院办公厅关于印发全民科学素质行动计划纲要实施方案
（2016—2020 年）的通知[EB/OL].（2016-03-14）[2022-06-01]. http://www.
gov. cn/zhengce/content/2016-03/14/content_5053247. htm.

哈肯,1998. 协同学:自然成功的奥秘[M]. 戴鸣钟,译. 上海:上海科学普及出版社.

胡鞍钢,2020. 充分发挥中国制度优势[J]. 学术界(2):5-26.

胡文,1989. 建立科普社会化服务体系的构想[J]. 学会(5):29-30.

胡泳,2019. 认知盈余的社会价值[J]. 新闻战线(9):68-69.

胡育波,2007. 企业管理协同效应实现过程的研究[D]. 武汉:武汉科技大学.

胡昭阳,汤书昆,2015. 众包科学:网络时代公众参与科学的全新尝试:基于英国"星
系动物园"众包科学组织与传播过程的讨论[J]. 科普研究,10(4):12-20,34.

湖北省科协课题组,2010. 曲颖科普资源共建共享机制研究[C]//2010 湖北省科协
工作理论研讨会论文集:11-32.

黄丹斌,2001. 科普宣传与科普产业化:促进科普社会化雏议[J]. 科技进步与对策
(1):106-107.

黄鲁成,2004. 区域技术创新生态系统的调节机制[J]. 系统辩证学学报(2):68-71.

黄锐,2007. 社会资本理论综述[J]. 首都经济贸易大学学报(6):84-91.

黄阳华,2020. 战后发展经济学的三次范式转换:兼论构建迈向高质量发展的发展
经济学[J]. 政治经济学评论,11(2):109-136.

贾超然,戴亮,2018. 社会主义生态文明系统论的自组织性研究[J]. 理论界(11):
1-9.

贾鹤鹏,2014. 谁是公众,如何参与,何为共识:反思公众参与科学模型及其面临的
挑战[J]. 自然辩证法研究,30(11):54-59.

江兵,耿江波,周建强,2009. 科普产业生态模型研究[J]. 中国科技论坛(11):43-47.

江敏,2014.广东科学中心运营管理问题与对策研究[D].广州:华南理工大学.

姜剑锋,郑旭枫,2021.媒介融合背景下媒体"众包模式"分析[J].科技传播,13
(13):67-69.

金太元,2015.创建科协特色科技服务体系[J].科技导报,33(3):13-18.

靳萍,2008.论高校科协的发展与责任[J].中国科技论坛(12):18-21.

康娜,2012.企业科普主体作用研究[D].北京:北京工业大学.

《科学技术普及概论》编写组,2002.科学技术普及概论[M].上海:上海科学普及出
版社.

库恩,2012.科学革命的结构[M].4版.金吾伦,历新和,译.北京:北京大学出版
社:161.

拉蒙特,1992.价值判断[M].北京:中国人民大学出版社:23-24.

郎杰斌,杨晶晶,何姗,2014.对高校开展科普工作的思考[J].大学图书馆学报,32
(3):60-63.

李朝晖,郑念,李钢,2010.中国科普基础设施发展状况评估报告(2009)[M]//任福
君.中国科普基础设施发展报告(2009).北京:社会科学文献出版社:5.

李忱,田杨萌,2001.科学技术与管理的协同关联机制研究[J].中国软科学(5):
71-74.

李冲,苏永建,2017.学术评价:量化模式的反思与超越[J].自然辩证法研究,33
(2):59-63.

李大光,2003.科普的模型应该是什么:评布鲁斯·莱文斯坦"缺失模型"[N].科学
时报,2003-01-09.

李福鹏,姜萍,2009.科学传播中科学家缺席的原因探析:以"蕉癌"事件为例[J].自
然辩证法研究,25(6):61-64.

李光恒,1985.农村智力开发中的几个问题[J].江淮论坛(1):98-101.

李函锦,2013.中国高等学校科普能力建设研究[J].高等建筑教育,22(1):151-154.

李建军,王鸿生,2008.科技社团评价的总体思路和关键性指标[J].学会(6):35-37.

李金海,崔杰,刘雷,2013.基于协同创新的概念性结构模型研究[J].河北工业大学学报,42(1):112-118.

李黎,2014.我国科普产业协同创新发展研究[D].合肥:中国科学技术大学.

李黎,孙文彬,汤书昆,2012.科普产业的功能分析及特征研究[J].科普研究,7(3):21-29,69.

李名山,1987.边远、落后地区的人才开发[J].科学学与科学技术管理(5):32-33.

李森,2015.中国科协组织建设[M].北京:科学出版社.

李善波,熊琴琴,2011.项目评价系统的结构:模型与分析[J].自然辩证法研究,27(8):51-55.

李婷,2011.地区科普能力指标体系的构建及评价研究[J].中国科技论坛(7):12-17.

李卫国,白岫丹,2020."政产学研用创"六位一体协同创新模式研究[J].中国高校科技(S1):38-41.

连公尧,1995.浅谈美国的社会化科普工作[J].全球科技经济瞭望(9):11-12.

林崇德,杨治良,黄希庭,2003.心理学大辞典[M].上海:上海教育出版社.

刘波,任珂,王海波,2018.科研院所科普效果评价指标与方法探讨:以中国气象科学研究院为例[J].科协论坛(2):6-9.

刘长波,2009.论科普的公益性特征与产业化发展道路[J].科普研究,4(4):24-28.

刘雾堂,2004.科学家职业演变与科普责任[J].自然辩证法研究(8):43-47.

刘雾堂,2006.贝尔纳与西方公众理解科学运动[J].自然辩证法研究(5):31-35.

刘克佳,2019.美国的科普体系及对我国的启示[J].全球科技经济瞭望,34(8):5-11.

刘兰剑,项丽琳,夏青,2020.基于创新政策的高新技术产业创新生态系统评估研究[J].科研管理,41(5):1-9.

刘茂才,1987.试论科学意识和商品意识的一致性[J].软科学(1):59-61.

刘敏,2012.系统科学整体性思想的演进机制与路由[J].东南大学学报(哲学社会科学版),14(2):23-26,126.

刘松年,李建忠,罗艳玲,2008.科技社团在国家创新体系中的功能及其建设[J].科技管理研究,28(12):42-44.

刘熙瑞,2002.服务型政府:经济全球化背景下中国政府改革的目标选择[J].中国行政管理(7):5-7.

刘新芳,2010.当代中国科普史研究[D].合肥:中国科学技术大学.

刘雪芹,张贵,2016.创新生态系统:创新驱动的本质探源与范式转换[J].科技进步与对策,33(20):1-6.

刘艳芹,高栋,2008.论系统的自组织性[J].科教文汇(中旬刊)(10):285,288.

刘钰媛,2022.《科普法》实施中的问题及修订建议[J].科普研究,17(2):95-97.

柳卸林,马雪梅,高雨辰,等,2016.企业创新生态战略与创新绩效关系的研究[J].科学学与科学技术管理,37(8):102-115.

陆晓春,杜亚灵,岳凯,等,2014.基于典型案例的PPP运作方式分析与选择:兼论我国推广政府和社会资本合作的策略建议[J].财政研究(11):14-17.

马健铨,刘萱,2018.京津冀科普资源共建共享对策研究[J].今日科苑(8):63-72.

马金香,2016.浅析自然博物馆与高校及科研院所的合作:以天津自然博物馆为例[J].自然科学博物馆研究,1(2):64-71.

马奎,莫扬,2021.科普类抖音号分析研究:以21个传播影响力较大的科普抖音号为例[J].科普研究,16(1):39-46,97.

马鸣川,1999.浅谈政府在科普工作中的作用[J].华东科技(11):37-38.

马世骏,1991.中国生态学发展战略研究.第一集[M].北京:中国经济出版社:431.

毛发青,2006.政府主导型科普项目的评估方案框架[J].生产力研究(10):155-157.

美国科学促进协会,2001.面向全体美国人的科学[M].北京:中国科学技术出版社.

孟凡蓉,陈光,袁梦,等,2020.世界一流科技社团综合能力评价指标体系设计研究[J].科学学研究,38(11):1937-1943.

孟琦,韩斌,2008.获取战略联盟竞争优势的协同机制生成分析[J].科技进步与对策(11):1-4.

彭兰,2016.智媒化:未来媒体浪潮:新媒体发展趋势报告(2016)[J].国际新闻界,38(11):6-24.

彭兰,2020.新媒体用户研究[M].北京:中国人民大学出版社:27-34.

齐曼,1985.知识的力量:科学的社会范畴[M].许立达,李令遐,许立功,等,译.上海:上海科学技术出版社.

秦溱,杜颖,2015.科普社会化的有效开展途径[C]//中国科普理论与实践探索:第二十二届全国科普理论研讨会暨面向2020的科学传播国际论坛论文集:265-275.

全国政协科普课题组,2021a.深刻认识"两翼理论"的重大意义 建议实施"大科普战略"的研究报告(系列一)[N].人民政协报,2021-12-15(12).

全国政协科普课题组,2021b.深刻认识"两翼理论"的重大意义 建议实施"大科普战略"的研究报告(系列二)[N].人民政协报,2021-12-16(04).

全民科学素质纲要实施工作办公室,中国科普研究所.2014.2013全民科学素质行动计划纲要年报:中国科普报告[M].北京:中国科学技术出版社:165-167.

任福君,2019.新中国科普政策70年[J].科普研究,14(5):5-14,108.

任福君,任伟宏,张义忠,2013.促进科普产业发展的政策体系研究[J].科普研究,8(1):5-12.

任福君,张义忠,2011.科普人才的内涵亟需界定[N].学习时报,2011-07-25(07).

任福君,张义忠,2012.科普人才培养体系建设面临的主要问题及对策[J].科普研究,7(1):11-18,66.

芮必峰,孙爽,2020.从离身到具身:媒介技术的生存论转向[J].国际新闻界,42(5):7-17.

单波,2001.在主体间交往的意义上建构受众观念:兼评西方受众理论[J].新闻与传播评论(0):138-147,268,275.

上议院科学技术特别委员会,2004.科学与社会:英国上议院科学技术特别委员会1999—2000年度第三报告[M].北京:北京理工大学出版社:26.

尚智丛,谈冉,2021.行动者网络理论视域中的科学传播[J]自然辩证法研究,37(12):7.

寿文池,2014.BIM环境下的工程项目管理协同机制研究[D].重庆:重庆大学.

宋河发,穆荣平,任中保,2006.自主创新及创新自主性测度研究[J].中国软科学(6):60-66.

孙宝寅,1996.科技传播研究:首届科技传播研讨会论文选[M].北京:清华大学出版社:76.

孙常福,2021.基于协同理论的农业产业发展路径研究:以沈阳市为例[J].辽宁行政学院学报(6):51-55.

孙国茂,2017.区块链技术的本质特征及其金融领域应用研究[J].理论学刊(2):58-67.

谭霞,刘国华,2018.科技创新背景下公众科学素养的提升[J].中国高校科技(Z1):32-35.

汤书昆,李林子,徐雁龙,2018.中国科技共同体协同创新发展研究[M].合肥:中国科学技术大学出版社:183.

汤书昆,游江艳,2011.基于多主体协同的社区科普新工作模式研究[C]//中国科普理论与实践探索:公民科学素质建设论坛暨第十八届全国科普理论研讨会论文集:74-82.

汤书昆,郑斌,余迎莹,2022.科普社会化协同的法治保障研究[J].科普研究,17(2):15-20,98-99.

陶春,2012.社会力量多主体协同开展科普事业机制研究[J].科普研究,7(6):35-39,51.

陶春,2013.基于知识生产新模式的科普与新媒体协同发展研究[J].湖北行政学院学报(1):47-50.

陶国根,2008.论社会管理的社会协同机制模型构建[J].四川行政学院学报(3):21-25.

佟贺丰,刘润生,张泽玉,2008.地区科普力度评价指标体系构建与分析[J].中国软科学(12):54-60.

托夫勒,1983.第三次浪潮[M].朱志焱,潘琪,张焱,译.北京:三联书店.

王芳官,王淼,2009.公众科学素养建设工作评价体系研究[J].科技进步与对策,26(4):119-123.

王凤飞,2001.科协与社会化大科普[J].科协论坛(3):23-25.

王奉安,2010.科普社会化浅论[C]//中国科普理论与实践探索:2010科普理论国际论坛暨第十七届全国科普理论研讨会论文集:258-265.

王刚,郑念,2017.科普能力评价的现状和思考[J].科普研究,12(1):27-33,107-108.

王欢欣,2021.法国:自上而下多方协同科普[J].上海教育(24):28-30.

王康友,郑念,王丽慧,2018.我国科普产业发展现状研究[J].科普研究,13(3):5-11,105.

王磊,2017.比例原则下公平竞争的深入审查[J].西安交通大学学报(社会科学版),37(6):83-90,120.

王锂,2010.我国科技社团职能演变及其对社团管理的影响[D].北京:首都经济贸易大学.

王明,郭碧莹,马晓璇,2018.高校社会化科普服务的问题与对策[J].中国高校科技(12):14-16.

王明,郑念,2018.基于行动者网络分析的科普产业发展要素研究:对全国首家民营科技馆的个案分析[J].科普研究,13(1):41-47,106.

王明,郑念,2021.公众参与科普的众包模式研究[J].中国科技论坛(2):161-168.

王萍,闫丽莉,郭文超,2020.基于AHP-熵权法的基层地震科普能力评价[J].中国安全生产科学技术,16(12):170-175.

王旗,戴颖,2018.科普社会化发展的国际实践及经验借鉴研究[J].华东科技(4):48-51.

王挺,2021.亟须启动《科普法》修订并出台相应细则[N].人民政协报,2021-11-26(08).

王挺,2022."两翼理论"的思想源起和内涵认识[J].科普研究,17(1):5-12,100.

王习胜,2002.国内科技团体创造力评价研究述评[J].自然辩证法研究(8):50-52,77.

王小明,2018.共建、共享与创新:关于长三角科普资源一体化的思考[J].科学教育与博物馆,4(3):147-150.

王孝炯,汤书昆,刘萱,2016.助力公共科学服务提升公民科学素质[J].科学与社会,6(2):18-24.

王雪,2020.当代中国社区科普问题及政策研究[D].长春:东北师范大学.

王彦雨,2013.科学的社会研究的"第三波"理论研究[J].自然辩证法研究,29(4):51-57.

危怀安,2012.中国科协科普资源共建共享机制研究[J].科协论坛(4):43-45.

危怀安,蒋栩,2018.协同视角下高校科协科普资源生态圈构建[J].中国高校科技

（Z1）：36-39.

魏景赋，桑子轶，郭健全，2016. 中美科普相关产业税收政策比较研究［J］. 改革与开放（1）：49-50.

魏露露，2022. 基于权益保障的科普主体责任建构研究［J］. 科普研究，17（2）：21-28，99.

吴国盛，2008. 技术哲学经典读本［M］. 上海：上海交通大学出版社.

向进青，1989. 探索农村科普规律 推进农业新的崛起：全国社会主义初级阶段科普发展理论研讨会综述［J］. 科技进步与对策（1）：50-51.

邢天寿，1983. 关于学会及其活动规律的探讨［J］. 科学学研究（2）：87-94.

徐善衍，2011. 科普坚持"四民"与生活自然结合［EB/OL］. （2011-03-18）［2022-06-01］. http://www.chinanews.com/cul/2011/0318/2914809.shtml.

许成启，2016. 国家环保科普基地：中国科学院西双版纳热带植物园［J］. 防护林科技（11）：128.

许金立，张明玉，邬文兵，2009. 企业参与科普的动因分析及引导措施探析［J］. 科技与管理，11（3）：70-73.

杨红梅，吕乃基，2013. 科技社团核心竞争力评价模型与指标构建［J］. 自然辩证法通讯，35（3）：93-100，127-128.

杨雪冬，2004. 全球化、风险社会与复合治理［J］. 马克思主义与现实（4）：61-77.

叶峻，1998a. 自然生态、社会生态与社会生态学：兼议"生态系人"的特点和品质［J］. 贵州社会科学（4）：13，25-31.

叶峻，1998b. 社会生态系统：结构功能分析［J］. 烟台大学学报（哲学社会科学版）（4）：13-19，55.

叶松庆，王良欢，张犁朦，2013. 安徽省科普资源现状与利用机制研究［J］. 安徽师范大学学报（自然科学版），36（6）：601-608.

殷梦娇，阮菲，2019. 科学思维视角下面向青年受众的新媒体科普［J］. 今传媒，27

（2）:34-36.

英国皇家学会,2004.公众理解科学[M].唐英英,译.北京:北京理工大学出版社:
　　63-64.

余力,左美云,2006.协同管理模式理论框架研究[J].中国人民大学学报(3):68-73.

俞学慧,2012.科普项目支出绩效评价体系研究[J].科技通报,28(5):210-218.

曾国屏,苟尤钊,刘磊,2013.从"创新系统"到"创新生态系统"[J].科学学研究,31
　　（1）:4-12.

袁梦飞,周建中,2021.关于新时代科普人才队伍建设的研究与思考[J].科普研究,
　　16(6):18-24,112-113.

张豪,张向前,2015.我国科技类协会促进经济发展的价值分析[J].中国软科学
　　(6):35-44.

张立军,张潇,陈菲菲,2015.基于分形模型的区域科普能力评价与分析[J].科技管
　　理研究,35(2):44-48.

张丽珍,靳芳,2012.政策终结诱因研究:基于多源流理论框架[J].新视野(6):
　　66-68.

张良强,潘晓君,2010.科普资源共建共享的绩效评价指标体系研究[J].自然辩证
　　法研究,26(10):86-94.

张铃枣,2008.服务型政府对马克思主义人民政府本质思想的新发展[J].科学社会
　　主义(5):69-73.

张鲁宁,郝莹莹,2020.上海科研院所打造科普前沿阵地的探索与思考[J].科技中
　　国(5):34-38.

张双虎,2012.全国政协委员徐延豪:调动全社会力量参与科普[N].中国科学报,
　　2012-03-09(04).

张一弛,2019.新媒体环境下科学家参与科学传播的实践及反思[D].南京:南京师
　　范大学.

张义芳,武夷山,张晶,2003.建立科普评价制度,促进我国科普事业的健康发展[J].科学学与科学技术管理(6):7-9.

赵大中,2006.对加强高校科普工作的思考[J].南京工程学院学报(社会科学版)(3):45-48.

赵东平,赵立新,周丽娟,2019.加强科普产业发展研究 推动科普工作社会化[J].学会(3):57-60.

赵明,2014.系统科学视域下的科技创新主体复杂性研究[D].哈尔滨:哈尔滨理工大学.

赵杨飚,2021.对政产学研用合作育人模式的几点思考[J].河南财政税务高等专科学校学报,35(6):67-69.

赵洋,马宇罡,苑楠,等,2021.中国特色现代科技馆体系建设:回顾与展望[J].科普研究,16(4):80-86,111.

赵宗更,王晓凤,郭凤兰,2004.高新技术产业生态系统模型初探[J].经济师(3):52-53.

郑念,王唯滢,2021.建设高质量科普体系服务构建新发展格局:中国科协九大以来我国科普事业发展成就巡礼[J].科技导报,39(10):9.

郑念,张利梅,2010.科普对经济增长贡献率的估算[J].技术经济,29(12):102-106,112.

郑宇,2016.互联网＋科普传播亟需打造四个平台[J].传媒评论(9):54-56.

中国电机工程学会,1982.科普读物、创作学术会议[J].电力技术(11):78.

中国航空学会,2021.中国航空学会关于《航空特色学校评定要求》和《航空特色课程评定要求》2项团体标准立项的通知[EB/OL].(2021-11-02)[2022-06-16].http://www.ttbz.org.cn/Home/Show/30756/.

中国互联网络信息中心(CNNIC),2022.第49次中国互联网络发展状况统计报告[EB/OL].(2022-02-25)[2022-06-01].http://www.cnnic.net.cn/hlwfzyj/

hlwxzbg/hlwtjbg/202202/t20220225_71727. htm.

中国科普研究所科普历史研究课题组,2019. 新中国科普 70 年[M]. 北京:北京人民出版社.

中国科学技术协会,2018. 中国科学技术协会学会、协会、研究会统计年鉴 2018[M]. 北京:中国科学技术出版社.

中国科学技术协会,2020. 中国科学技术协会统计年鉴 2019[M]. 北京:中国科学技术出版社:4.

中国科学技术协会,2021. 中国科协 2020 年度事业发展统计公报[EB/OL]. (2021-04-30)[2020-05-28]. https://www. cast. org. cn/art/2021/4/30/art _ 97 _ 154637. html.

中国科学技术协会,2022. 先进典型学会中国航空学会:创新引领办强会 筑梦航空争一流[EB/OL]. (2022-04-20)[2022-06-10]. https://baijiahao. baidu. com/s? id=1730605935769862490&wfr=spider&for=pc.

中国煤炭学会,1984. 1983 年工作小结和 1984 年学会工作要点[J]. 中国煤炭学会会讯(37):8-18.

中国农村专业技术协会,2020. 一图读懂中国农技协科技小院[EB/OL]. (2020-12-10)[2022-06-08]. https://www. nongjixie. org/cms/arcview/2567. html.

中华人民共和国财政部,2014. 财政部关于推广运用政府和社会资本合作模式通知[EB/OL]. (2014-09-26)[2022-06-09]. http://www. gov. cn/xinwen/2014-09/26/content_2756601. htm.

中华人民共和国国务院,2002. 中华人民共和国科学技术普及法[EB/OL]. (2002-06-29)[2022-06-29]. http://www. gov. cn/gongbao/content/2002/content _ 61629. htm.

中华人民共和国科学技术部,2020. 中国科普统计 2020 年版[M]. 北京:科学技术文献出版社:12.

中华人民共和国民政部,2007. 民政部关于推进民间组织评估工作的指导意见

[EB/OL].（2007-08-06）[2022-07-21]. http：//www. chinanpo. gov. cn/web/showBulltetin. do？type＝next&id＝28007&dictionid＝2351&catid＝.

中华人民共和国科学技术部,1999. 2000—2005 年科学技术普及工作纲要[EB/OL].（1999-12-09）[2022-06-01]. http：//www. most. gov. cn/ztzl/jqzzcx/zzcxcxzzo/zzcxcxzz/zzcxgncxzz/200512/t20051230_27353. html.

周春彦,埃茨科威兹,2008. 三螺旋创新模式的理论探讨[J]. 东北大学学报(社会科学版)(4):300-304.

周德进,马强,徐雁龙,2018. 关于研究生科普活动学分制问题的若干思考[J]. 科普研究,13(6):81-85,112-113.

周建强,2015. 科普产业研究[M]. 北京:中国科学技术出版社:52.

周立军,2013. 社会化科普:无边界的科学传播[J]. 中国科技奖励(10):76-77.

周源,2018. 从认知盈余到知识分享经济[J]. 清华金融评论(6):50-51.

朱洪启,2018. 从科普体制视角谈科普人员队伍建设[J]. 科技传播,10(20):186-187.

朱梅梅,周献中,2009. 江苏省省级学会考核指标约简报告[C]//江苏省系统工程学会. 江苏省系统工程学会第十一届学术年会论文集:5.

朱效民,2000. 谈谈科学家的科普责任[J]. 科学对社会的影响(3):53-54.

朱效民,2006. 试论科学家科普角色的转变及其评价[J]. 自然辩证法研究(12):77-81.

朱效民,赵立新,曾国屏,等,2007. 国家科普能力建设大家谈[J]. 中国科技论坛(3):3-8.

卓丽洪,李群,王宾,等,2016. 中国地区科普驱动力指标体系构建与评价[J]. 中国科技论坛(8):95-101.

邹波,于渤,2010. 试论三螺旋创新模式[J]. 黑龙江社会科学(5):35-38.

二、外文文献

Adner R，Kapoor R，2010. Value creation in innovation ecosystems：how the structure of technological interdependence affects firm performance in new technology generations[J]. Strategic Management Journal，31(3)：306-333.

Alcadipani R，Hassard J，2010. Actor-network theory，organizations and critique：towards a politics of organizing[J]. Organization，17(4)：419-435.

Alkin M C，2004. Evaluation roots：tracing theories views and influences[M]. New York：Sage Publications：13.

Alkin M C，Christie C A，2004. An evaluation theory tree[J]. Evaluation Roots：Tracing Theorists' Views and Influences，2(19)：12-65.

Alkin M C，King J A，2016. The historical development of evaluation use[J]. American Journal of Evaluation，37(4)：568-579.

Astbury B，Leeuw F L，2010. Unpacking black boxes：mechanisms and theory building in evaluation[J]. American Journal of Evaluation，31(3)：363-381.

Bandelli A，2014. Assessing scientific citizenship through science centre visitor studies[J]. Journal of Science Communication，13(1)：C05.

Bandelli A，Konijn E A，2013. Science centers and public participation：methods，strategies，and barriers[J]. Science Communication，35(4)：419-448.

Bauer M W，1998. The medicalization of science news-from the "rocket-scalpel" to the "gene-meteorite" complex[J]. Social Science Information，37(4)：731-751.

Bauer M W，Jensen P，2011. The mobilization of scientists for public engagement[J]. Public Understanding of Science，20(1)：3-11.

Bernard S，et al. ，1994. Quebec：overview of scientific and technological culture and assessment of government action[M]//Bernard S. When science becomes culute,world survey of scientific culture (proceedings). Ottawa: University of Ottawa Press:19.

Bloor D,1973. Wittgenstein and mannheim on the sociology of mathematics[J]. Studies in History and Philosophy of Science:Part A,4(2):173-191.

Boudreau K J,Lakhani K R,2009. How to manage outside innovation[J]. Mit Sloan Management Review,50(4):69-76.

Brown S D,2002. Michel serres: science,translation and the logic of the parasite [J]. Theory,Culture & Society,19(3):1-27.

Bryant C,2003. Does Australia need a more effective policy of science communication? [J]. International Journal of Parasitology,33(4):357-361.

Bucchi M,Mazzolini R G,2003. Big science,little news: science coverage in the Italian daily press,1946-1997[J]. Public Understanding of Science,12(1):7-24.

Bunda M A,1983. Alternative ethics reflected in education and evaluation[J]. Evaluation News,4(1):57-58.

Callon M, 1999. Actor-network theory: the market test [J]. The Sociological Review,47:181-195.

Callon M,Latour B,1981. Unscrewing the big Leviathan: how actors macro-structure reality and how sociologists help them to do so[M]//Advances in social theory and methodology: toward an integration of micro-and macro-sociologies. Boston: Routledge & Kegan Paul:277-303.

Callon M,Latour B,1992. Don't throw the baby out with the bath school! A reply to Collins and Yearley[J]. Science as Practice and Culture:343-368.

Carlson M, 2015. When news sites go native: redefining the advertising-editorial divide in response to native advertising[J]. Journalism,16(7):849-865.

Carr E G,1996. The transfiguration of behavior analysis: strategies for survival[J]. Journal of Behavioral Education,6(3):263-270.

Cronbach L J,Shapiro K,1982. Designing evaluations of educational and social pro-
grams[M]. San Francisco:Jossey-Bass.

Dahlstrom M F,Ho S S,2012. Ethical considerations of using narrative to communi-
cate science[J]. Science Communication,34(5):592-617.

Donovan S K,2018. Ethics and practice in science communication[J]. Journal of
Scholarly Publishing,50(1):71-82.

Drucker P F,2006. The practice of management[M]. New York:Harper Business.

Dubberly H,2008. Toward a model of innovation[J]. Interactions,15(1):28-34.

Etzkowitz H,Dzisah J,2008. Rethinking development:circulation in the triple he-
lix[J]. Technology Analysis & Strategic Management,20(6):653-666.

Godin B,Gingras Y,2000. What is scientific and technological culture and how is it
measured? A multidimensional model[J]. Public Understanding of Science,9
(1):43-58.

Grasso P G,2003. What makes an evaluation useful? Reflections from experience in
large organizations[J]. American Journal of Evaluation,24(4):507-514.

Greene J,Henry G T,2005. Qualitative-quantitative debate in evaluation[J]. Ency-
clopedia of Evaluation:345-350.

Hammon L,2012. Crowdsourcing[J]. Business & Information Systems Engineer-
ing,4:163-166.

Hannan M T,Freeman J,1984. Organizational ecology[J]. Annual Review of Soci-
ology,10(1):71-93.

Hornig P S,2010. Coming of age in the academy? The status of our emerging field
[J]. Journal of Science Communication,9(3):C06.

Hsu C W,Kuo T C,Chen S H,et al. ,2013. Using DEMATEL to develop a carbon
management model of supplier selection in green supply chain management[J].

Journal of Cleaner Production,56(Oct. 1):164-172.

Jensen E A,2014. The problems with science communication evaluation[J]. Journal of Science Communication,13(1):C04.

Kalpazidou S E,2009. The role of evaluation in socialising S&T in the ERA[J]. Journal of Science Communication,8(4):C03.

Kline S J,1985. Innovation is not a linear process[J]. Research Management,28(2): 36-45.

Latour B,1983. Give me a laboratory and I will raise the world[J]. Science observed: Perspectives on the Social Study of Science:141-170.

Latour B, 1984. The powers of association [J]. The Sociological Review, 32: 264-280.

Latour B,1999. On recalling ANT[J]. The Sociological Review,47:15-25.

Latour B, 2007. Reassembling the social: an introduction to actor-network-theory [M]. Oxford: Oxford University Press: 7.

Latour B,Woolgar S,2013. Laboratory life: the construction of scientific facts[M]. Princeton:Princeton University Press:218.

Law J,1984. Editor's introduction: power/knowledge and the dissolution of the sociology of knowledge[J]. The Sociological Review,32:1-19.

Leydesdorff L,1995. The triple helix-university-industry-government relations: a laboratory for knowledge-based economic development[J]. Glycoconjugate Journal,14(1):14-19.

Lusch R F, Nambisan S,2015. Service innovation: a service-dominant logic perspective[J]. MIS Quarterly,39(1):155-175.

Massimiano B, Brian T, 2008. Handbook of public communication of science and technology[M]. Boston: Routledge:16.

Miller J D,1992. Toward a scientific understanding of the public understanding of science and technology[J]. Public Understanding of Science(1):23-26.

Mohr L B,1999. The qualitative method of impact analysis[J]. The American Journal of Evaluation,20(1):69-84.

Moore J F,1999. Predators and prey: a new ecology of competition[J]. Harvard Business Review,71(3):75-86.

Mulkay M J,1977. Sociology of the scientific research community[J]. Science,Technology,and Society:93-148.

Myhre S K,2012 . Using the CRAAP test to evaluate websites[D]. University of Hawii at Manoa:2-3.

National Academies of Sciences,Engineering,and Medicine,2017. Communicating science effectively: a research agenda [M]. Washington D. C. : National Academies Press: 84-86.

National Research Foundation,2016. National Research Foundation annual report. Pretoria,South Africa[EB/OL]. (2018-06-14) [2022-06-09]. http://www. nrf. ac. za/sites/default/files/doc uments/NRF%20AR%202016-17_DevV21_ web. pdf.

Newell A,Simon H,1956. The logic theory machine: a complex information processing system[J]. IRE Transactions on information theory,2(3):61-79.

Norris P,2001. Digital divide: civic engagement,information poverty,and the Internet worldwide[M]. Cambridge: Cambridge University Press:79.

Olesk A,Renser B,Bell L,et al. ,2021. Quality indicators for science communication: results from a collaborative concept mapping exercise[J]. Journal of Science Communication,20:3.

Palen J,1999. Science in public: communication,culture and credibility[J]. BioScience,48(1):75-77.

Patairiya M K,2013. "Science communication" journals: navigating through uncertainties[J]. JCOM,12(01):C06.

Patrick P G,2017. Visitors and alignment: actor-network theory and the ontology of informal science institutions[J]. Museum Management and Curatorship,32(2): 176-195.

Patton M Q,2018. Evaluation science[J]. American Journal of Evaluation,39(2): 183-200.

Pawson R, Tilley N, 2001. Realistic evaluation bloodlines[J]. American Journal of Evaluation,22(3):317-324.

Pellechia M G, 1997. Trends in science coverage: a content analysis of three US newspapers[J]. Public Understanding of Science,6(1):49.

Pellegrini G,2014. The right weight: good practice in evaluating science communication[J]. Journal of Science Communication,13(1):3.

Robert S, Christopher M, Rita D, et al. ,1997. The evolving syntheses of program value[J]. The American Journal of Evaluation,18(2):89-103.

Scriven M,1996. Types of evaluation and types of evaluator[J]. Evaluation Practice, 17(2):151-161.

Sheth J N,Newman B I,Gross B L,1991. Why we buy what we buy: a theory of consumption values[J]. Journal of Business Research,22(2):159-170.

Simon H A,1956. Rational choice and the structure of the environment[J]. Psychological Review,63(2):129.

Smith N L,2002. An analysis of ethical challenges in evaluation[J]. American Journal of Evaluation,23(2):199-206.

Smitter R,2004. The development of the NCA Credo for ethical communication[J]. Free Speech YB,41:1.

Stake R，Migotsky C，Davis R，et al. 1997. The evolving syntheses of program value[J]. Evaluation practice,18(2):89-103.

Strum S S,Latour B,1987. Redefining the social link：from baboons to humans[J]. Social Science Information,26(4):783-802.

Stufflebeam D L,1994. Empowerment evaluation,objectivist evaluation,and evaluation standards：where the future of evaluation should not go and where it needs to go[J]. Evaluation practice,1994,15(3):321-338.

Tansley A G,1935. The use and abuse of vegetational concepts and terms[J]. Ecology,16(3):284-307.

The Royal Society,1985. The public understanding of science[M]. London：The Royal Society.

Weingart P，Joubert M，2019. The conflation of motives of science communication：causes，consequences，remedies[J]. Journal of Science Communication，18(3)：Y01.

West J，Salter A,Vanhaverbeke W,et al. ,2014. Open innovation：the next decade [J]. Research Policy,43(5):805-811.

Young O R,2017. Governing complex systems：social capital for the Anthropocene [M]. Massachusetts:MIT Press:27-28.

随着最后一章的完成,这部关于"科普社会化协同生态构建的理论与模式研究"的图书终于告一段落。在这段漫长而充满挑战的写作旅程中,本书深入探讨了科普社会化的重要性、理论基础、生态系统构成、基本特征、模式构建、管理机制分析,以及评价理论等多个维度。

本书以科普社会化协同生态构建为主题,旨在响应新时代对科普工作的新要求。首先,本书探讨了科普社会化协同生态的新时代内涵,强调了科普工作在创新型国家建设中的关键作用。随后,本书分析了科普社会化协同的理论基础,包括协同理论、创新生态系统理论和社会生态学理论,为后续的实践模式提供了坚实的理论支撑。

在科普社会化协同生态系统的构成方面,本书详细阐述了科普主体、科普协同网络和科普动力系统三个层面的内涵与外延。此外,本书还探讨了科普社会化协同生态的基本特征,包括其功能性特征和组织性特征,为理解科普社会化协同生态的复杂性提供了多角度的视野。

在模式构建方面,本书提出了三个阶段的科普社会化协同生态模式,包括基于单向驱动的线性模式、基于动态互补的二级协同模式和超越时空向度的分布式模式,旨在为科普社会化协同生态的未来发展提供参考。

在管理机制分析方面,本书深入探讨了科普社会化协同生态管理的形成机制、实现机制和约束机制,分析了当前管理机制的现状及存在的问题,并提出了发展建议。

在最后的评价理论部分,本书构建了一套科普社会化协同的评价体系,包括评价标准系统、评价的价值构成和价值判断,旨在为科普社会化协同生态的评估提供科学的方法和工具。

尽管本书在科普社会化协同生态构建的理论与模式研究方面进行了一系列探索,但仍存在一些不足之处。虽然书中提到了一些科普实践的案例,但缺乏深入的案例分析,未能充分展示理论在实践中的应用和效果。科普社会化协同生态构建是一个多学科交叉的领域,本书在撰写过程中未能充分整合跨学科的研究成果,对于某些领域的专家而言,可能缺乏足够的深度。在全球化背景下,国际科普社会化协同生态构建有着广泛的交流与合作,本书未能提供足够的国际比较分析,限制了对国际趋势的理解和借鉴。新媒体技术的发展日新月异,本书在撰写时未能充分预见未来技术发展对科普社会化协同生态构建的潜在影响。虽然书中提出了一些模式和管理机制,但在如何具体操作和实施方面,仍需要更多的实践指导和建议。

在未来的工作中,我们希望能够弥补这些不足,进一步深化科普社会化协同生态构建的研究,计划通过以下几个方向来进行改进:加强案例研究,尤其是对国内外成功案例的深入分析,以提供更加具体的实践指导;促进跨学科合作,整合不同领域的研究成果,以丰富科普社会化协同生态构建的理论内涵;关注国际动态,通过比较研究,学习和借鉴其他国家的先进经验和做法;紧跟技术发展趋势,研究新媒体技术如何更好地服务于科普社会化协同生态的构建;提供更加详细的实践操作指南,帮助科普工作者和管理者更好地理解和应用书中的理论。

最后,要感谢所有支持和鼓励我们完成这项研究的人。特别感谢博士生陈登航完成了本书第 3 章、第 5 章的撰写。我们期待着与学术界和实践界的同仁们继续交流、合作,共同推动科普社会化协同生态构建的发展。

郑　斌　徐雁龙　汤书昆

2024 年 2 月 25 日